Symbole, Synapsen und Systeme

Ira B. Black

Symbole, Synapsen und Systeme

Die molekulare Biologie des Geistes

Aus dem Englischen übersetzt von Markus Pohlmann

Spektrum Akademischer Verlag Heidelberg · Berlin · Oxford

Originaltitel: Information in the Brain
Aus dem Englischen übersetzt von Markus Pohlmann

Amerikanische Originalausgabe bei The MIT Press, Cambridge (Massachusetts),
London (England)
© 1991 Massachusetts Institute of Technology

Die deutsche Bibliothek – CIP-Einheitsaufnahme

Black, Ira B.:
Symbole, Synapsen und Systeme : die molekulare Biologie des Geistes / Ira B. Black.
Aus dem Engl. übers. von Markus Pohlmann. – Heidelberg ; Berlin ; Oxford :
Spektrum, Akad. Verl., 1993
   (Verständliche Wissenschaft)
   Einheitssacht.: Information in the brain <dt.>
   ISBN 3-86025-185-6

©1993 Spektrum Akademischer Verlag GmbH Heidelberg · Berlin · Oxford

Lektorat: Frank Wigger
Redaktion: Marianne Mauch
Produktion: Brigitte Achauer, Karin Kern
Umschlaggestaltung: Claus Rieger, Heidelberg
Gesamtherstellung: Zechnersche Druckerei, Speyer

Spektrum Akademischer Verlag Heidelberg · Berlin · Oxford

EIN VERLAG DER SPEKTRUM FACHVERLAGE GMBH

Für Janet und Reed

Inhalt

Vorwort

Aus einem anfänglichen Interesse für Philosophie, Psychologie oder Verhaltensbiologie erwächst nicht selten eine Faszination für das Organ, das all diesen Disziplinen in gewissem Sinne zugrunde liegt – das menschliche Gehirn. Dessen außerordentliche Komplexität – man denke nur an seinen komplizierten Aufbau, die Vielfalt seiner Funktionen von Wahrnehmung über Bewegungskontrolle bis zum Gedächtnis und seine Untergliederung in zahlreiche Organisationsebenen, die von den Genen über Moleküle, Zellen und Zellsysteme bis hin zum Verhalten des Organismus reichen – fördert allerdings ein sehr ausschnitthaftes, spezialisiertes Vorgehen der Forscher. Andererseits hat sich eine derartige thematische Beschränkung vielfach bewährt: Die Fragestellung bleibt überschaubar, und die Wissenschaftler können jeweils über einen engen Bereich der Funktion des Nervensystems möglichst viel erfahren. Tatsächlich erweist sich die Spezialisierung als so erfolgreich, daß die Forscher ihre ursprünglichen Beweggründe und Betrachtungsweisen oft leicht und unmerklich verlieren. Sie opfern das undurchdringliche Bild des Ganzen dem experimentell zugänglichen Detail. In diesem Buch werde ich versuchen, den aus dem Blick geratenen Gesamtzusammenhang zu rekonstruieren.

Wo beginnen wir am besten? Um die Zusammenhänge zu verdeutlichen und eine Richtung zu weisen, ist es vielleicht hilfreich, eine aktuelle Krise der Gehirn und Geist erforschenden Wissenschaften zu definieren: Sie müssen – im Klartext ausgedrückt – ihr Versprechen, ein einheitliches Konzept zu entwickeln, erst noch einlösen. Den verschiedenen Disziplinen ist es bislang nicht gelungen, einen gemeinsamen theoretischen Rahmen zu entwerfen, der umreißt, wie Zustände des Gehirns und solche des Geistes zusammenhängen. Es fehlt an einem systematischen, mechanistischen Vokabular, an einer allgemeinen und *einheitlichen Theorie, die Geist, Gehirn und Verhalten verknüpft*. Bis dieses hochgesteckte Ziel erreicht ist, werden die Neurowissenschaften, die Psychologie und die Verhaltensbiologie ihren eigentlichen Auftrag, den Geist zu erforschen, nicht wirklich erfüllen können. Ohne einen inneren, kausalen Zusammenhang werden sich die Einzeldisziplinen auch zukünftig voneinander abkapseln und Stückwerk bleiben. Die Neurowissenschaften werden weiterhin physische Mechanismen beschreiben, ohne die für Psychologie und Kognition relevanten Fragen zu formulieren. Und die Geistes-Wissenschaften werden umgekehrt ihre mechanistisch-sterile Arbeitsweise fortsetzen, da sie nicht über das naturwissenschaftliche Rüstzeug verfügen, um geistige Prozesse auf eine feste physische Grundlage zu stellen.

Was also ist unsere Aufgabe? Um es einfach zu sagen: Wir wollen versuchen, geistige Prozesse und Verhalten molekularbiologisch-biochemisch zu verstehen und umgekehrt die Biochemie unter dem Aspekt des Verhaltens zu begreifen.

Zweifellos erhält der Gesamtzusammenhang immer mehr Aufmerksamkeit. Eindrucksvolle Fortschritte ermutigen die Hirnforscher, auch kognitive Funktionen neurobiologisch zu erklären. Im gegenwärtigen frühen Stadium konzentrieren sich ihre Anstrengungen zunächst auf genau umrissene strukturelle Merkmale des Nervensystems, etwa auf die groben anatomischen Verbindungswege. Auf der anderen Seite versehen Computerwissenschaftler Simulationsmodelle des Gehirns mit einzelnen Kennzeichen neuronaler (oder neuraler*) Mikroschaltkreise. Bei diesen ersten Ansätzen ist es tatsächlich gelungen, etliche Eigenschaften natürlicher Hirnsysteme und ihrer kognitiven Leistungen nachzubilden.

Diese zaghaften Erfolge sind um so bemerkenswerter, als sie gewissermaßen in einem zellbiologischen Vakuum erzielt wurden. Denn die wichtigsten Computermodelle lassen moderne zell- und molekularbiologische Erkenntnisse über das Nervensystem außer acht. Deshalb sind sie gegenüber den Funktionen natürlicher Gehirne sehr unzulänglich. Ein Ziel dieses Buches ist es, aufgrund der jüngsten radikalen Einsichten der Neurobiologen die physische Grundlage der Funktionen von Gehirn und Geist neu zu beschreiben.

Welche Erkenntnisse machen es erforderlich, die Hirnfunktion neu zu beschreiben? Wie sich immer deutlicher abzeichnet, sind die Nervenzellen und ihre auf Signalübertragung spezialisierten Zellverbindungen, die Synapsen, überraschend dynamische Einheiten, die sich von einer Millisekunde zur nächsten verändern und gleichzeitig über lange Zeit Informationen speichern. Diese Beobachtungen haben unsere Vorstellung vom Informationsfluß im Nervensystem fundamental erweitert. Ja, auch das Konzept vom Wesen neuraler Informationen unterliegt beträchtlichen Veränderungen.

Die neuen Erkenntnisse erlauben es, die Informationsverarbeitung und -speicherung im Nervensystem *biochemisch* zu analysieren. In diesem Buch werde ich mögliche molekulare und zelluläre Grundlagen kognitiver Funktionen eingehend diskutieren. In den Mittelpunkt stelle ich jene Moleküle, die als Signale dem Informationsaustausch der Nervenzellen dienen. Besonders ausführlich werde ich Vorgänge besprechen, durch die Reize aus der Umwelt (oder dem Körperinneren) solche Kommunikationsmoleküle und ihre Funktion verändern. Ich werde zeigen, wie diese Moleküle Infor-

---

* Die Begriffe „neuronal" und „neural" lassen sich nur mit Schwierigkeiten scharf voneinander trennen und sind in vielen Fällen synonym. Wenn der Bezug eindeutig auf der Nervenzelle und ihren Verschaltungen liegt, ist in diesem Buch gewöhnlich das Wort „neuronal" gebraucht; wenn eher das System – unabhängig von seinen Komponenten – im Mittelpunkt steht, ist meist „neural" gewählt (Anmerkung des Übersetzers).

mation empfangen, verschlüsseln, speichern und übertragen. Diese Erkenntnisse führen, vielleicht ganz unerwartet, zu neuen Vorstellungen über die Natur höherer Funktionen des Nervensystems, über die Veränderlichkeit neuraler Strukturen und über den Zusammenhang zwischen Gehirn und Umwelt. Das Nervensystem läßt sich nicht als statische, passive Struktur verstehen, die durch Umweltreize zu stereotypen Reaktionen veranlaßt wird, sondern nur als organischer Bestandteil der gesamten biologischen Welt.

Bestimmte Moleküle des Nervensystems besetzen eine einzigartige „Nische": Sie erfüllen gleich mehrere Funktionen. Nach allgemeiner Einschätzung bilden biochemische Umwandlungen einerseits den Kern der Zellfunktion, andererseits vermitteln sie Wechselwirkungen zwischen Zellen in allen Geweben und Organsystemen. Bestimmte Molekültypen dienen nun gleichzeitig als Zwischenprodukte des Zellstoffwechsels, fungieren als interzelluläre Signale und reagieren in charakteristischer Weise auf Umweltreize. Über solche Moleküle nehmen die Zelle und das Nervensystem Umweltinformationen auf. Sie sind also gleichzeitig biochemische Zwischenprodukte und *Symbole*, die spezifische Umweltbedingungen repräsentieren. Dieses Buch handelt von den Transduktionsprozessen, durch die Informationen aus der Umwelt in die biochemische Sprache des Nervensystems umgewandelt werden.

Das *Multifunktionalitätsprinzip* bedeutet, daß es zwischen den Stoffwechselprozessen im Innern der Zellen, der Kommunikation zwischen ihnen und der Symbolfunktion im Nervensystem keine klare Trennung gibt. Repräsentation von Informationen und Kommunikation sind Teile des Funktionsgebildes Nervensystem. Diese Sichtweise bringt eine Reihe traditioneller Unterscheidungen zu Fall. So kann man beispielsweise das Gehirn nicht mehr als die „Hardware" ansehen, die der von ihr getrennten „Software", dem Geist, zugrunde liegt. Bei genauer Betrachtung zeigt sich, daß eine solche Unterscheidung falsch ist: Hardware und Software des Nervensystems sind ein und dasselbe. Die Bedeutung der Multifunktionalität wird in diesem Buch ausführlich dargestellt.

Das Multifunktionalitätsprinzip wird durch eine erst kürzlich gemachte Entdeckung ergänzt: Neurotransmitter und Wachstumsfaktoren kommen in Neuronen gemeinsam vor. (Man bezeichnet dies als *Colokalisation*). Eine Nervenzelle verwendet also zahlreiche chemische Signale, um mit anderen Zellen oder mit sich selbst zu kommunizieren. Überdies werden viele der colokalisierten Signale unabhängig voneinander gebildet, reguliert und – gesteuert durch Umweltreize – eingesetzt. Eine Neuronenpopulation kann demnach zu verschiedenen Zeitpunkten völlig unterschiedliche Kombinationen von Signalmolekülen verwenden, die jeweils durch die Umwelt festgelegt werden. Solche Kombinationen können also verschiedene Umweltinformationen verschlüsseln, das heißt *chemisch codieren*. Als Reaktion auf Umweltreize bilden sich innerhalb eines einzelnen neuroanatomischen Verbindungsweges chemische Schaltkreise, lösen sich wieder auf und entstehen von neuem. In ein grobanatomisch relativ stabiles Substrat prägen sich auf diese Weise flexible chemische Verbindungslinien ein. Symbolfunktion, Multifunktionalität und Colokalisation verleihen dem Nervensystem bemerkenswerte Fähigkeiten zur Verarbeitung von Informationen. Davon wird in diesem Buch ausführlich die Rede sein.

In diesem ersten Überblick habe ich mich auf die Symbolfunktion konzentriert und sie anhand von interzellulären Signalmolekülen veranschaulicht. Auch aus einem anderen Grund haben diese Moleküle im Nervensystem eine Sonderrolle: Sie dienen der

Kommunikation. Für das Gehirn mit seinen schätzungsweise 10^{15} Synapsen steht die Kommunikation ganz offensichtlich im Mittelpunkt. Nach meiner Ansicht ist die Biochemie der Symbolfunktion und der Kommunikation deshalb entscheidend, um die Funktion von Gehirn und Geist zu verstehen.

Wie sich zurecht einwenden läßt, sind nicht nur auf der molekularen Ebene des Nervensystems Symbol- und Kommunikationsfunktionen am Werk, sondern zum Beispiel auch auf der Ebene der Zelle, einzelner oder verknüpfter Systeme sowie auf der psychologischen Ebene und der Verhaltensebene. Mein Ansatz besteht aber gerade darin, die *einfachsten* Einheiten der Symbolfunktion und der Kommunikation zu identifizieren und die zugrundeliegenden Mechanismen und Prozesse darzustellen. Die neu gewonnenen Erkenntnisse über die vergleichsweise übersichtlichen molekularen Ebenen können uns dann helfen, Einsicht in weitaus komplexere Ebenen zu erlangen.

Wir werden die Behauptung überprüfen, daß bestimmte Moleküle elementare Einheiten kognitiver Funktionen darstellen. Diese Einheiten sind in spezifische Zellen eingeschlossen, die ihrerseits funktionierende neuronale Systeme bilden. Wichtige Verhaltensmerkmale eines jeden Systems werden durch jene Operationsregeln festgelegt, die das Verhalten der molekularen Kommunikationssymbole bestimmen.

Die Betrachtung multifunktioneller Symbolmoleküle führt uns zu einem weiteren zentralen Problem der Neurowissenschaften – dem Problem *multipler Ebenen*. Das Nervensystem arbeitet gleichzeitig auf genomischer, molekularer und zellulärer Ebene, auf System-, Verhaltens- und geistiger Ebene sowie auf der Ebene der Umwelt. Sind diese mutmaßlichen Funktionsniveaus miteinander verknüpft, und wenn ja, wie? Können wir Verhalten als Tätigkeit von Zellen und Molekülen erklären? Wie ich ausführlich beschreiben werde, vermitteln Symbolmoleküle auch die Kommunikation zwischen den Ebenen. Als Symbole bei der Signaltransduktion, durch die Informationen von einer Form in eine andere überführt werden, vermitteln sie zwischen vielen (scheinbar getrennten) Funktionsebenen. Sie sind – bildlich gesprochen – Vehikel, die Umweltreizen Zugang zur Genregulation verschaffen. Die Umgebung steuert also indirekt Gene des Nervensystems, die den Bauplan und die Funktionsprinzipien des Gehirns verschlüsseln.

Bei einem System, das über eine direkte Schnittstelle mit der Umwelt in Kontakt steht, überrascht es nicht, daß kontinuierliche Wechselwirkungen in *beiden* Richtungen bestehen. Tatsächlich verändert das Verhalten die molekularen Symbole, die ihm selbst zugrunde liegen. Diese dynamischen Wechselwirkungen sorgen dafür, daß sich die symbolische Information in ständigem Fluß befindet. Sie verwischen die herkömmliche Unterscheidung zwischen Innen- und Außenwelt, zwischen Gehirn, Verhalten und Umwelt noch weiter.

Gehirn und Geist umfassen ein riesiges, integriertes Repräsentationssystem mit so verschiedenen Aufgaben wie Wahrnehmung, Motorik, Herz-Kreislauf-Regulation, Lernen und Gedächtnis. Uns interessieren die strukturellen Einheiten, die der Tätigkeit dieses Repräsentationssystems zugrunde liegen. Sie zu identifizieren ist im Falle des Nervensystems besonders schwierig. Im Gegensatz zu anderen Organen *speichert* das Gehirn Informationen über die Innen- und Außenwelt. Stellen wir ihm als Beispiel Herz und Gefäße gegenüber: Ihre Aufgabe, die Funktionen des Blutkreislaufs zu unterhalten, ist – so komplex sie auch sein mag – grundsätzlich von der des Gehirns verschieden. Vorgänge rein neuraler, kognitiver oder psychischer Natur sind stets mit der *Manipulation von Symbolen* verbunden. Das ist der Kern aller nervösen und mentalen Leistungen und der Schlüssel zur Verknüpfung von Gehirn und Geist. Deshalb untersuchen wir die Regeln, die das Verhalten molekularer Symbole bestimmen; auf diesem Weg werden wir die Arbeitsweise von Gehirn und Geist kennenlernen.

Dieses Vorgehen erfordert zwangsläufig, daß wir Prozesse aus den Bereichen Molekularbiologie, Biochemie, Zellbiologie, Kybernetik, Neurologie, Psychologie und Psychiatrie erörtern. Soweit möglich, werde ich auf die Fachsprache verzichten; sie trägt häufig dazu bei, den Leser zu verwirren und ihm den Zugang zum Spezialwissen unnötig zu erschweren. Manchmal sind Fachausdrücke jedoch unvermeidlich, wenn man Sachverhalte klar und knapp darstellen will. Ein Glossar am Ende des Buches soll hier Abhilfe schaffen und die Kommunikation über die jeweiligen Fachgrenzen hinaus vereinfachen. Zur besseren Orientierung beginnt jedes Kapitel mit einer stichwortartigen Übersicht.

Dieses Buch ist keine Einführung in die Molekularbiologie für Psychologen und keine Einführung in die Psychiatrie für Biochemiker. Vielmehr soll es den Austausch zwischen Wissenschaftlern fördern, die Geist und Gehirn auf ganz unterschiedliche Weise erforschen, und ihre gemeinsamen Konzepte und Fragestellungen darstellen. Es wäre schon viel erreicht, wenn es dem Leser hilft, die Grenzen seines Fachgebiets zu überschreiten und übergeordnete Zusammenhänge zu erkennen.

Danksagung

Die Idee zu diesem Buch geht auf die gemeinsame Quelle zurück, der im Bereich der Wissenschaften die meisten Ideen entspringen: Diskussionen mit Mitarbeitern, Dozenten und Studenten. Die Mehrzahl der Beteiligten ahnte wohl kaum, daß ihre Einsichten ein Buch hervorbringen würden und wird entsprechend überrascht reagieren, wenn ich sie hier nenne. Mehrere Kollegen unterstützten mich in besonderem Maße; sie teilten mir großzügigerweise ihre unkonventionellen Meinungen und Vorstellungen mit und halfen mir, manche gedanklichen Fesseln abzulegen.

Mike Gazzaniga, mein langjähriger Freund und Kollege am Medical College der Cornell University, hat unablässig auf wahrhaft interdisziplinäre kognitive Neurowissenschaften hingearbeitet. Sein nie versiegender Strom von Ideen, seine fortwährenden intellektuellen Herausforderungen und sein unerschöpflicher, ermutigender Optimismus förderten meine Arbeit von Beginn an. Manchmal scheint es mir, als hätte Mike mich in einen ununterbrochenen Dialog eingespannt: Wir begannen unseren Austausch an der Cornell University, führten ihn weiter auf Flughäfen und in Flugzeugen und setzten ihn anläßlich von Konferenzen in London, Paris und Venedig fort; schließlich „drang" er in das internationale Computernetz ein, wurde in Dartmouth wieder aufgenommen, und nun führen wir ihn unvermindert am Telefon fort. Das Resultat war klar und eindeutig: Wenn wir tatsächlich eine einheitliche Wissenschaft entwickeln wollen, müssen wir die Grenzen der uns vertrauten Einzeldisziplinen überschreiten und das unsichere „Niemandsland" der wissenschaftlichen Synthese betreten. Dabei wiegen die psychischen Hemmungen weit schwerer als die intellektuellen, doch die Belohnung entschädigt für das eingegangene Wagnis. Dieses Buch ist ein bescheidener Schritt auf diesem Weg.

Leon Festinger war ein genialer Lehrer und Kollege, der schmerzlich vermißt wird. Er trug maßgeblich zu unseren Bemühungen bei. Sein hoher intellektueller Anspruch, seine entschiedene, unnachgiebige Kritik an fehlerhaften Konzepten und seine tiefe Verachtung für alles Triviale bezeugten fortwährend die Unzulänglichkeit vorläufiger Entwürfe. Leons Sinn für Humor, seine Ermutigung und sein Wissen um das Wesen unserer Anstrengungen wirkten außerordentlich bestärkend.

Die Mitglieder und Gäste des McDonnell Foundation Panel on Memory lieferten – ohne es zu wissen – aus ganz unterschiedlichen Perspektiven unschätzbare Einsichten in das Forschungsthema Gedächtnis. Gary Lynch diskutierte stichhaltig neurobiologische Mechanismen im Hippocampus. Daß biologische Erklärungen der psychischen Leistung genügen müssen, forderte Bill Hirst. Richard Andersen erschloß Neuland mit seinem rechnerischen Ansatz zur Erklärung der erfahrungsabhängigen Bildung neuronaler Ensembles im Primatenhirn. Gordon Shepherd skizzierte ein Modell, wie die corticale Synapse Informationen dendritisch verarbeitet. Richard Thompson beschrieb auf elegante Weise die Rolle des Stammhirns und des Kleinhirns bei Gedächtnisprozessen und veranschaulichte dabei, wie weit verstreut die Information im Gehirn ist. Eine einzigartige Sichtweise lieferte Dave Premack, der geduldig erklärte, welche Bedeutung die Pädagogik für das Verhalten und die Evolution der Primaten hat. John Bruer von der McDonnell Foundation unterstützte das gesamte Unterfangen mit seiner Fürsorge und Begeisterung.

Jim Watson von den Cold Spring Harbor Laboratories bereitete fruchtbaren Boden für den jährlichen Sommerkurs zum Thema „Molekulare Neurobiologie menschlicher Krankheiten", an dessen Leitung ich gemeinsam mit Xandra Breakefield und Jim Gusella beteiligt war. Wie immer lernte ich weitaus mehr als die Studenten. Besonders dankbar bin ich mehreren Dozenten, die uns geduldig unterrichteten und mit uns nicht selten bis in die frühen Morgenstunden diskutierten. Mort Mishkin brachte uns in den Genuß seiner fesselnden Geschichte über die Erforschung kognitiver Systeme im Primatenhirn. Er ging sogar auf meine naivsten Fragen ein und erklärte mit Begeisterung und Enthusiasmus. Unablässig ermutigte er uns, das Molare und das Molekulare in das Kognitive einzubeziehen. Wie ein brillianter Experimentator selbst kniffligsten Problemen der Hirnforschung den Schrecken nehmen kann, stellte Lars Olson erneut unter Beweis. Al Aguayo fand stets die Zeit, unsere pessimistischen Ansichten, Hirnneuronen könnten nicht regenerieren, zu widerlegen. Marc Raichle führte uns auf unkomplizierte Weise in die neuen bildgebenden Verfahren zur Darstellung des Gehirns ein und erläuterte Strategien, wie man damit selbst schwierigste Probleme im Bereich der Kognition angehen kann. Ed Herbert führte uns streng, aber freundlich durch die Welt der Polyproteine und ihrer Gene. Zu guter Letzt ließ sich Carlton Gajdusek über langsame Viren, Steinzeitkultur, Kannibalismus, biologische Anthropologie, Neurologie, Pädiatrie und Linguistik im Zusammenhang mit dem Stamm der South Fore aus Neuguinea sowie über die abendländische Geschichte aus. Seine vor Geist nur so sprühenden Ausführungen und die anschließenden Diskussionen nahmen ganze Nächte in Anspruch.

Neben Gazzaniga und Festinger lasen mehrere Kollegen kritisch das entstehende Manuskript. Fred Gage begutachtete einen kompletten Entwurf; ihm verdanke ich entscheidende Einsichten, Anregungen und den Blick auf das Ganze. Der Ratschlag und der Blickwinkel von Bob Hamill, einem wirklich forschenden Arzt, waren von unschätzbarem Wert. Bruce McEwen verdanke ich wichtige Vorschläge zu organisatorischen Änderungen.

Besonderen Dank schulde ich jenen Wissenschaftlern, mit denen ich das Labor geteilt habe. Sie diskutierten mit mir über ihre Arbeit, führten mich in neue Themenbereiche ein und hörten bereitwillig alle meine Fragen. Julie Axelrod von den National Institutes of Health inspirierte eine ganze Generation von Wissenschaftlern mit seiner magischen Ausstrahlung, Intuition und grenzenlosen Begeisterung. Perry Molinoff versicherte glaubhaft, bei der Suche nach Antworten oder neuen Fragen sei kein Experiment zu umfangreich oder zu kompliziert. Sein Optimismus ist der Kern jeglichen Strebens nach wissenschaftlicher Erkenntnis. Am Trinity College in Cambridge stand mir Leslie Iversen zur Seite; er half mir, mich auf so manches lohnende wissenschaftliche Abenteuer einzulassen. Meine Kollegen aus dem Laboratory of Developmental Neurology an der Cornell University – Josh Adler, Manni DiCicco-Bloom, Cheryl Dreyfus und Kuo Wu – haben mir auch bei schier endlosen Grübeleien und in mancher gedanklichen Sackgasse Geduld und Freundlichkeit entgegengebracht. Elise Grossman, meine Kollegin und Freundin, unterstützte mich durch beständige Ermutigung und Ratschläge. Häufig überprüfte sie die Verständlichkeit von Manuskriptpassagen, und auf ihr Urteil war immer Verlaß. Betty Mayer war in vielerlei Hinsicht hilfreich – am Computer, in der Bibliothek und am Telefon. Und zahlreiche begabte Doktoranden und Doktoren wirkten durch ihre ideenreichen und innovativen wissenschaftlichen Veröffentlichungen äußerst belebend.

Unsere Arbeit fand die unerschöpfliche Unterstützung einer ganzen Reihe von Behörden und Stiftungen, die die biomedizinischen Forschungsanstrengungen in den Vereinigten Staaten tragen. Das National Institute of Neurological Disease and Stroke (NINDS) und das National Institute of Child Health and Development (NICHD) boten beharrlich Unterstützung. Gene Streicher vom NINDS und Gilman Grave vom NICHD standen immer mit Rat und Hilfe zur Seite. Auch die National Foundation/ March of Dimes förderte unsere Untersuchungen, und mein besonderer Dank gilt Sam Ajl für sein Interesse und seine Unterstützung. Die McKnight Foundation ermöglichte uns, konventionelle Wege der Forschung zu verlassen und neue zu erkunden. Ihre langfristige Förderung hat Modellcharakter für das gesamte Unternehmen Wissenschaft. Die Familial Dysautonomia Foundation stellte kontinuierlich Mittel zur Verfügung, um die Entwicklung des Nervensystems zu erforschen. Und Bristol-Myers Squibb rief ein neues Programm zur unbeschränkten Stipendienvergabe ins Leben, das es uns erlaubte, ganz neues Terrain zu betreten und uns dabei vorwiegend von unserer Neugier und dem Kriterium der Durchführbarkeit leiten zu lassen. Die „Gemeinde der Neurowissenschaftler" hat den Vordenkern Davis Temple, Bill Komer und Tom McCann enorm viel zu verdanken. Des weiteren bewies die Juvenile Diabetes Foundation große Offenheit und Verständnis, indem sie ihre Förderung auch auf scheinbar abgelegene Bereiche ausdehnte, um neurologische Komplikationen bei Diabetikern aufzuklären – ein Beweis, daß Kenneth Farber und seine Kollegen wirklich vorausschauen. Die Familie von Nathan Cummings schließlich stiftete einen Lehrstuhl für Neurologie an der Cornell University und trägt damit zum Erhalt der akademischen Freiheit und Unabhängigkeit bei. Ihr aufmerksames Interesse wirkte ebenfalls sehr ermutigend.

Abschließend danke ich meiner Frau Janet und meinem Sohn Reed. Janet las viele Abschnitte des Manuskripts und hatte manchen freundlichen Vorschlag anzubieten – für eine Autorin belletristischer Literatur eine fast unmögliche Aufgabe. Der elfjährige Reed besitzt die Fröhlichkeit, Neugier und Unerschrockenheit, die jeden Tag eine neue Theorie entstehen lassen. Er ist ein würdiger Hüter des Enthusiasmus.

Einleitung: Probleme und Fragen

Ein 72jähriger emeritierter Professor für Anglistik erleidet einen Schlaganfall; wie sich im Krankenhaus zeigt, ist er unfähig zu lesen, doch kann er spontan oder nach Diktat schreiben. Ein vollständig blinder Patient ist imstande, in sinnvoller Weise auf eine visuelle Bedrohung – eine auf seine Nase gerichtete Faust – zu reagieren. Ein Parkinson-Patient, seit fünf Jahren gelähmt und bettlägerig, rennt aus seinem brennenden Pflegeheim und bricht, erneut bewegungsunfähig, auf dem Rasen vor dem Haus zusammen. Bestimmte Schädigungen des rechten (nichtdominanten) Scheitellappens führen häufig zu einer Aufmerksamkeitsstörung, einem sogenannten (Hemi-)Neglekt im Bereich der linken Raum- und Körperhälfte; die betroffenen Patienten können sich nicht mehr selbständig anziehen, bestreiten dabei aber, gesundheitlich irgendwie beeinträchtigt zu sein. Eine ältere Frau mit einer Herz-Kreislauf-Erkrankung bricht wiederholt in Schreianfälle aus; spricht man sie darauf an, verneint sie jedoch, daß irgendetwas mit ihr nicht in Ordnung sei.

Solche genau umschriebenen klinischen Syndrome, denen Neurologen, Psychiater und Psychologen fast schon routinemäßig begegnen, geben den Hirnforschern große Rätsel auf. Können wir diese paradox erscheinenden Störungen und die entsprechenden Funktionen beim Gesunden biologisch interpretieren? Lassen sich diese erstaunlichen Beobachtungen erklären, indem wir die molekularen, zellulären und noch komplexere Systeme analysieren, die der Hirnfunktion zugrunde liegen?

1

Symbole der Kommunikation: Eine Einführung

Funktionalismus • Die Computermetapher • Hardware und Software • Instruktion und Selektion • Struktur und Funktion • Kommunikation, Wachstum und Architektur • Konnektionismus • Reduktionismus • Struktur und Funktion im Nervensystem • Kombinatorik • Repräsentation • Elektrochemische Codierung • Zeitliche Verstärkung • Molekulare Struktur und Modularität • Geistige Funktion und Zellbiologie

---

Die Gehirn und Geist erforschenden Wissenschaften stehen an einer aufregenden Schwelle, die vielleicht mit jener der Physik um die letzte Jahrhundertwende vergleichbar ist. Neurologie, Psychiatrie, experimentelle Psychologie, Neurobiologie, Ethologie und Soziobiologie haben uns völlig neue Einblicke in die Tätigkeit des Gehirns gebracht. Dennoch ist es diesen Disziplinen bislang nicht gelungen, ein plausibles einheitliches Konzept zu entwickeln, das die Funktionsweise von Gehirn und Geist erklären könnte.

Dieses Buch ist ein Versuch zu zeigen, wie das funktionell beschreibbare „kognitive System" mit dem anatomisch definierten Nervensystem zusammenhängt. Ich werde bestimmte Regeln der Arbeitsweise des Nervensystems analysieren, die für kognitive und psychische Eigenschaften und Funktionen verantwortlich sind. Kurz gesagt: Mein Ziel besteht darin, darzulegen, daß Geist eine *biologische Entität* ist. Dazu muß man verstehen, wie die Gesetze und Zwänge der Biologie die besonderen Merkmale des Geistes bedingen. Ich möchte zeigen, daß geistige Funktionen ohne die eingehende Betrachtung der zugrundeliegenden biologischen Mechanismen und Prozesse nicht erklärbar sind. Diese Behauptung findet keineswegs ungeteilte und sofortige Zustimmung. Aber wie sehen die Alternativen aus?

Das funktionalistische Paradigma

Die „biologische Sichtweise" ist unter den Kognitionsforschern sicherlich eine Minderheitenposition. Eher dürfte wohl der *Funktionalismus* als dominierendes Paradigma gelten. (Übersichten bei Flanagan 1984, Churchland 1986 und Changeux 1985). Hier werden mentale Zustände als funktionelle Zustände definiert, die verschiedene physikalische Grundlagen haben können. Nach Meinung der Funktionalisten vermögen ganz unterschiedliche physikalische Systeme das zu erzeugen, was wir Geist nennen. Für jene, die den Geist erforschen wollen, ist folglich die Psychologie das richtige Betätigungsfeld, nicht etwa die Neurowissenschaften, die Neurologie oder gar die Biologie. Die Untersuchung geistiger Prozesse ist ein zentraler Teil der kognitiven Psychologie, der Psychologie der Symbolverarbeitung und des Forschungsgebiets der Künstlichen Intelligenz (KI). Wie die Funktionalisten behaupten, kann Geist nicht durch die Neurobiologie erfaßt werden, weil das Gehirn nur *ein* mögliches Substrat für geistige Prozesse ist. Nach ihrer Anschauung läßt sich Geist völlig ohne Berücksichtigung der mit ihm verbundenen beziehungsweise ihm zugrundeliegenden Hardware erforschen und verstehen. Die Psychologie im weitesten Sinne wird die Regeln, Verbindungen und Gesetze aufklären, denen die Funktion des Geistes folgt; und diese Erkenntnisse werden ihrerseits die Entwicklung einer umfassenden Theorie des Geistes ermöglichen. Demgegenüber ist aus funktionalistischer Sicht die Erforschung des Nervensystems ein völlig anderes Unterfangen, das niemals Erkenntnisse über den Geist liefern wird. Das Verständnis der neuronalen Funktion, der synaptischen Kommunikation, der Arbeitsweise neuraler Systeme und der Physiologie des Gehirns wird lediglich Aufschluß über die für geistige Funktionen wenig relevanten Grundbausteine und Schaltpläne geben – so ähnlich wie die Kenntnis molekularer Vorgänge kaum zum Verständnis der Funktionsweise eines Autos, Fernsehers oder Computers beiträgt. Auch sollten wir nicht Technik, Zimmererhandwerk und Klempnerarbeit mit Architektur und Bildhauerei verwechseln, so die funktionalistische Argumentation. Jedes Gebiet, jedes Zeitalter besitzt seine eigene beherrschende Metapher – für den kognitiven Funktionalismus im späten 20. Jahrhundert ist es der Computer.

Im Klartext der Funktionalisten: Die Hardware des Computers verhält sich zum Gehirn wie die Software zum Geist. Das Gehirn mag zwar die Schaltungen, die Chips und die Platinen enthalten; um dem Geist auf die Spur zu kommen, interessiert jedoch vor allem das Programm, die Software. Ein Programm kann man auf Computern unterschiedlichster Architektur laufen lassen. Der elektronische Schaltplan ist kaum von Bedeutung, wenn man das Wesen des Programms verstehen will. Um die Logik des Programms – die Logik des Geistes – zu erfassen, muß man vielmehr die Programmierregeln kennen. Schraubenzieher, Zange und Lötkolben sind völlig ungeeignete Werkzeuge, um die Logik formaler Programme zu entschlüsseln. Die Physik von Elektronenröhren, Transistoren und Mikrochips gibt wenig Aufschluß über Programme und den von ihnen erzeugten Output. Ebenso wenig nützt es, die Neuronen, Synapsen und neuralen Systeme zu kennen, wenn man den Geist erklären will, eben weil er ein funktionelles Programm darstellt. Etwa so lautet – in stark überspitzter Form – die funktionalistische Auffassung und die *Computermetapher*.

Der Trugschluß der Funktionalisten und eine irreführende Metapher

Meine Position, die ich in diesem Buch vorstelle und wissenschaftlich untermauere, ist ein Frontalangriff auf den Funktionalismus und die verbreitete Computermetapher. Von allen Details befreit, wirkt die Aufspaltung in Software und Hardware künstlich. Wie wir sehen werden, sind Software und Hardware im Nervensystem ein und dasselbe. In einem Maße, daß diese Begriffe für das Nervensystem jegliche Bedeutung verlieren, modifiziert hier die „Software" die ihr zugrundeliegende „Hardware". Beispielsweise verändern Erfahrungen die Struktur von Neuronen und die von ihnen ausgesandten Signale. Sie verändern das Muster der Verschaltung im Gehirn und somit auch den Output oder jegliche neurale Entsprechung einer Software. Tatsächlich sind Wandlungsfähigkeit und Flexibilität in vielen verschiedenen Ebenen und Domänen entscheidende Eigenschaften des Nervensystems. Zahllose Untersuchungen belegen, daß das Gehirn nicht aus einer Serie unveränderlicher Schaltkreise mit ebenso unveränderlichen Elementen besteht. Seine Strukturen und Funktionen befinden sich vielmehr in ständigem Fluß. Die Analogie mit dem digitalen Computer führt also völlig in die Irre.

Input in Form von Erfahrung verändert die von Nervenzellen ausgesandten Neurotransmittersignale, die Art und die Zahl der Synapsen, die Struktur der Neuronen und das Muster ihrer Verknüpfung. Da meines Wissens niemand behauptet, der Ursprung des Geistes sei *nicht* im Gehirn zu finden, kann diese biologische Dynamik kaum irrelevant sein. Im folgenden werde ich die durch neue wissenschaftliche Erkenntnisse immer besser untermauerte Auffassung darlegen, nach der jene Eigenschaften, die wir behelfsweise „Geist" nennen, einen festen Bestandteil des Nervensystems bilden und nicht etwas körperloses Abstraktes. Meine Aufgabe wird darin bestehen, detailliert zu beschreiben, wie die Funktionsweise der oben genannten Elemente des Nervensystems den Geist eingrenzt und kennzeichnet und letztlich selber Geist ist.

Diese Sichtweise zeugt von ausgesprochenem Optimismus, legt sie doch den Schluß nahe, daß die Erforschung des Geistes keineswegs unser angesammeltes Wissen über das Verhältnis von Struktur und Funktion in der Biologie in Frage stellt. Tatsächlich besteht Grund, dem Funktionalismus skeptisch gegenüberzustehen, weil sein Paradigma einer ganzen Fülle von Erkenntnissen aus den Naturwissenschaften und insbesondere der Biologie widerspricht. Kognition läßt sich beispielsweise ebensogut als Funktion des Gehirns auffassen, wie die Kreislaufregulation eine Funktion des cardiovasculären Systems ist. Blutdruck, Herzfrequenz und periphere Durchblutung sind das Ergebnis der Herzaktivität und einer Verengung beziehungsweise Erweiterung der Blutgefäße, und diese Funktionen wiederum werden durch den Hormonstatus, die Innervation, den Zustand des Wasserhaushalts und andere Parameter beeinflußt. Die Zusammenhänge sind hochkompliziert und faszinierend, keineswegs aber mysteriös, magisch oder „anders" als andere physiologische Prozesse. Man braucht das cardiovasculäre System gewissermaßen nicht zu verlassen, um den Kreislauf zu verstehen. Dies zu tun, birgt sogar ein großes wissenschaftliches Risiko in sich. Man könnte Herz und Gefäßsystem vereinfachend als ein phantasievoll zusammengesetztes technisches System aus einzelnen Röhren, einigen Regelventilen, einer oder zwei Membranen, mehreren

Speicherreservoirs und einer Pumpe betrachten. Die Funktionsweise eines solchen Apparates hätte sicherlich einiges mit der des cardiovasculären Systems gemein. Aus dem Modell ließe sich aber nicht unbedingt ableiten, daß das Herz selbst diffusible Stoffe produziert, die den Kreislauf regulieren. Ebensowenig erlaubt ein solches Modell den Schluß, daß auch viele der durchströmten Vorrichtungen oder Organe durch Freisetzung von Substanzen die zentrale Pumpe selbst beeinflussen oder mit den Nerven, die Pumpe und Rohrsystem versorgen, kommunizieren und ihre Funktion verändern. Derartig spezifische Erkenntnisse kann man nur aus der direkten Untersuchung des cardiovasculären Systems gewinnen.

Obwohl sich also bestimmte Aspekte des Blutkreislaufs am Modell erforschen lassen, würden uns viele wichtige Steuerprinzipien einfach entgehen. Grundsätzlich ist die Annahme vernünftig, daß die cardiovasculäre Funktion – wenn auch grob vereinfacht – mit verschiedenen Modellen simulierbar ist; doch kann keine Analyse derartiger funktioneller Nachbauten die Untersuchung des biologischen Originals ersetzen. Wie ausgefeilt das Pumpenmodell auch sein mag – es muß deswegen noch lange nichts über Neurotransmitter, Hormone, Rezeptorkinetiken, Transduktionsmechanismen, die Depolarisations-Kontraktions-Kopplung in der glatten Gefäßmuskulatur, den Wasser- und Salzhaushalt, das Säure-Base-Gleichgewicht und die unzähligen anderen im biologischen Original vorhandenen Mechanismen aussagen. Jede Analyse des cardiovasculären Systems, die diese Regulationsmöglichkeiten nicht miteinbezieht, ist notwendigerweise unvollständig. Es hieße, über Rohrtechnik und Installation zu diskutieren anstatt über die Dynamik des Blutkreislaufs.

Eine völlig analoge Argumentation ist auf jedes andere Organsystem des Körpers anwendbar. Immer mehr Menschen haben eine künstliche Niere, eine Gliedmaßenprothese oder ein Hörgerät; aber keine dieser Vorrichtungen kann die Funktion des entsprechenden biologischen Systems ganz ersetzen. Was spricht nun eigentlich für die Behauptung, daß ausgerechnet der Geist in der Biologie eine Sonderstellung einnimmt? Für die Position der Funktionalisten gibt es offenbar keinen Präzedenzfall. Wie wir bald sehen werden, ist sie sogar mit zahlreichen neuen Erkenntnissen unvereinbar. Selbst mit unserem vorläufigen, begrenzten Kenntnisstand zeichnet sich ab, daß die funktionalistische Auffassung und die Computermetapher offensichtlich von falschen Voraussetzungen ausgehen.

Das Verhältnis von hypothetischer Hardware und Software

Der Versuch, die Beziehung zwischen vermeintlicher Hardware und Software im Falle des Nervensystems zu untersuchen, erweist sich als äußerst schwierig und wirft eine Reihe wichtiger Fragen auf. In erster Näherung kann man die Strukturen des Nervensystems, von neuralen Subsystemen bis hin zu Molekülen, als die „Hardware" betrachten. Im einzelnen würden darunter neuronenspezifische Gene, molekulare Kommunikationssignale, die Synapse als Kommunikationsapparat, das Neuron und Neuronenpopulationen sowie größere neurale Systeme fallen. Diese Mikro- und Makroarchitektur enthält jedoch gleichzeitig auch die Operationsregeln, gewissermaßen die Algorithmen oder Programme. Wie wir sehen werden, sind die Operationsregeln in den Strukturelementen eingeschlossen, aus denen die einzelnen Ebenen organisiert sind.

Die Merkmale des von jedem Subsystem abgearbeiteten Programms setzen sich beispielsweise exakt aus den Merkmalen der verwendeten Neurotransmittersignale, der exprimierten Transmitterrezeptoren, der aktivierten oder gehemmten Membrankanäle, der aktivierten intrazellulären Mechanismen und Synapsen zusammen. Diese und andere Elemente bestimmen in ihrer Gesamtheit die Frequenz, das zeitliche Muster und die Amplitude des Programms. Die neuroanatomische Organisation des Systems legt also seinen Output fest, ob im visuellen, vegetativ-regulatorischen oder motorischen Bereich. Deshalb ist die Software keine körperlose Entität jenseits der Biologie. Die Algorithmen setzen sich aus den Regeln der Molekularbiologie, der Biochemie, der Elektrochemie und der Konnektivität zusammen. Ein eigenständiges, von der Biologie abtrennbares Programm, ein vitalistischer Homunculus, existiert nicht. Woher sollte eine nichtbiologische Software überhaupt kommen?

Eine provisorische Antwort lautet: aus der Umgebung. Das Programm könnte über die Außenwelt in das Nervensystem gelangen. Dies wäre jedoch eine Fehlinterpretation des Verhältnisses von Umwelt und Biologie. Denn Umweltreize lösen biologische Mechanismen aus, die im Nervensystem bereits vorhanden sind, und verändern dabei neurale Strukturen und Funktionen. Das heißt, die Außenwelt diktiert nicht laufend von neuem die Regeln, nach denen neurale Systeme funktionieren; vielmehr wählt die Umgebung unter den vorgegebenen biologischen Mechanismen. Der Transduktionsvorgang, der Umweltreize in neuronale Information umwandelt, sollte also nicht mit dem Transfer eines Programms von außen nach innen verwechselt werden. Die biologischen Transduktionsmechanismen sind bereits im Nervensystem angelegt und arbeiten gemäß den Regeln der Zellbiologie und Biochemie. Der Transduktionsprozeß ist also selbst Teil der „Hardware" des Nervensystems. Gleichzeitig ist die Transduktion aber auch „Software". Tatsächlich sind die Moleküle, die biochemischen Umwandlungen und die Regeln, denen sie folgen, Hardware und Software zugleich. Diese Begriffe erfassen jedoch nicht wirklich das Wesen der Funktion des Nervensystems.

Die Umwelt „programmiert" das Nervensystem also nicht. Vielmehr deutet immer mehr darauf hin, daß die Umwelt aus dem bereits vorhandenen Spektrum an Systemmerkmalen und -prozessen eine Auswahl trifft und dadurch Veränderungen auslost. Das Nervensystem verdankt seine Veränderbarkeit nicht der Umwelt; die Außenwelt aktiviert lediglich das systemimmanente Veränderungspotential (ausführliche Diskussion bei Piatelli-Palmarini 1979).

Um eine grobe Analogie anzuführen: Programme sind instruktionistisch, die Umwelt bewirkt Veränderungen im Nervensystem dagegen durch Selektionsmechanismen. Wenngleich die Debatte „Selektion versus Instruktion" (Natur oder Kultur, angeboren oder erlernt?) ganz anderen Bereichen der Biologie entstammt, kann sie in den Neurowissenschaften vielleicht Mißverständnisse aufdecken helfen. Insbesondere läßt sich anhand solcher Überlegungen leichter verdeutlichen, wie ungeeignet jede Unterscheidung von Hardware und Software im Zusammenhang mit der Funktion des Nervensystems letztlich ist.

Es mag an dieser Stelle hilfreich sein, die *selektionistische* Sichtweise knapp zu umreißen, da sie die Aufmerksamkeit von der Computermetapher weglenkt und unsere

Fragestellung in den richtigen Rahmen stellt. Der extreme Selektionismus behauptet, daß nichts wirklich „gelernt" wird im Sinne eines isomorphen *de novo*-Transfers eines Programms aus der Umwelt in das Gehirn. Vielmehr löst die Umwelt angeborene Mechanismen und Prozesse aus (sie benutzt diese, wählt unter ihnen, fixiert oder kombiniert sie), die biologisch bedingt und vorgegeben sind. Gemäß Fodor erklärt dies die scheinbare Beliebigkeit auslösender Umweltstimuli hinsichtlich des ausgelösten Verhaltens oder „Konzepts" sowie das Fehlen einer „logischen" Verbindung zwischen Reiz und Reaktion (Fodor 1979; Fodor und Pylyshyn 1988). Ein Beispiel aus der Verhaltensforschung soll das verdeutlichen. Frischgeschlüpfte Entenküken lassen sich auf jedes beliebige bewegliche Objekt prägen; fortan behandeln sie es wie eine Mutter. Mit anderen Worten: Bewegung bedeutet soviel wie „Mutter". Fodor argumentiert überzeugend, daß sich dieses Phänomen am besten aus einer darwinistischen Sichtweise (Darwin 1859) erklären läßt und nicht im Sinne des Konzeptlernens: Der Bewegungsreiz bestätigt nicht eine Hypothese des jungen Vogels über die Struktur der Mutterschaft; ebensowenig überträgt er ein wie auch immer geartetes „Mutterprogramm" in das Gehirn. Die von bereits vorhandenen biologischen Mechanismen ausgehende selektionistische Position gestattet ein unbegrenztes Ausmaß solcher scheinbaren Beliebigkeit. Die Verknüpfung von Reiz und Reaktion ist stammesgeschichtlich bedingt; im Hinblick auf eine gerade aktuelle Anforderung mag sie daher zufällig erscheinen. Ganz gewiß ist sie keine Software-Hardware-Beziehung.

Die selektionistische Sichtweise erklärt auch, warum die Individuen einer Spezies auf das ungemein vielfältige Reizangebot ihrer Umwelt relativ gleichförmig reagieren. Würden verschiedene Umweltreize einfach unterschiedliche Programme auslösen, so könnte man erwarten, daß die höchst individuellen Erfahrungen der einzelnen Tiere zu einem ebenso individuellen Verhaltens- , Gefühls- und Denkrepertoire führen. Verhalten und Gefühl werden jedoch nicht durch die Umwelt einprogrammiert, sie sind selbst Bestandteile des Nervensystems. Die Umgebung setzt einfach nur die Informationen frei, die der Organismus bereits in sich trägt, und diese Informationen lassen sich nicht in sinnvoller Weise als Hardware oder Software bezeichnen. Es handelt sich um biologische Informationen, die nur im biologischen Kontext und gemäß den Regeln der Biologie zu verstehen sind, nicht gemäß den Regeln von Computern. In diesem Zusammenhang angemessene wissenschaftliche Fragestellungen betreffen Physiologie oder Evolution, nicht aber Halbleiter oder Computerprogramme.

Andererseits sind es die Umweltbedingungen, die darüber entscheiden, welcher biologische Mechanismus oder Prozeß ausgelöst wird. Die entscheidende Wechselwirkung ist jene zwischen Außenwelt und angeborenem biologischen System. Deshalb erscheint es besonders erfolgversprechend, sich auf die Biologie selbst zu konzentrieren und nicht auf chimärenhafte Software-Hardware-Konzepte. Tatsächlich ist einer der wichtigsten Mechanismen, Funktionsänderungen hervorzubringen, die Veränderung der Architektur des Nervensystems – ganz im Unterschied zu einem einfachen Softwarewechsel. Ein beträchtlicher Teil dieses Buches ist daher der Analyse der Regeln gewidmet, nach denen diese Veränderungen erfolgen. Denn architektonischer Wandel bewirkt im Nervensystem einen Funktionswandel, und derartige biologische Veränderungen unterscheiden sich in ihrer Art fundamental von gewöhnlichen Änderungen einer Computersoftware. Zunächst soll die neurale Dynamik kurz vorgestellt werden. Mit dem so gewonnenen Überblick werden wir dann detailliert die neue Position von der funktionalistischen abgrenzen.

Struktur und Funktion:
Die Dynamik der neuralen Architektur

Die Architektur des Nervensystems verändert sich auf vielen *Organisationsebenen* und in zahlreichen *Domänen*. Gleichzeitig kommt es zu Veränderungen der Verarbeitungsmodi und der neuralen Funktion. Worin genau unterscheiden sich Biologie und Halbleitertechnologie? Zum besseren Verständnis dieses Unterschieds kann man zunächst die „neurale Hardware" in eine genomische, eine molekulare, eine synaptische, eine zelluläre und in eine Systemdomäne unterteilen; sie alle bedingen Verhalten und mentale Funktionen beziehungsweise rufen sie hervor.

Wie sich immer mehr herauskristallisiert, verarbeitet das Nervensystem Informationen, indem es die Struktur und Funktion jeder der genannten Ebenen verändert. So ändert sich fortwährend die Expression spezieller Gene mit dem Ergebnis, daß verschiedenartige für den Informationsfluß im Nervensystem entscheidende Genprodukte gebildet werden. Beispielsweise unterliegen die für die Synthese von Neurotransmittern – den molekularen Trägern der Kommunikation zwischen Neuronen – verantwortlichen Gene einer komplexen Regulation durch die Umwelt (Black et al. 1987). Die variable, differentielle Expression dieser Gene führt zu einer ständigen Veränderung der von jedem einzelnen Neuron synthetisierten Transmitter. Da das einzelne Neuron gleich mehrere unterschiedliche Transmitter enthält, ergibt sich auf diese Weise ein bemerkenswertes kombinatorisches Potential. Dies ist einer der Mechanismen, durch die sich die molekulare Struktur, die „Hardware" von Nervenzellen, und dadurch ihre Funktion, mit der Zeit verändern können. Wie ich in den folgenden Kapiteln ausführlich darlegen werde, resultieren aus Veränderungen der Transmitterexpression und des Transmittermetabolismus wiederum Änderungen des Verhaltens und der geistigen Funktionen. Auf diese Weise führt eine elementare Änderung der Hardware zu veränderten Verhaltensäußerungen.

Auch der Aufbau des synaptischen Apparats, der kommunikativen Verbindung zwischen Neuronen, reagiert auf Umweltreize mit Veränderungen: Erfahrung ändert die molekulare Struktur von Synapsen (Wu und Black 1989; Bailey 1989), ihre Morphologie und sogar ihre Anzahl (Greenough 1984). Dadurch verändert sich die Effizienz der Kommunikation ebenso wie das Verhalten insgesamt. Dieser Wandel der neuronalen Verknüpfung erfolgt am Kern eines Systems, dessen Funktion auf Kommunikation beruht. Von einer sich verändernden „Software" kann hier wohl kaum gesprochen werden.

Die genannten Änderungen und ihre Folgen für die neuroanatomische und neurochemische Organisation neuronaler Subsysteme bewirken letztlich geänderte Verhaltensäußerungen des Nervensystems. Es sollte daher einleuchten, daß man die Funktion des Nervensystems nicht ohne Kenntnis der Regeln dieser strukturellen Wandelbarkeit, der Regeln der Biologie also, untersuchen kann. Von diesen Regeln leitet sich die neurale Funktion ab, ja sie ist gewissermaßen sogar die Manifestation dieser Regeln. Ein separates Programm oder eine separate Software unabhängig oder jenseits der biologischen Regeln, welche die Funktion des Nervensystems bestimmen, gibt es nicht.

Kommunikation, Wachstum und veränderte Architektur: Einheit wird sichtbar

Es mehren sich Hinweise, daß die fortwährende neurale Funktion, also die Kommunikation selbst, die Struktur des Nervensystems verändert. Dies wirkt wiederum zurück auf die Funktion, die erneut die Struktur wandelt. Die fundamentale Einheit von Struktur und Funktion ist ein Hauptthema dieses Buches und wird eingehend erörtert. Drei Beispiele sollen weiter verdeutlichen, wie unzutreffend das Software-Hardware-Konstrukt und die starre Computermetapher sind.

So hat man beispielsweise beobachtet, daß die gleichzeitige elektrische Aktivierung verschiedener Nervenfasereingänge zu einer Verstärkung von Synapsen im Hippocampus der Ratte führt. Das ist ein Hirnteil, der für das räumliche Gedächtnis offenbar von entscheidender Bedeutung ist. Eine derartige synaptische Verstärkung wird als Langzeitpotenzierung (*long-term potentiation*, LTP) bezeichnet. Sie hat die besondere Aufmerksamkeit der Hirnforscher auf sich gezogen, weil sie mit Gedächtnismechanismen assoziiert sein könnte (Bliss und Lomo 1973; Andersen et al. 1980; Lynch 1986). Für unsere Diskussion ist die Langzeitpotenzierung deshalb besonders wichtig, weil es Hinweise gibt, daß sie mit einer Zunahme der Synapsenzahl und Veränderungen der Struktur einzelner Synapsen einhergeht (Übersicht bei Lynch 1986). Tatsächlich scheint ein erregender Neurotransmitter, das Glutamat, diese Veränderungen über Wechselwirkungen mit speziellen Rezeptoren auf den Hippocampusneuronen auszulösen (Übersicht bei Nicoll 1988; Nicoll et al. 1988). Ein Transmitter, der erregende Informationen im Millisekundenbereich weiterleitet, stimuliert also zusätzlich das Wachstum von Synapsen und modifiziert auf diese Weise die Architektur des Schaltkreises. Somit hängen bei diesem System Signaltransfer, Wachstum, geänderte Architektur und neurale Funktion sowie Gedächtnis kausal zusammen. Zwischen Hardware und Software läßt sich also nicht einfach trennen: Die Regeln der Funktion sind die Regeln der Architektur, und die Funktion bestimmt die Architektur, die ihrerseits wieder die Funktion festlegt. Es bedarf offensichtlich eines neuen Vokabulars und eines ganz neuen Konzepts, um den Funktionalismus zu ersetzen. Zwei weitere Beispiele sollen die sich abzeichnende Einheit von Struktur und Funktion, die Widersprüche innerhalb des Funktionalismus und die Notwendigkeit einer neuen Theorie veranschaulichen.

Das zweite Beispiel zeigt, daß Struktur und Funktion der Synapse durch Erfahrung veränderbar sind. Wie Greenough und seine Mitarbeiter (1984) herausfanden, ist bei ausgewachsenen Ratten, die in einer vielfältigen Umgebung leben, die Synapsenzahl in der Großhirnrinde erhöht. Vielleicht noch überraschender mag der Befund sein, daß die Ausführung spezifischer somatosensorischer Aufgaben die Zahl der Synapsen in den entsprechenden Bereichen des somatosensorischen Cortex (dem Teil der Hirnrinde, der Signale aus dem Körper empfängt) vermehrt. Dabei verändern sich zahlreiche architektonische Merkmale: Die Zahl der Synapsen pro Neuron steigt ebenso wie die Synapsendichte pro Volumeneinheit und die Länge der dendritischen Fortsätze. Die Beziehungen zwischen umweltbedingter Erfahrung, neuraler Architektur und Funktion im Säugerhirn müssen näher beleuchtet werden, damit die zugrundeliegenden, verknüpfenden Mechanismen einer Analyse zugänglich werden.

Die fundamentale Einheit von Struktur und Funktion, von Hardware und Software, ist keineswegs auf Säugetiere beschränkt; auch bei Nervensystemen von Invertebraten ist sie verwirklicht, wie unser drittes Beispiel deutlich macht. Bei der Meeresschnecke *Aplysia californica* sind die verhaltensphysiologischen Zustände der Langzeitgewöhnung (*long-term habituation*) und der Sensibilisierung mit spezifischen ultrastrukturellen Veränderungen der Synapsen verknüpft (Bailey 1989). Im Falle der Gewöhnung nimmt die Effizienz oder „physiologische Durchlässigkeit" der Synapse ab. Hierbei verringern sich auch Zahl und Fläche der aktiven Zonen der Synapse sowie die Zahl der transmitterspeichernden Vesikel pro aktiver Zone. Umgekehrt nehmen diese Werte zu, wenn bei der Sensibilisierung die synaptische Effizienz steigt. Die Anzahl sogenannter Varikositäten – synapsenenthaltender Stellen – korreliert mit den synaptischen Veränderungen bei der Gewöhnung und Sensibilisierung. Überdies verlaufen diese Veränderungen zeitgleich mit den entsprechenden Gedächtnisänderungen. Das Fazit der angeführten Beispiele lautet: Selbst bei nur sehr entfernt verwandten Organismen basieren Mikroarchitektur des Nervensystems, physiologische Funktion, Verhalten und „mentaler Zustand" auf denselben neuralen Prozessen. Der Funktionalismus eignet sich nicht, um das Verhalten zu erklären: bei Wirbellosen ebensowenig wie bei komplexen Säugetieren.

Diese wenigen Beispiele aus einer riesigen und ständig anwachsenden Menge wissenschaftlicher Literatur lassen vermuten, daß Verhalten, neurophysiologische Prozesse und die Regulation der Architektur neuraler Systeme die gleiche Grundlage haben. Um diese Phänomene zu erklären, wird man auf die Sprache der Transmittersignale, der Wachstumsfaktoren und der synaptischen Kommunikation, auf die Architektur – vom Molekül bis zum System – und auf das resultierende Verhalten oder den Geisteszustand zurückgreifen. Das Programm oder die Software existiert nicht außerhalb der Biologie des Nervensystems.

Der Konnektionismus: Eine Reaktion auf den Funktionalismus

Der Funktionalismus entwickelte sich als Lösungsversuch für die problematisch erscheinende Aufgabenteilung zwischen einer sich auf Kognition und Verhalten konzentrierenden Psychologie und einer Neurobiologie, welche die physiologischen Mechanismen aufzuspüren sucht. Er entstand in den fünfziger Jahren gemeinsam mit der Computermetapher und hat in den siebziger Jahren die Oberhand gewonnen. Doch nach 1980 regten sich selbst bei Psychologen erste Zweifel. Das zunächst latente Bewußtsein für die Bedeutung der neuronalen Architektur kam deutlich zum Vorschein. Beispielsweise sind für digitale und analoge Computer neue und unterschiedliche Verfahren und Algorithmen erforderlich. Der deswegen unternommene Versuch, die Computermetapher durch die „Gehirnmetapher" zu ersetzen, führte zum sogenannten *konnektionistischen Programm* (Rumelhart und McClelland 1986).

Nach der Kernthese des Konnektionismus ist, wie der Name schon andeutet, Wissen in den *Verbindungen* der Neuronen, ihrem *Verknüpfungsmuster*, gespeichert. Lernen bedeutet in diesem Sinne eine Modifikation von Verknüpfungen, und entsprechend sind die Prinzipien entscheidend, die der Verknüpfung zugrunde liegen. Die Konnektionisten haben sich auf die rechnerischen Aspekte der Verknüpfung konzentriert und versucht, psychobiologische Vorgänge mit Computermodellen zu simulieren. In Wirklichkeit waren sie jedoch hauptsächlich mit ganz bestimmten Beschränkungen und biologischen Aspekten beschäftigt.

Die sogenannten Echtzeitbeschränkungen sind dabei erheblich (Newell 1980): Informationsverarbeitende Elemente von Computern arbeiten im Bereich von Nanosekunden (10^{-9} Sekunden), Neuronen hingegen im Millisekundenbereich. Schon daraus läßt sich ersehen, daß das Gehirn offenbar radikal anders gebaut ist als der klassische Von-Neumann-Computer. Selbst mit massiv parallelgeschalteten neuronalen Architekturen ist es extrem schwierig, Informationen in weniger als einer oder zwei Sekunden zu verarbeiten. Die Echtzeitbeschränkung ist für die Konnektionisten folglich eine entscheidende Hürde bei der Entwicklung geeigneter Algorithmen zur Simulation von Hirnfunktionen.

Die große Anzahl der informationsverarbeitenden Elemente im Gehirn, etwa 100 Milliarden (10^{11}) Neuronen und 10^{15} Synapsen, bringt eine weitere Schwierigkeit mit sich: Ein plausibles Modell des Gehirns muß dieser Komplexität Rechnung tragen. Die bisherigen Computermodelle bestehen jedoch gewöhnlich aus höchstens Hunderten von Einheiten, die vermutlich Einzelneuronen repräsentieren. Homologien oder Analogien zum Gehirn sind erst dann ernstzunehmen, wenn die Konnektionisten eindeutig festlegen können, welche Bestandteile des Gehirns durch die Rechenelemente derartiger Modelle dargestellt werden: Synapsen, Nervenzellen, Neuronenverbände oder gar höhere Systeme.

Für die Verfechter des Konnektionismus ist die Veränderung neuronaler Verknüpfungen die wichtigste Grundlage für Lernen und Gedächtnis. Daß bereits bestehende Verbindungen im Nervensystem modifiziert werden, neue entstehen und alte verlorengehen, haben die Neurobiologen dokumentiert. Konnektionistische Modelle berücksichtigen nur die erste der drei genannten Möglichkeiten und ignorieren damit höchst bedeutsame Vorgänge im Nervensystem. Bei allem Verständnis für Vereinfachungen und Idealisierungen im Zuge der Modellbildung stellt sich doch die Frage, ob die Hirntätigkeit unter einer solchen Mißachtung entscheidender biologischer Prozesse überhaupt angemessen simuliert werden kann.

Nach konnektionistischer Auffassung ist Lernen die Optimierung lokaler Funktionsvorgänge, wodurch die Gesamtfunktion des Netzes maximiert wird. Was sind das nun für lokale (vermutlich neuronale und synaptische) Vorgänge, welche die globale Funktion verändern? Meiner Ansicht nach handelt es sich um Änderungen in Transmitterexpression und -metabolismus, Veränderungen bei der Kommunikation, in der molekularen Architektur der Synapse und der Wirkung von trophischen und Wachstumsfaktoren; diese Prozesse konstituieren die Biologie des Lernens, des Gedächtnisses und der neurologischen Funktion. Deshalb untersuchen wir eingehend die ihnen zugrundeliegenden Mechanismen; so können wir die durch die Biologie des Nervensystems bedingten Beschränkungen und Kennzeichen kognitiver Funktionen erkennen.

Die Idee des Reduktionismus

Reduktionismus ist, allgemein formuliert, das genaue Gegenteil des Funktionalismus. Jede Diskussion des Reduktionismus muß allerdings berücksichtigen, daß mit diesem Begriff sehr unterschiedliche Positionen umschrieben werden. Der allgemeine oder schwache Reduktionismus weicht radikal von der extremen Position ab. Er besagt, daß sich die Geistesfunktionen letztendlich durch die Struktur und Funktion des Gehirns erklären lassen. Jedoch stellt er keinerlei Vermutungen über die entscheidenden Ebenen der zugrundeliegenden physiologischen Mechanismen auf. Für allgemeine Reduktionisten sind also Gene, Moleküle, Zellen, Zellverbände, Systeme, Systemverbände, epigenetische Signale, Verhalten, Denkprozesse und Umweltmechanismen sämtlich potentiell von Interesse. Kein Funktionsniveau wird von vornherein als weniger wichtig angesehen.

Demgegenüber sind extreme Reduktionisten der Auffassung, daß bestimmte Domänen der Biologie von besonderer Bedeutung sind. Auf den ersten Blick scheint sich diese Haltung nur quantitativ vom allgemeinen Reduktionismus zu unterscheiden; tatsächlich führt sie jedoch zu eher unglaubwürdigen Positionen. Der extreme Reduktionismus in seiner ausgangs des 20. Jahrhunderts geltenden Form beschränkt sein Interesse auf Gene, Moleküle und im äußersten Fall auf Zellen. Die radikalsten Vertreter glauben, die Hirnfunktion ließe sich unter dem Blickwinkel der Genexpression und -aktivität verstehen. Eine vollständige Beschreibung der Gene – der Konstruktions- und Funktionspläne des Nervensystems – und ihrer Aktivität wird ihrer Ansicht nach genügen, um die Funktionsweise von Gehirn und Geist zu beschreiben.

Diese extreme Position ignoriert jedoch die zentrale Bedeutung der Organisation der Zelle, des Zellverbands und des Systems – also der biologischen Architektur – für die Hirnfunktion. Im Falle des Kommunikationsorgans Gehirn, bei dem Kommunikation gleichbedeutend mit *Symbolisierung* (Repräsentation) ist, bedeutet Architektur soviel wie Funktion. Die Gene sind folglich nur im Zusammenhang mit Hirnstruktur und -funktion relevant. Das soll ein Beispiel aus der klinischen Neurologie veranschaulichen.

Kinder mit dem Lesch-Nyhan-Syndrom bleiben geistig zurück und neigen zur Selbstverstümmelung. Das für diese erbliche Krankheit verantwortliche defekte Gen ist inzwischen identifiziert worden (Caskey 1987). Darüber hinaus hat man die Sequenzabweichung gegenüber dem normalen Gen bestimmt und fehlerhafte Genprodukte isoliert. Auch die Funktion des Genprodukts, der Hypoxanthin-Phosphoribosyl-Transferase (HPRT), ist bekannt. Dieses Enzym ist am Purinstoffwechsel beteiligt. Doch trotz aller molekulargenetischen Detailinformation haben wir nicht den geringsten Einblick in die Prozesse, die zur geistigen Retardierung und Selbstverstümmelung führen. Um uns diesem Problem zu nähern, müssen wir neurophysiologische, neuroanatomische und verhaltensbezogene Fragen formulieren. Der Gendefekt hat seine Bedeutung also nur im Kontext der Hirnfunktion. Diese Aussage erscheint zwar trivial, sie wird jedoch von ganzen Forschungsprogrammen einfach ignoriert.

Das Beispiel des Lesch-Nyhan-Syndroms verdeutlicht die Nutzlosigkeit des Versuchs, die Genfunktion losgelöst von der Organisation des Gehirns zu betrachten. Genstruktur und -funktion sind im Falle des HPRT-Gens nur vor dem Hintergrund neurobiologischer Fragen aufschlußreich. Was aber sind die neuroanatomischen und

systemphysiologischen Grundlagen der Selbstverstümmelung? Wo beispielsweise
wäre ihr Platz innerhalb der Systematik der Verhaltensweisen und neuralen Systeme,
welche an der Pflege der äußeren Erscheinung, an Selbstbild, Selbstbewußtsein und
Verhaltensstereotypie beteiligt sind? Sind solche Kategorien überhaupt relevant? Welches ist die für die mentale Retardierung relevante Neurobiologie? Die Bedeutung des
genetischen Defekts läßt sich nicht ohne die grundlegenden neurobiologischen Kenntnisse untersuchen. Das Wissen um die molekulargenetischen und biochemischen Defekte ist zwar notwendig, um die Mechanismen des Lesch-Nyhan-Syndroms zu verstehen, für sich genommen ist es jedoch nicht ausreichend. Dieses einfache Beispiel zeigt
die prinzipiellen Schwachpunkte der extrem reduktionistischen Vorgehensweise.

Ein völlig anderer Organismus liefert ein weiteres Beispiel für die Unzulänglichkeit
der Thesen des extremen Reduktionismus. Die Nervensysteme isogener, das heißt
genetisch identischer Nachkommen des Wasserflohs *(Daphnia magna)* weisen strukturelle Unterschiede auf, die exakt beschrieben sind. So zeigt das axonale Verzwei-
gungsmuster des Ommatidienrezeptorneurons aus dem optischen Ganglion bei isoge-
nen Tieren individuelle Züge (Macagno et al. 1973). Tatsächlich sind alle Organismen
trotz ihrer identischen genetischen Ausstattung im Detail verschieden. Es muß wohl
kaum erwähnt werden, daß sich auch die Struktur des Nervensystems von genetisch
normal variablen Nachkommen – von der Heuschrecke bis zu den Primaten (Goodman
et al. 1979; Kaas et al. 1983) – individuell erheblich unterscheidet. Reduktionisten
gleich welchen Schlages sehen das Nervensystem als die Grundlage des Verhaltens
und jeglicher Form von mentaler Tätigkeit an; die extremen Vertreter bezeichnen
sogar die für das Nervensystem spezifischen Gene als die einzig relevanten Funktions-
träger. Sie stehen jedoch vor einem Paradoxon, wenn identische Genausstattungen zu
verschiedenen Nervensystemen führen. Demnach liefern die Erbanlagen unmöglich
die einzige Erklärung – die radikalreduktionistische Vorstellung ist notwendigerweise
unvollständig.

In dieser Anfangsphase unserer Erörterung ist es sinnvoll, das Dilemma des extremen Reduktionismus klar zu definieren. Die Schwierigkeit liegt nicht in dem logischen Vorgehen, die Grundlage der Funktion in der neuralen Struktur zu suchen.
Vielmehr besteht das Problem darin, eine einengende Position anzunehmen, die einzig
den Genen Relevanz beimißt. In der Folge werden wir auf ganz verschiedenen Organisationsebenen des Nervensystems wichtigen Strukturen begegnen: von Genen und
Molekülen über Organellen und Zellen bis hin zu Systemen, Netzwerken, Verhaltensweisen und Umwelt. Es lohnt sich, unsere Aufmerksamkeit *im Kontext des Nervensystems als Ganzem* auf jedes einzelne dieser Niveaus zu richten.

Diese vereinfachende Strategie hat der gemäßigte Reduktionismus übernommen. Zu
ihr gehört die Identifizierung von wissenschaftlich analysierbaren informationsverarbeitenden Strukturelementen des Nervensystems. Die untersuchten Elemente brauchen
die Hirnfunktion nicht gleich vollständig zu erklären. Statt dessen ist es das Nahziel,
einzelne Prinzipien zu erfassen, die für die Funktion von Gehirn und Geist maßgebend
sind. Nur im Kontext des intakten Nervensystems sind die Strukturelemente für unser
Ziel überhaupt relevant. Dieses Beharren auf physiologischen Zusammenhängen ist
die Bürde des experimentierenden Wissenschaftlers und des Theoretikers. Jedes Struk-
turelement hat für unsere Thematik nur insofern eine Bedeutung, als es Informationen
verarbeitet und gleichzeitig an der neuralen Funktion beteiligt ist. Diese Doppelrolle
erfordert den neuralen Kontext.

Struktur und Funktion von Gehirn und Geist

Welche Strukturelemente lassen sich nutzbringend untersuchen? Zunächst scheint es am sinnvollsten, die relevanten allgemeinen Kennzeichen zu umreißen, bevor wir zu einer detaillierten Diskussion übergehen. Behelfsmäßig können wir zwei Anforderungen definieren. Erstens müssen sich die uns interessierenden Strukturen mit den Umweltbedingungen ändern. Das bedeutet: Umweltreize müssen die Funktion dieser Struktureinheiten so regulieren, daß sie die Bedingungen der Umwelt repräsentieren. Dabei funktionieren diese potentiell interessanten Einheiten als *Symbole*, die die äußere oder innere Realität darstellen. Die Symbole sind also reale physiologische Strukturen. Sie konstituieren die Sprache des Nervensystems, die ihrerseits die Realität repräsentiert. Diese Symbolfunktion ist ein entscheidendes Merkmal, anhand dessen wir die uns interessierenden neuralen Strukturen erkennen können.

Zweitens müssen die Symbole die Funktion des Nervensystems in einer Weise regeln, daß die Repräsentation selbst schon eine Veränderung des neuralen Zustands darstellt. Folglich sind Symbole im Nervensystem nicht einfach austauschbare Informationsträger, sondern sie halten auch die Funktion des Nervensystems aufrecht und legen die Regeln fest, nach denen das System arbeitet. Mit anderen Worten, die Symbole haben eine Schlüsselrolle für die Architektur, und diese verleiht dem System die verhaltensbestimmenden Eigenschaften. Die Syntax der symbolischen Arbeitsweise ist also zugleich die Syntax der neuralen Funktion. Die syntaktische Struktur ermöglicht die Kombination von Symbolen und damit die Bildung noch komplexerer Strukturen, welche wiederum den Kern der kombinatorischen Kapazität geistiger Funktionen ausmachen. Die uns interessierenden Symbole besitzen also Struktur, Semantik und syntaktische Beziehungen – Eigenschaften, die kausal miteinander verknüpft sind. Unser Ziel ist es nun, funktionelle Loci im Nervensystem auszumachen, an denen die Symbolfunktion diese Anforderungen tatsächlich erfüllt.

Unser Vorgehen würde sehr erleichtert, wenn wir eine relativ einfache Symboldomäne identifizieren könnten, um an ihr Grundprinzipien zu erkennen, die auch für wesentlich komplexere Domänen des Nervensystems Gültigkeit haben. Statt also die Suche auf der komplizierten Ebene der Netzwerke aus Millionen von Neuronen und Milliarden von Synapsen zu beginnen, möchte ich einen vereinfachenden Ansatz wählen. Es wäre vermessen, die ganze Komplexität der Hirnfunktion auf einmal erklären zu wollen. Vielmehr unternehme ich den Versuch, auf einem einfachen Niveau einzelne Regeln der Symbolstruktur und -funktion zu identifizieren, um die schwierigen Aufgaben der Zukunft vorzubereiten.

Ein Überblick

Ich habe mir die Aufgabe gestellt, die Molekular- und Zellbiologie der Informationsverarbeitung im Nervensystem zu diskutieren. Welche molekularen Mechanismen ermöglichen es Nervenzellen oder ihren Netzwerken, aus Erfahrungen zu lernen?

Lassen sich Orte der Informationsverarbeitung auf molekularer Ebene identifizieren? Gibt es also molekulare Mechanismen, die Information über die Realität empfangen, umwandeln, verschlüsseln, speichern, abrufen und wieder ausgeben? Worauf richten wir unsere Aufmerksamkeit sinnvollerweise, um uns an die Hauptaufgabe des Gehirns, die Informationsverarbeitung, heranzutasten?

Vielleicht liegt ein Schlüssel zu diesen Fragen in einer anderen Hauptaufgabe des Nervensystems, der Kommunikation. Zweifellos dient es mit seinen 100 Milliarden Neuronen und ungefähr 10^{15} Spezialverbindungen der Kommunikation. Die Vermutung ist naheliegend, daß die beiden zentralen neuralen Funktionen, Kommunikation und Informationsverarbeitung, eng miteinander verknüpft sind. Genau das möchte ich untersuchen.

Ich stelle die Hypothese zur Diskussion, daß die Träger der Kommunikation – etwa Neurotransmitter, trophische Faktoren und Wachstumsfaktoren – auch Informationen über die Umwelt verarbeiten. Wir werden in Kapitel 2 den entscheidenden Apparat der Kommunikation, die Synapse, analysieren und ihre Bedeutung für die Informationsverarbeitung ermessen.

Bei unserer Erörterung begegnen wir einer Vielzahl faszinierender Vorgänge. Der erstaunlichste ist die Regulation der neuralen Funktion durch die Umwelt auf der wohl fundamentalsten Ebene: der Genaktivität. Das heißt, die Umwelt hat über die neuronale Impulsaktivität Zugriff auf das Genom und damit auf den Plan für die neurale Struktur und Funktion. Sie kann so die neurale Architektur auf vielen Funktionsebenen gleichzeitig modellieren. Wechselwirkungen mit der Umgebung lösen im Nervensystem permanente Umgestaltungen aus. Diese Dynamik stellt einen zentralen Mechanismus der Informationsverarbeitung dar. Mehr noch, es ist nichts anderes als die Kommunikation durch die Aktivität von Transmittern, trophischen und Wachstumsfaktoren, die die kontinuierliche neurale Reorganisation vermittelt. Wir werden in diesem Buch die biologischen Prinzipien erörtern, die solchen Prozessen zugrundeliegen, und so Einblick in die Regeln erhalten, denen die resultierenden Verhaltensformen und mentalen Zustände folgen.

Schließlich werden wir die Behauptung untersuchen, daß die gleichen Signale der Kommunikation, die für Aktivitäten im Millisekundenbereich verantwortlich sind, auch Langzeitinformationen verarbeiten. Wir erörtern die verwandte Hypothese, daß diese Klasse molekularer Signale eine neurale Sprache konstituiert, die Umweltinformationen verschlüsselt. Die semantischen und syntaktischen Funktionen dieser Moleküle werden im Detail dargestellt.

Kommunikationssymbole im Nervensystem

Um uns der Biologie des Geistes anzunähern, konzentrieren wir uns auf die spezifischen Symboltypen des Nervensystems. Wir untersuchen zunächst die einfachsten Kommunikationssymbole mit dem Ziel, allgemeine Prinzipien zu entdecken. Diese dürften auf viele kognitive Funktionen anwendbar sein. Läßt sich eine relativ einfache

Klasse von Symbolen im Nervensystem definieren, die sich als Prototyp für komplizierter Klassen eignet?

Tatsächlich scheinen bestimmte Moleküle als Kommunikationssymbole zu dienen. Sie empfangen, transduzieren, speichern und übermitteln Informationen über die innere und äußere Umgebung und bilden eine mögliche biochemische Grundlage für kognitive Funktionen. Sogar auf der elementaren Ebene der Moleküle sind wichtige kognitive Funktionen nachweisbar. Welche Moleküle verdienen hier besonderes Interesse?

Ihre Eigenschaften habe ich bereits benannt: Sie besitzen Symbolfunktion und dienen der Kommunikation im Nervensystem. Wir werden uns zum einen auf die *Neurotransmitter* konzentrieren, die neuronale Erregung von Nervenzelle zu Nervenzelle übermitteln, und zum anderen auf sogenannte *neurotrophe Moleküle*, welche die Entstehung und Erhaltung neuronaler Faserverbindungen fördern. Beide Substanzklassen haben zusätzliche Aufgaben: Sie empfangen, transduzieren, speichern und übermitteln Informationen im Nervensystem. Wir besprechen zwar fast ausschließlich die Transmitter, aber sie sollen uns nur als Prototypen einfacher informationstragender Strukturen des Nervensystems dienen. Auf ähnliche Weise könnte man auch Rezeptoren, Ionenkanäle oder selbst neuronale Impulsmuster exemplarisch beleuchten.

Diese Behauptung zu betonen, erscheint mir nützlich. Meiner Meinung nach haben dieselben Moleküle, die im Millisekundenbereich operieren, auch kognitive, symbolische Funktionen. Die chemischen Signale, welche die Kommunikation im Gehirn unterhalten, unterliegen erfahrungsabhängigen funktionellen Änderungen. Diese wiederum rufen Langzeitänderungen hervor, wie sie mit Lernen und Gedächtnis einhergehen. Mit anderen Worten: Das Nervensystem benutzt bestimmte Moleküle gleichzeitig als physiologische Signale und als Symbole, die Umweltinformationen repräsentieren. Dieses ökonomische Prinzip der Multifunktionalität gewährleistet, daß die Umwelt gleichzeitig geeignete physiologische Reaktionen und eine symbolische Repräsentation im Nervensystem hervorruft.

Das Multifunktionsprinzip ist im Nervensystem auf zahlreichen Komplexitätsstufen verwirklicht. Unterschiedliche Symbolgruppen haben multiple Funktionen. Wenn sich spezifische Moleküle mit kognitiven Aufgaben im Gehirn identifizieren lassen, dann interessieren uns natürlich auch die Regeln, nach denen sie operieren. Die Regeln dürften bestimmte Aspekte kognitiver Funktionen bestimmen und beschränken. Sie beeinflussen möglicherweise auch die Funktion anderer neuraler Organisationsebenen, wie beispielsweise der Synapse, synaptischer Komplexe und Neuronen. Ein Ziel dieses Buches ist es, die Prinzipien aufzuzeigen, nach denen die molekularen Kommunikationssymbole im besonderen Kontext des Nervensystems funktionieren. Mit ihrer Hilfe lassen sich zahlreiche Merkmale kognitiver Funktionen erklären. Sie helfen auch zu verstehen, wie das Gehirn Information *über* etwas speichern kann. Ferner läßt die Kenntnis dieser Prinzipien darauf schließen, daß Symbole im Gehirn sowohl Hardware als auch Software darstellen und daß diese Begriffe dem Verständnis von Gehirn und Verhalten abträglich sind.

Wie setzen nun neurale Konstrukte Moleküle ein, um kognitive Strategien auszuführen? Wie nehmen diese Symbole an der Umwandlung des unendlich vielfältigen Informationsspektrums der Umwelt in die Sprache des Nervensystems teil? Nehmen wir die Neurotransmitter als Prototypen, um die beteiligten Prozesse kennenzulernen. (Sie haben Modellcharakter speziell für molekulare Symbole und ganz allgemein auch für Symbole aus anderen Domänen, etwa synaptische Komplexe.)

Bei der Manipulation der Transmitter setzt das Nervensystem zwei verwandte Strategien ein. Erstens verwenden einzelne Neuronen mehrere Transmitter gleichzeitig (Übersicht bei Hökfelt et al. 1984). Zweitens kann jeder dieser Transmitter unabhängig von den anderen auf Umweltreize ansprechen. Folglich steht der einzelnen Nervenzelle ein breites Spektrum von Mengenverhältnissen der Transmitter zur Verfügung, um die Wirklichkeit abzubilden. Dies ist also ein Mechanismus, der es dem Nervensystem erlaubt, die unendliche Informationsvielfalt der Umwelt in seine Sprache zu übersetzen. Worin liegt der Erfolg dieser Strategie?

Das Neuron bedient sich anscheinend einer *kombinatorischen Strategie* – ein einfacher und eleganter Ansatz, den die Natur in verschiedensten Formen immer wieder anwendet: Unterschiedliche Elemente von relativ begrenzter Zahl werden in zahlreichen Kombinationen und Permutationen eingesetzt. Exprimiert eine Nervenzelle zum Beispiel vier verschiedene Transmitter, die – je nach Umwelteinflüssen – in jeweils drei voneinander unabhängige Konzentrationen vorliegen können, so gibt es theoretisch 81 (3^4) verschiedene Transmitterzustände dieser Zelle. Dieses Beispiel scheint das wirkliche kombinatorische Potential des Neurons aber noch deutlich zu unterschätzen. In der lebenden Nervenzelle können die Transmitter offenbar in weitaus mehr Zuständen existieren. Tatsächlich kann ein Neuron mit nur vier Transmittern wohl hunderte von Zuständen einnehmen; bis in die Tausende gehende Schätzwerte für die Zahl solcher Zustände dürften für viele Nervenzellen nicht zu weit hergeholt sein. Falls die Transmitter sogar in beliebigen Konzentrationen vorliegen können, wird das kombinatorische Potential einer Zelle unermeßlich.

Was bedeuten diese Zahlen, wenn man sie auf das Nervensystem insgesamt bezieht? Komplexe Säugersysteme bestehen aus ungefähr 100 Milliarden Neuronen, von denen jedes in vielleicht einigen hundert verschiedenen Transmitterzuständen existieren kann. So ergibt sich schon bei alleiniger Betrachtung der Transmitter ein schwindelerregendes Potential der Informationsaufnahme und -speicherung. Andere, davon unabhängige Mechanismen der Informationsverarbeitung haben wir dabei überhaupt noch nicht berücksichtigt.

Wie wir sehen werden, sind die Transmittersymbole und die kombinatorischen Neuronen in komplexen Verbindungsmustern und Schaltungen mit besonderen Kennzeichen angeordnet. Die Schaltkreise sind *elektrochemisch codiert* (Bartfai et al. 1986). Das heißt, elektrische Impulse mit unterschiedlichen Frequenzen und Mustern lösen bei bestimmten Neuronen die Freisetzung spezifischer Transmitterkombinationen aus. Diese Organisation erlaubt die Durchführung von Aufgaben, die für geistige Funktionen von entscheidender Bedeutung sind, wie etwa die Extraktion von Merkmalen aus komplexen Reizmustern, die Vervollständigung von Teilmustern und das assoziative Verarbeiten. Die Eigenschaft der Repräsentation* dürfte sich gut anhand der Manipulation von Transmittersymbolen, der kombinatorischen Verarbeitung und der elektrochemischen Codierung neuraler Schaltkreise erforschen lassen. In den folgenden Kapiteln kommen diese Prozesse ausführlich zur Sprache.

---

* Black verwendet hier den Begriff *aboutness*, also das „Über-etwas-sein" (Anmerkung des Übersetzers).

Zeitliche Dimension und Kommunikationssymbole

Durch die Umwelt ausgelöste regulatorische Veränderungen nehmen natürlich Zeit in Anspruch. In einem System zur Informationsspeicherung und -abfrage ist diese Tatsache extrem bedeutsam. Auch diesen Aspekt werde ich hier vorläufig anhand der molekularen Transmittersymbole veranschaulichen. Transmitteränderungen infolge von Umweltreizen, die nur Sekunden bis Minuten einwirken, halten oft Tage bis Wochen an (Zigmond 1989; Black 1975). Diese langanhaltenden Effekte bilden einige der Grundelemente von Gedächtnismechanismen. Dementsprechend zeigen auch einfache Neuronensysteme eine rudimentäre Form von Gedächtnis: *die zeitliche Amplifikation von Umweltinfomation.* Diese Argumentation zeigt uns, daß das Gedächtnis auf molekularer Ebene in den Nervenzellen über das gesamte Nervensystem verstreut und nicht auf ein einzelnes Hirnzentrum beschränkt ist. Das Nervensystem ist eben kein einfacher Computer mit einem zentralen Mikroprozessor und einem separaten Speicher. Transmittersymbole sind beides, Hardware und Software, Struktur und Funktion. Um das molekulare Gedächtnis zu verstehen, werden wir später die Regeln kennenlernen, denen die zeitlichen Änderungen des Transmitterstatus folgen.

Die in den letzten Abschnitten aufgeführten Grundstrukturen sind zwar an Gedächtnisleistungen beteiligt, Langzeiterinnerungen, die Jahre oder Jahrzehnte erhalten bleiben, können sie jedoch nicht erklären. Hier müssen andere, permanente Veränderungen eine Rolle spielen. Das Verständnis der Mechanismen, die den kurz- und mittelfristigen Veränderungen zugrunde liegen, könnte Hinweise auf das Wesen derartiger Langzeitveränderungen liefern. Neuere Experimente weisen darauf hin, daß Transmitteränderungen auf der verstärkten Synthese von Boten-RNA (messenger- oder mRNA) für die Transmitter durch das neuronale Genom beruhen (Black et al. 1985; Biguet et al. 1986). Die Vermutung ist also nicht abwegig, daß durch Umweltreize ausgelöste stabile Veränderungen der Genaktivität zum Langzeitgedächtnis beitragen.

Ein zweiter Hinweis auf die Mechanismen des Langzeitgedächtnisses lieferte die Entdeckung, daß Erfahrungen und der Gebrauch bestehender neuraler Verbindungswege die synaptische Struktur und Funktion beeinflussen. Der Gebrauch in einer bestimmten Weise verändert demnach sowohl die weitergeleiteten Signale als auch den molekularen Apparat der Synapse, der die Signale weiterleitet. Nach vorläufigen Ergebnissen sind diese Veränderungen der synaptischen Struktur sogar dauerhaft, sie besitzen also Eigenschaften eines Langzeitgedächtnisses (Greenough 1984). Die Veränderung der Stärke oder Effizienz einer Synapse beeinflußt nun wiederum – quasi-permanent – die Signalübertragung in einer Nervenbahn, wie man es bei einem Langzeitgedächtnis erwarten würde.

Im Zusammenhang mit der Synapse kommt noch eine weitere Kategorie regulatorischer Wechselwirkungen hinzu, bei denen trophische Faktoren im Mittelpunkt stehen (Levi-Montalcini und Angeletti 1968). Diese Klasse körpereigener Moleküle scheint beim Axonwachstum, der Synapsenbildung und der Erhaltung von Synapsen und neuralen Systemen während des ganzen Lebens eine wichtige Rolle zu spielen. Neuere Befunde lassen vermuten, daß trophische Faktoren spezifisch die molekulare Architektur der Synapsen regulieren können und so deren Funktion beeinflussen. Wir werden uns später näher mit der Bedeutung von Synapsenstruktur und trophischen Molekülen bei der Gedächtnisbildung beschäftigen.

Molekulare Strukturen und die Organisation neuraler Systeme

Lassen sich Funktionseinheiten auch mit anderen kognitiven Funktionen als dem Gedächtnis in Verbindung bringen? Können wir uns von den molekularen Symbolen hin zu Symbolen anderer Organisationsebenen des Nervensystems wenden? Aus intensiven Untersuchungen von Menschen und subhumanen Primaten leitet sich ein zentrales neurowissenschaftliches Konzept ab: *Mentale Funktionen sind in Modulen organisiert* (Abbildung 1.1; Übersicht bei Gazzaniga 1989). Denkprozesse sind also nicht einfach das Ergebnis eines einzelnen, einheitlichen Systems. Vielmehr scheinen verschiedene geistige Funktionen des Individuums voneinander unabhängig zu arbeiten. Beim Menschen entwirft zum Beispiel ein Mechanismus in der (dominanten) linken Hemisphäre unablässig Theorien und Hypothesen, um das innere und das äußere Erleben zu erklären. Selbst wenn ihm sensorische Informationen vorenthalten werden, erfindet dieser „Interpretierer" weiterhin Zusammenhänge, die nun allerdings oft ungenau oder gar offenkundig falsch sind, um eine diskontinuierlich und fragmentarisch erlebte Umwelt zu verstehen (Gazzaniga und LeDoux 1987). Aus diesen und anderen Beobachtungen leiteten kognitive Psychologen die Vorstellung ab, daß der Geist aus zahlreichen, eigenständigen Modulen besteht. Besitzen diese hypothetischen Funktionseinheiten aber auch eine physische Grundlage? Die bemerkenswerte, möglicherweise unerwartete Antwort lautet „Ja". Zumindest einzelne geistige Module lassen sich als neurale Subsysteme des Gehirns auch anatomisch definieren. Diese Systemmodule weisen außerdem besondere molekulare Eigenschaften auf: Ein Modul kann durch die Verwendung eines bestimmten Transmitters und die Abhängigkeit von bestimmten trophischen Faktoren gekennzeichnet sein. Während der Entwicklung gewährleisten die entsprechenden trophischen Moleküle die Bildung des Subsystems und seiner Verbindungen. Im ausgereiften Zustand regulieren sie die Tätigkeit des Moduls und sind notwendig für die Aufrechterhaltung der normalen Physiologie. Mit anderen Worten, das wissenschaftliche Konzept einer psychologischen Modularität scheint auf molekularer, zellulärer und Systemebene begründet zu sein. Im folgenden untersuchen wir, ob sich psychologische Organisation und Funktion auf physiologischer Ebene verfolgen lassen. Psyche und Körper sind nicht voneinander trennbar. Die Modularität der Psyche ergibt sich aus der körperlich-strukturellen Modularität. Um die Mechanismen der psychischen Modularität zu verstehen, müssen wir die körperliche Modularität begreifen, auf der sie beruht.

Diese Beobachtungen verdeutlichen mehrere Aspekte. Funktionelle Strukturen treten sowohl im psychischen als auch im physischen Bereich auf. Und je weiter wir nun fortschreiten, desto mehr verschwimmen die Grenzlinien zwischen beiden Bereichen. Ebenso klar sollte es geworden sein, daß Symbolfunktionen in der molekularen bis hin zur psychischen Domäne vorkommen und daß diese Funktionen eng verwandt sein können. Schließlich beginnen wir zu verstehen, wie Störungen der modulären Funktion an verschiedenen Stellen zu psychischen Krankheiten führen können.

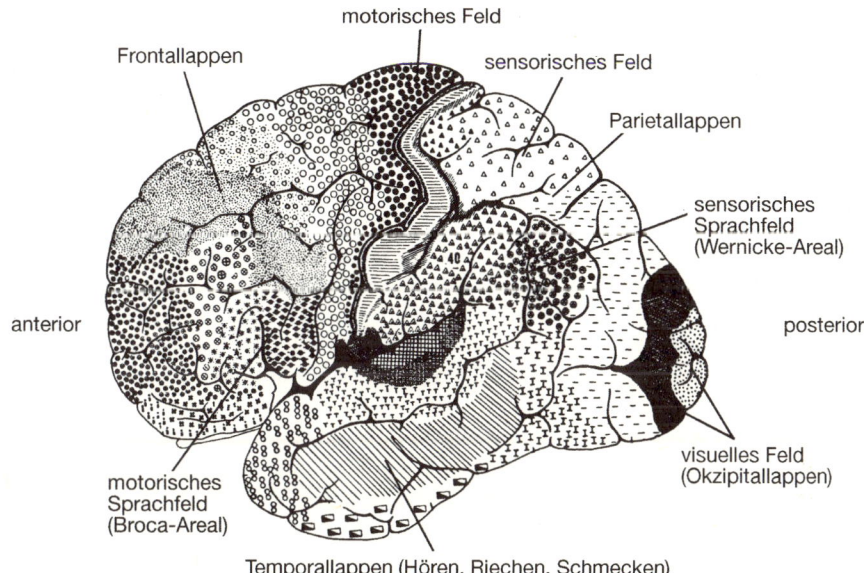

motorisches Feld

Frontallappen

sensorisches Feld

Parietallappen

sensorisches
Sprachfeld
(Wernicke-Areal)

anterior

posterior

motorisches
Sprachfeld
(Broca-Areal)

visuelles Feld
(Okzipitallappen)

Temporallappen (Hören, Riechen, Schmecken)

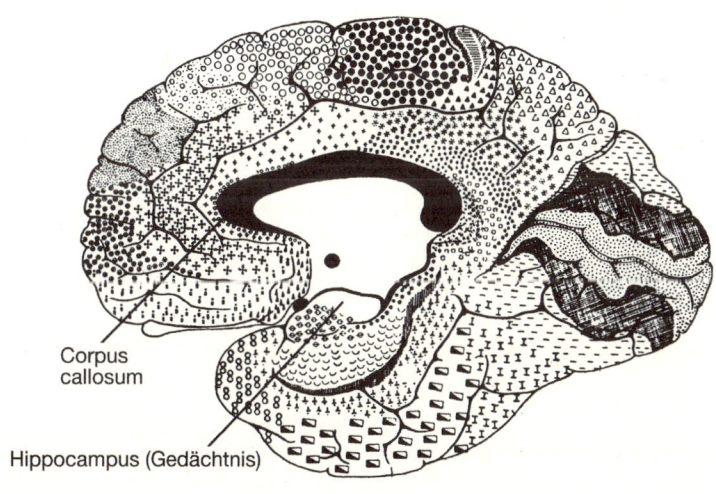

Corpus
callosum

Hippocampus (Gedächtnis)

1.1 Schematische Karte der funktionellen Cytoarchitektur der menschlichen Großhirnrinde; oben: seitliche Aufsicht; unten: mediale Ansicht einer Großhirnhälfte. (Aus *Bing's Local Diagnosis in Neurological Diseases*, 1969; ursprünglich aus Brodmann 1908.)

Mentale Funktion und Zellbiologie

Dieser einführende Kurzabriß sollte zeigen, daß das Geistige sich erfolgreich unter dem Blickwinkel von Struktur-Funktions-Einheiten analysieren läßt. Selbst die einfachsten dieser Einheiten, die molekularen Symbole, empfangen, transduzieren, verschlüsseln, speichern und übertragen Informationen. Trophische Moleküle helfen bei der Entstehung und Erhaltung von neuralen Systemen, synaptischen Verbindungen und von Modulen, die den mentalen Funktionen gewissermaßen Form verleihen. Bemerkenswerterweise vermitteln molekulare Symbole gleichzeitig drei Leistungen: die Kommunikation im Millisekundenbereich, die Speicherung von Informationen über lange Zeiträume und die Gestaltung der Architektur des Nervensystems. Transmitter dienen als Signale und Symbole im Dienste der Kommunikation, und sie sind eingebettet in die von trophischen Symbolen geschaffenen und erhaltenen Systeme. Tatsächlich wird die Unterscheidung zwischen Transmittern und trophischen Faktoren immer undeutlicher. Molekulares Symbol, System und Verhalten sind letztlich – genau wie die Hardware und die Software des Nervensystems – eine untrennbare Einheit.

Kognitive Leistungen lassen sich nicht von dem ihnen zugrundeliegenden und sie ausführenden System isolieren. Die Eigenschaft der Repräsentation leitet sich von der Funktion interagierender Kommunikationssymbole innerhalb der molekularen, synaptischen und neuronalen Domäne, der Netzwerk- und der Multisystemdomäne ab.

Die genannten Thesen und Gedankengänge stellen einen sehr allgemein gehaltenen und vielleicht unzulässig lockeren Überblick über ein ungeheuer komplexes Thema dar. Meine bisher sehr kurz gefaßten Ausführungen bieten lediglich ein Argumentationsskelett, dem natürlich noch das „Fleisch" untermauernder Indizien und die logische Ableitung fehlt, der meine Studie verpflichtet ist. Die experimentellen Beobachtungen, Fallgeschichten, Analysen und Synthesen, welche den trockenen Hypothesen Leben verleihen, füllen die Kapitel dieses Buches.

Zu den folgenden Kapiteln

Bevor wir die molekularen Symbole ausführlich besprechen, stelle ich im zweiten Kapitel die Synapse aus der traditionellen, biochemischen Sichtweise vor. Diese Basisinformationen bilden einen Rahmen, der uns hilft, neue Hypothesen und Sichtweisen zu beurteilen und zu verstehen. Leser mit anderer Vorbildung erhalten auf diese Weise zugleich eine Einführung in die Grundlagen der Neurochemie, Neuropharmakologie und Transmitterforschung. Für erfahrene Neurowissenschaftler kann das Kapitel eine nützliche Rekapitulation sein. Das klassische Wissen bildet den Kontext für die neuen Entdeckungen über Cotransmitter, Neuropeptide, Modulation, Genexpression, *second messenger* und neurale Plastizität, die unser Verständnis der Zusammenhänge zwischen Molekülen, Verhalten und Geisteszuständen revolutioniert haben. Diese neuen Erkenntnisse werden dann in späteren Kapiteln präsentiert.

2

Vorstellung einer speziellen Synapse: Definitionen und allgemeine Erläuterungen

---

Historische Perspektive • Die catecholaminerge Synapse • Synthese, Speicherung und Freisetzung von Transmittern • Rezeptoradaptation • Präsynaptische Autorezeptoren und unkonventionelle Kommunikation • Beendigung der Transmitterwirkung • Phänotypische Transmitterexpression • Coexpression von Transmittern • Synaptische Langzeitveränderungen • Synaptische Plastizität • Die postsynaptische Verdichtung • Langzeitpotenzierung • NMDA-Rezeptoren

---

Bei der Suche nach Orten neuronaler Kommunikation im Millisekundenbereich konzentriert sich die traditionelle biochemische Betrachtungsweise der Synapse auf spezielle Moleküle, etwa Transmitter, Rezeptoren und Ionenkanäle. Aber auch bei den meisten Beschreibungen der Biologie des Lernens und des Gedächtnisses seit den Pionierarbeiten von Hebb im Jahre 1949 hat die Synapse als kommunikative Verbindung zwischen Neuronen eine Vorrangstellung eingenommen. Es mag hilfreich sein, uns zuerst einen Überblick über das bereits gesicherte Wissen zu verschaffen, damit wir anschließend die sich abzeichnenden Konzepte der Synapsenfunktion in ihren Zusammenhang einordnen können.

Statt mehrere Synapsentypen zu diskutieren, konzentrieren wir uns auf eine prototypische Gruppe von Synapsen, die historisch gesehen für unser heutiges Verständnis eine Schlüsselrolle gespielt hat – die der *catecholaminergen Synapsen*. Sie verwenden Catecholamine (CA) als Neurotransmitter und werden nun seit fast einem Jahrhundert erforscht. Ihre Untersuchung hat uns tiefe Einblicke in die Natur der Kommunikation im Nervensystem gegeben (Übersicht bei Molinoff und Axelrod 1971). Das Konzept einer chemischen Übertragung an Synapsen wurde ursprünglich, im Jahre 1905, für CA-Systeme vorgeschlagen. Man nahm an, daß eine adrenalinähnliche Substanz von Endstrukturen im sympathischen Nervensystem freigesetzt wird und physiologische Wirkungen vermittelt (Elliot 1905). Die daran anknüpfende Arbeit von Eulers und seiner Mitarbeiter bestätigte, daß das Catecholamin Noradrenalin (NA) der fragliche Überträgerstoff war (Übersicht bei von Euler 1959). Einen weiteren Meilenstein bildete die Einführung einer Fluoreszenzmethode für den histochemischen *in situ*-Nachweis der Catecholamine Dopamin (DA), NA und Adrenalin (A). Dadurch ließen sich die früheren biochemischen Befunde erhärten und erstmals eine transmitterspezifische

Nervenbahn im Zentralnervensystem (ZNS) bestimmen (Falck et al. 1962). Dank moderner immuncytochemischer Nachweismethoden für die catecholaminbildenden Enzyme konnten diese Untersuchungen weiter ausgedehnt werden und sogar Einblicke in die Regulation individueller molekularer Merkmale einzelner Transmitter gewonnen werden (Übersicht bei Black 1982).

Mit der Entdeckung und Erforschung des sogenannten Nervenwachstumsfaktors (*nerve growth factor*, NGF) – er fördert das Überleben, die Entwicklung und die Funktion von CA-Neuronen des sympathischen (und zentralen) Nervensystems – gelang erstmals die vollständige Charakterisierung eines neuronalen trophischen Faktors. (Einen Überblick geben die nachfolgenden Kapitel.) Schließlich führte gerade die Untersuchung von CA-Systemen zu der gesicherten Erkenntnis, daß Neuronen mehr als nur einen Transmitter zur gleichen Zeit verwenden und die Transmitter zeitlichen Änderungen unterliegen (Übersicht bei Hökfelt et al. 1986). Ganz allgemein war die Erforschung catecholaminerger Regulationsprozesse entscheidend für unser heutiges Verständnis der Synapsenfunktion.

Was sind Catecholamine, wo kommen sie vor, und welche Funktion haben sie? Dopamin, Noradrenalin und Adrenalin sind 3,4-Dihydroxy-Derivate des Phenylethylamins (Abbildung 2.1). Man findet sie in peripheren Sympathicusneuronen, im Nebennierenmark und anderen peripheren chromaffinen Geweben sowie in zahlreichen abgegrenzten Stammhirnkernen, die in die gesamte Neurachse projizieren. Catecholamine können also die Funktion von zahlreichen Zell- und Gewebetypen beeinflussen, darunter die glatte Gefäßmuskulatur, das Herz, die Leber, Fettzellen und eine Vielzahl von Hirnneuronen. Die Catecholamine treten mit spezifischen postsynaptischen Rezeptoren in Wechselwirkung; dabei lösen sie häufig durch Beeinflussung der postsynaptischen Adenylatcyclase Veränderungen des cyclischen 3′,5′-Adenosinmonophosphats (cAMP) und postsynaptischer Proteine aus (Übersicht bei Greengard 1976). Diese Abfolge molekularer Prozesse kann zu so unterschiedlichen physiologischen Antworten wie Tachycardie, peripherer Vasokonstriktion, Weitstellung der Pupille und Hemmung der Peristaltik führen. Zentrale CA-Systeme spielen bei der normalen Bewegungskontrolle eine wichtige Rolle. Außerdem wurden sie mit zahlreichen neu-

Noradrenalin   Adrenalin

2.1 Biochemische Struktur zweier wichtiger Catecholamine mit dem für sie kennzeichnenden Catechol- oder Brenzcatechinkern (3,4-Dihydroxybenzolring) und den unterschiedlichen Aminogruppen.

rologisch-psychiatrischen Erkrankungen wie der Parkinson-Krankheit und affektiven Störungen in Zusammenhang gebracht (Cotzias et al. 1969; Schildkraut und Kety 1967). Zweifellos hat die Erforschung von CA-Synapsen und ihren Transmittern einige der nützlichsten Zusammenhänge zwischen Molekülen, Physiologie und Verhalten aufgeklärt, die wir in den Neurowissenschaften kennen.

Um die Mechanismen vorzustellen, die der Funktion der CA-Synapsen zugrunde liegen, beschreiben wir sehr kurz den Syntheseweg und die anschließende Weiterverarbeitung des Transmittermoleküls innerhalb und außerhalb der (präsynaptischen) Nervenfaserendigung (Abbildung 2.2). Zunächst schildere ich die Biosynthese der Catecholamine, wobei die Regulationsmechanismen im Vordergrund stehen. Die anschließenden Abschnitte behandeln die Speicherung, Freisetzung, Rezeptorwechselwirkungen und die Beendigung der Wirkung von Catecholaminen. Außerdem gehe ich

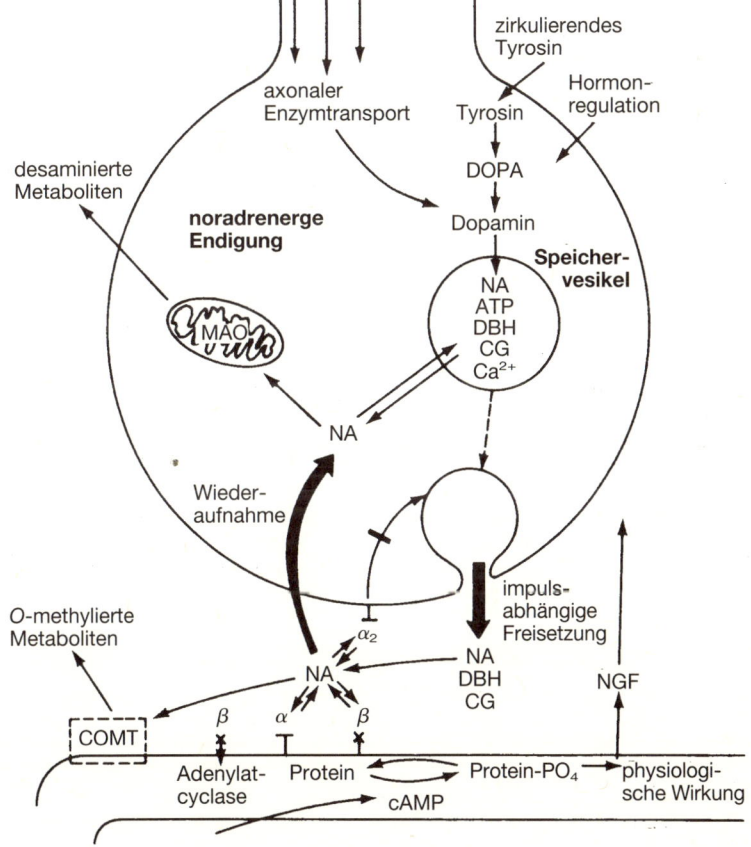

2.2 Schema einer catecholaminergen Synapse. Oben befindet sich die Endigung oder „Varikosität" eines noradrenalinhaltigen Neurons, darunter die postsynaptische Zielzelle. Die Darstellung zeigt die Biosynthese und Regulation des Transmitters Noradrenalin.
NA, Noradrenalin; ATP, Adenosintriphosphat; DBH, Dopamin-β-Hydroxylase; MAO, Monoaminoxidase; COMT, Catechol-O-Methyltransferase; Dopa, Dihydroxyphenylalanin; CG, Chromogranin; Ca^{2+}, Calciumion; NGF, Nervenwachstumsfaktor; α, α_2, β, noradrenerge Rezeptortypen.

auf die Regulation der Ausprägung des CA-Phänotyps und des Phänotyps anderer möglicher Transmitter in CA-Neuronen ein und nenne einige relativ aktuelle Übersichtsartikel (Iversen 1967; Molinoff und Axelrod 1971; Moore und Bloom 1978, 1979).

Die Biosynthese der Catecholamine

Ausgangspunkt für die Catecholaminsynthese ist das mit der Nahrung aufgenommene Tyrosin. Die benötigten Enzyme werden im Zellkern gebildet und von dort in die Axonendigungen transportiert (Abbildung 2.3). Dort erfolgt die Synthese und vesikuläre Speicherung der physiologisch aktiven Catecholamine. In peripheren sympathischen Nervenzellen wird Noradrenalin gebildet, während der wichtigste Transmitter des Nebennierenmarkes das Adrenalin ist. Offenbar wirken DA, NA und A auch als Transmitter verschiedener zentraler Neuronensysteme. DA ist der Überträgerstoff des nigrostriatalen und des mesencephalcorticalen Systems (Moore und Bloom 1978). NA findet sich stark angereichert im sogenannten blauen Kern oder Locus coeruleus, einer bläulich schimmernden Neuronenansammlung der Brücke, die in die Rinde von Groß- und Kleinhirn sowie ins Rückenmark projiziert (Moore und Bloom 1979). Adrenalin schließlich ist in vielen Kernen des verlängerten Markes (Medulla oblongata) nachgewiesen worden, die möglicherweise viszerale Steueraufgaben erfüllen (Moore und Bloom 1979). Trotz dieser Heterogenität in Verbreitung und Funktion erfolgt die Synthese der Catecholamine hauptsächlich entlang eines einzigen biochemischen Reaktionsweges.

Die Tyrosinhydroxylase (TH) ist das geschwindigkeitsbestimmende Enzym der CA-Biosynthese (Levitt et al. 1965); es wandelt Tyrosin zunächst in L-Dopa um. Das cytoplasmatische Enzym benötigt Pteridin und für maximale Aktivität Fe^{2+} sowie O_2. Außerdem unterliegt es einer Kurz- und einer Langzeitregulation. Die Endprodukte

2.3 Biosynthese der Catecholamine.
TH, Tyrosinhydroxylase; DDC, Dopa-Decarboxylase oder L-Aminosäure-Decarboxylase; DBH Dopamin-β-Hydroxylase; PNMT, Phenylethanolamin-N-Methyltransferase.

des Syntheseweges, DA und NA, wirken über eine (schnelle) negative Rückkopplung hemmend auf das Enzym (Übersicht bei Molinoff und Axelrod 1971; Abbildung 2.3). Die Langzeitregulation erfolgt durch biochemische Induktion, welche die Zahl der Enzymmolcküle in der Zelle erhöht. Bei sympathischen Nervenzellen und möglicherweise auch bei zentralen NA-Neuronen (Übersicht bei Molinoff und Axelrod 1971) bewirkt eine erhöhte Impulsrate die TH-Induktion. In peripheren Anteilen des Sympathicus scheint der neuronale Aktivitätsanstieg durch präsynaptische cholinerge Nervenzellen vermittelt zu werden. Daraus wird gefolgert, daß hier ein Beispiel „transsynaptischer Enzyminduktion" vorliegt.

Die Tyrosinhydroxylase, der zentrale Regulator der CA-Biosynthese unter normalen, physiologischen Bedingungen kann experimentell beeinflußt werden, um den Zustand von CA-Neuronen radikal zu ändern. Beispielsweise bewirkt die Verabreichung von α-Methyl-p-Tyrosin, einem kompetitiven TH-Inhibitor, eine selektive Erschöpfung des peripheren und zentralen CA-Vorrats. Der experimentelle und klinische Nutzen eines solchen Ansatzes braucht nicht betont zu werden.

L-Dopa, das Produkt der Hydroxylierung von Tyrosin, wird durch die L-aromatische-Aminosäure-Decarboxylase (Dopa-Decarboxylase, DDC) in DA umgewandelt. Dieses ubiquitäre Enzym besitzt – wie der Name bereits verrät – eine minimale Substratspezifität. Es läßt sich im Gegensatz zur TH nicht durch transsynaptische Stimulation induzieren (Black et al. 1971). Trotzdem stieg die klinische Relevanz des Enzyms mit der Entwicklung der L-Dopa-Therapie von Parkinson-Patienten deutlich an. Enzyminhibitoren, welche die Blut-Hirn-Schranke nicht passieren können, werden routinemäßig zusammen mit L-Dopa verabreicht, um dessen Decarboxylierung in der Peripherie zu hemmen und so eine bessere Versorgung der nigrostriatalen Neuronen mit dem Amin zu erreichen.

Das durch Decarboxylierung entstandene DA wird in CA-Speichervesikeln konzentriert und durch die intravesikuläre Dopamin-β-Hydroxylase (DBH) in NA überführt. Wie die Tyrosinhydroxylase unterliegt auch dieses Enzym im Sympathicus und im Nebennierenmark der transsynaptischen Induktion. Die Dopamin-β-Hydroxylase enthält Cu^{2+} und wird daher durch Disulfiram gehemmt, das in vivo Cu^{2+} in Komplexen bindet und auf diese Weise den Zellen NA und A entzieht (Übersicht bei Molinoff und Axelrod 1971).

Der letzte Schritt der CA-Biosynthese erfolgt zum Beispiel im Nebennierenmark und in einzelnen Neuronengruppen der Medulla oblongata; Katalysator ist die Phenylethanolamin-N-Methyltransferase (PNMT). Dieses Enzym methyliert außer Noradrenalin noch zahlreiche andere Phenylethanolamine. Wie die Tyrosinhydroxylase wird auch die PNMT durch das eigene Reaktionsprodukt (Adrenalin) gehemmt. Im Nebennierenmark läßt sich die PNMT darüber hinaus durch transsynaptische Stimulation induzieren und ist außerordentlich abhängig von Glucocorticoiden und der Hypophysen-Nebennieren-Achse.

Die Entfernung der Hypophyse (Hypophysektomie) bewirkt einen starken Abfall der PNMT-Aktivität im Nebennierenmark, der sich durch Verabreichung von adrenocorticotropem Hormon (ACTH) oder Glucocorticoiden verhindern oder rückgängig machen läßt (Übersicht bei Molinoff und Axelrod 1971). Neuere Arbeiten lassen den Schluß zu, daß die glucocorticoidabhängige Zunahme an PNMT-Molekülen während der Entwicklung durch einen Anstieg der PNMT-mRNA vermittelt wird (Saban et al. 1982). (Die Bedeutung der Glucocorticoide für die PNMT-Regulation im Gehirn muß allerdings erst noch geklärt werden.) Zusammenfassend ist festzuhalten, daß die PNMT einen Angriffspunkt darstellt, an dem das endokrine System die CA-Synthese direkt beeinflußt. Zwar erhöhen Glucocorticoide auch die TH-Aktivität im Sympathicus; an diesem Effekt sind aber wahrscheinlich transsynaptische Mechanismen beteiligt, denn er erfordert eine intakte präsynaptische Innervierung.

Die Enzyme TH, DBH und PNMT katalysieren also die kritischen Schritte der CA-Biosynthese, und alle drei unterliegen komplexen Regulationsmechanismen.

Allgemeiner gesprochen, zeigt die Regulation der Transmittersynthese bei funktionell, anatomisch und embryologisch unterschiedlichen Nervenzellen wichtige Gemeinsamkeiten. Dieser Punkt verdient besondere Beachtung. Eine gesteigerte Impulsrate stimuliert die Transmitterbildung in dopaminergen Neuronen der schwarzen Substanz (Substantia nigra) – einer Zellgruppe im Mittelhirn, welche für die Bewegungskoordination bedeutsam ist –, in noradrenergen Neuronen des Locus coeruleus – sie dürften eine entscheidende Bedeutung für Aufmerksamkeit und Erregbarkeit haben – und in adrenergen Zellen des Nebennierenmarkes, die für die Streßreaktion entscheidend sind. Um es einfach auszudrücken: Die gemeinsame biochemische und genomische Organisation dieser verschiedenen Zellpopulationen legt fest, wie epigenetische Information aus der Umgebung durch eine veränderte Impulsaktivität in neurale Information übersetzt wird. In diesem prototypischen Fall bestimmt die zellulär-biochemische Organisation, und nicht eine Verhaltensmodalität, wesentlich darüber, wie externe Reize in die Sprache des Nervensystems umgewandelt werden. Hier sind die Formen der Informationsspeicherung biochemisch spezifisch, nicht modalitätsspezifisch, was darauf hinweist, daß synaptische Systeme mit ganz verschiedenen kognitiven oder Verhaltensfunktionen dennoch auf die gleichen Formen der Informationsverarbeitung zurückgreifen.

Die Speicherung von Catecholaminen

Die neusynthetisierten Catecholamine werden in membranumhüllten Vesikeln gespeichert, in denen sie vor enzymatischem Abbau geschützt und gleichzeitig inaktiviert sind. Die CA-Speichervesikel lassen sich in zwei Hauptgruppen unterteilen: Vesikel der peripheren Sympathicusneuronen mit 40 bis 60 Nanometer Durchmesser und Vesikel der chromaffinen Zellen des Nebennierenmarkes mit nur zehn Nanometer Durchmesser. Beide Vesikeltypen weisen bei elektronenmikroskopischer Betrachtung einen dichten Kern auf. Sie reichern Catecholamine gegen einen Konzentrationsgradienten an, ein temperaturabhängiger Vorgang, der Mg^{2+} und Adenosintriphosphat (ATP) erfordert. Die Vesikel enthalten ATP, Dopamin-β-Hydroxylase und eine Gruppe von Proteinen, die sogenannten Chromogranine. Wenngleich die molekularen Vorgänge bei der Transmitteraufnahme und -speicherung in den Vesikeln noch nicht genau erforscht sind, verfügen wir dennoch über einige nützliche experimentelle Ansätze.

Zahlreiche Derivate des Phenylethylamins, etwa Tyramin und Amphetamin, setzen physiologisch aktives Noradrenalin aus den Vesikeln frei und rufen dadurch verschiedene CA-Wirkungen hervor. Reserpin hingegen blockiert die vesikuläre CA-Speicherung; die Amine werden daher sofort durch enzymatische Desaminierung inaktiviert, so daß zentrale ebenso wie periphere Neuronen an Catecholaminen verarmen. Die Vesikel reichern auch von außen zugeführte verwandte Verbindungen wie das α-Methylnoradrenalin an, die aber wesentlich weniger wirksam sind als das natürliche NA. Auf diese Weise läßt sich der normale Transmitter durch ein Analogon ersetzen, das ebenfalls durch neuronale Entladungen freigesetzt wird. Ein solcher „falscher Überträgerstoff" schwächt die Wirkung der Nervenstimulation merklich ab (klassische Übersicht zur Speicherung bei Iversen 1967).

Die Freisetzung der Catecholamine

Eine Reizung des Nerven bewirkt, daß die Catecholamine gemeinsam mit den anderen Vesikelinhaltsstoffen ATP, Dopamin-β-Hydroxylase und den Chromograninen freigesetzt werden. Man vermutet daher, daß diesem Prozeß eine Exocytose zugrunde liegt. Wie bei anderen Transmittern und Hormonen ist Ca^{2+} für die Freisetzung erforderlich – ein weiterer Hinweis darauf, daß gemeinsame Mechanismen bei der Ausschüttung verschiedener biologischer Signale am Werk sind.

Bei noradrenergen Nerven ergibt sich für die Freisetzung in Abhängigkeit von der Reizstärke ein rechtwinklig-hyperbolischer Kurvenverlauf. Unterhalb einer Frequenz von etwa fünf Reizen pro Sekunde (5 Hertz) führen kleine Veränderungen der Reizfrequenz zu großen Veränderungen der ausgeschütteten CA-Menge (Mellander 1960). Tatsächlich scheint die physiologische Entladungsrate zwischen ein und zwei Hertz zu liegen. Vieles spricht dafür, daß die Stimulation bevorzugt neusynthetisiertes NA freisetzt. Unklar ist allerdings noch, ob solch ein kinetisch definierter Anteil des NA-Vorrats mit einer besonderen räumlichen Verteilung von NA innerhalb der Nervenendigung korreliert.

Zahlreiche Wirkstoffe vermögen die CA-Ausschüttung zu blockieren. Strukturell sind sie durch ein hochbasisches Zentrum gekennzeichnet, das über ein oder zwei Kohlenstoffatome mit einem Ringsystem verknüpft ist. Substanzen wie Bretylium und Guanethidin sind besonders wirkungsvoll, weshalb man sie experimentell eingesetzt hat. Andere Substanzen, die sogenannten falschen Transmitter, verringern die freigesetzte Menge „echten Transmitters", weil sie diesen in den Speichervesikeln ersetzen (Übersicht bei Iversen 1967).

Kandel und Schwartz haben bei Meeresschnecken die Sensibilisierung eines spezifischen Rückziehreflexes erforscht. Sie postulieren in diesem Zusammenhang eine Reihe neuentdeckter Regulationsmechanismen der Transmitterausschüttung als Grundlage des Kurzzeit- und Langzeitgedächtnisses (Kandel und Schwartz 1982). Ihre Experimente legen die Vermutung nahe, daß Serotonin präsynaptisch die Transmitterfreisetzung erleichtert (*facilitation*), so daß es zur Sensibilisierung kommt (Abbildung 2.4). Dabei führt die Stimulation durch Serotonin intrazellulär zu einer verstärkten Bildung von cAMP, des klassischen „zweiten Boten" (*second messenger*), der über eine Reak-

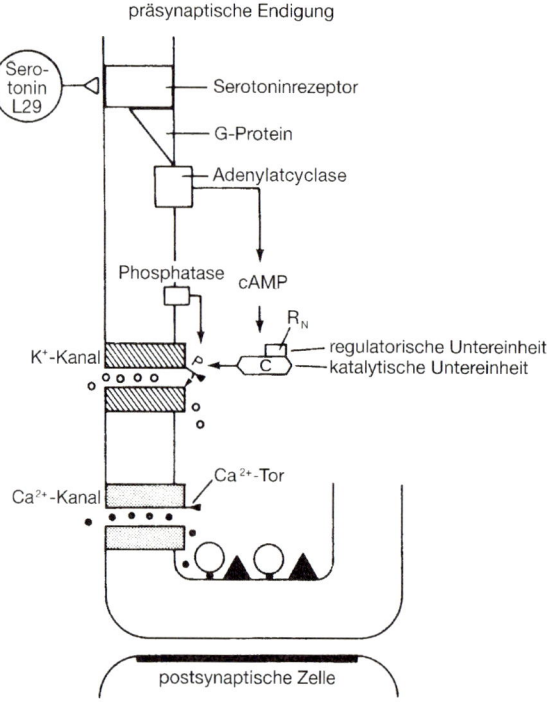

2.4 Hypothetisches molekulares Modell der präsynaptischen Bahnung (*facilitation*), das möglicherweise dem Phänomen der Sensibilisierung zugrunde liegt. (Nach Kandel und Schwartz 1982.)

tionskaskade (Abbildung 2.4) einen bis dahin unbekannten Kaliumkanal inaktiviert. Auf diese Weise wird die Repolarisation des Aktionspotentials verlangsamt, und es kann mehr Ca^{2+} in die Nervenendigung einströmen. Der verstärkte Ca^{2+}-Einstrom erhöht die ausgeschüttete Transmittermenge und bewirkt damit die Sensibilisierung. Zu den entscheidenden biochemischen Reaktionen dürften dabei die Phosphorylierung der entsprechenden Ionenkanäle durch cAMP-abhängige Proteinkinasen gehören. Für unsere Thematik ist hier die Tatsache wesentlich, daß eine veränderte Transmitterfreisetzung durch spezifische molekulare Mechanismen direkt den Informationsfluß in einem einfachen Nervensystem regulieren kann.

Wie wir sehen, verfügt das Neuron über eine Vielzahl präsynaptischer Mechanismen – von der Steuerung der Transmittersynthese bis zur Regulation der Ausschüttung –, um Informationen synaptisch zu speichern.

Catecholaminrezeptoren

Ihre physiologischen Wirkungen entfalten die Catecholamine durch Wechselwirkung mit spezifischen Rezeptoren auf der postsynaptischen Membran der Zielzelle. Häufig verändern sie die Konzentration des *second messenger* cAMP und lösen dadurch die Phosphorylierung bestimmter Proteine aus. CA-Rezeptoren lassen sich aufgrund der Wirksamkeit von Agonisten in zwei Gruppen einteilen. Für α-Rezeptoren gilt NA > A >> Isoproterenol (ISO), für β-Rezeptoren dagegen ISO > A > NA (Ahlquist 1948). Beide Rezeptortypen können im gleichen Gewebe auftreten, und erregende oder hemmende Wirkungen korrelieren nicht einfach mit einem bestimmten Rezeptortyp. Die Stimulation der α-Rezeptoren bewirkt in der Peripherie unter anderem eine Verengung der Blutgefäße (Vasokonstriktion), Uteruskontraktionen und eine Pupillenweitung, bei β-Rezeptoren hingegen führt sie zur Gefäßerweiterung (Vasodilatation), Aktivierung des Herzens, Hemmung der Uteruskontraktionen und zur Bronchienweitung. Aufgrund der Verfügbarkeit immer spezifischerer Liganden gelang es, die Rezeptoren noch weiter in Subtypen zu gruppieren. Verschiedene Subtypen treten in verschiedenen Geweben auf und vermitteln dort unterschiedliche physiologische Reaktionen (Übersicht bei Minneman et al. 1981). Einzelne Rezeptoren befinden sich sogar auf der präsynaptischen Membran, so zum Beispiel α-Rezeptoren. Ihre Aktivierung führt zu einer Hemmung der NA-Ausschüttung, sie bilden also einen negativen Rückkopplungsmechanismus (Abbildung 2.2). Man bezeichnet solche präsynaptischen Rezeptoren als Autorezeptoren (Langer 1974). Wie sich inzwischen abzeichnet, repräsentieren DA-Rezeptoren im Gehirn einen anderen Rezeptortyp; vermutlich existieren auch hier mehrere Subtypen (Huff und Molinoff 1982).

Diverse molekulare Mechanismen modulieren die Zahl und die Affinität (Bindungsstärke) der Rezeptoren. Beispielsweise ist in Gegenwart von Guanosintriphosphat (GTP) bei den β-Rezeptoren nur eine niedrigaffine CA-Bindung erkennbar. Diese Wirkung wird wohl durch ein an den Rezeptor gekoppeltes GTP-Bindungsprotein vermittelt. In einem anderen Beispiel führt die dauerhafte Einwirkung eines Agonisten zur Gewöhnung (Desensibilisierung). Sie beruht auf einer anfänglichen verringerten Affinität des Rezeptors gegenüber dem Agonisten und einem anschließenden Rückgang der Rezeptorzahl, den man als *down-regulation* bezeichnet. Umgekehrt kann eine Denervierung, CA-Verarmung oder Behandlung mit CA-Antagonisten zu Überempfindlichkeit führen, weil die Rezeptorzahl zugenommen hat (*up-regulation*). Dieser kurze Überblick läßt bereits erkennen, daß eine Vielzahl von Regulationsmechanismen auf Rezeptorebene die Reaktionen der postsynaptischen Zellen auf die präsynaptische Stimulation tiefgreifend beeinflussen kann.

Wie reagieren Zellen auf die Aktivierung ihrer NA-Rezeptoren? Ein intensiv erforschtes Modellsystem ist der noradrenerge Locus coeruleus (LC) im rostralen Bereich des Pons und eine Gruppe seiner Zielneuronen, die Purkinje-Zellen im Kleinhirn (Übersicht bei Moore und Bloom 1979). Eingehende Untersuchungen lassen vermuten, daß die Aktivierung von β-Rezeptoren auf Purkinje-Zellen durch Noradrenalin aus LC-Fasern die spontane Entladung der Purkinje-Zellen hemmt. Iontophoretische Applikation von NA in die Nähe der Purkinje-Zellen ruft ebenso wie die Stimulation der LC-Fasern eine Hyperpolarisation der Zellen ohne begleitende Änderung oder mit einem gleichzeitigen Anstieg des Membranwiderstandes hervor. Antagonisten des

β-Rezeptors blockieren die Reaktion auf NA. Darüber hinaus kann die Wirkung von NA durch Zugabe von cAMP reproduziert werden. Vermutlich aktiviert also das aus Axonendigungen der Locus-coeruleus-Neurone freigesetzte NA β-Rezeptoren auf Purkinje-Zellen und löst so einen Anstieg des intrazellulären cAMP und eine Hyperpolarisation aus. Unklar ist, ob die Phosphorylierung wichtiger postsynaptischer Proteine diesen Effekt vermittelt.

Wenngleich noch sehr viel mehr über Rezeptortypen, -strukturen und -kinetiken bekannt ist, wollen wir uns nun einem bedeutenden und bemerkenswerten Regulationsmechanismus zuwenden: der *Rezeptoradaptation*. Sie erlaubt es der postsynaptischen Zelle, winzige Änderungen der *relativen* Transmitterkonzentration pro Zeiteinheit zu erfassen und die Empfindlichkeit der Membran jederzeit auf ein absolutes Niveau zu senken. Folglich kann die postsynaptische Zelle selbst kleinste Änderungen der präsynaptischen Impulsfrequenz feststellen und beantworten, adaptiert aber an eine konstante Impulsrate mittels Mechanismen unterschiedlicher Zeitkonstanten. Wie macht sie das auf molekularer Ebene?

Die Zahl der CA-Rezeptoren (B_{max}) und die Affinität gegenüber dem Transmitter (K_D) stehen in umgekehrtem Verhältnis zur Transmitterkonzentration im synaptischen Spalt (Abbildung 2.2). Ein Anstieg der Transmitterkonzentration aktiviert durch direkte Bindung sofort die Rezeptoren, verringert die Affinität derselben Rezeptoren aber anschließend wieder. Umgekehrt verringert eine Abnahme der Transmittermenge zunächst die Rezeptoraktivierung, führt dann aber zu einem Anstieg der Rezeptoraffinität. Das Rezeptorsystem ist also so beschaffen, daß es *Änderungen* der Transmitterkonzentration (und daher der präsynaptischen Aktivität) feststellt und nicht absolute Konzentrationen. Die fortdauernde Einwirkung des Transmitters (oder Agonisten) bewirkt eine Gewöhnung (Desensibilisierung) aufgrund einer schnellen, bereits nach Sekunden erfolgenden Affinitätsabnahme des Rezeptors gegenüber Agonisten und einer darauf folgenden sogenannten *down-regulation*, das heißt einer sich über Stunden bis Tage erstreckenden Abnahme der Gesamtzahl der Rezeptoren. Andererseits führt eine Erschöpfung der Catecholaminvorräte, die Verabreichung von CA-Antagonisten oder einfach die Denervierung zu einer Überempfindlichkeit der Zielzelle gegenüber Agonisten, weil daraufhin die Rezeptorzahl ansteigt.

Die der Rezeptoradaptation zugrundeliegenden molekularen Mechanismen sind nur für einzelne Rezeptorsubtypen exakt aufgeklärt worden. Dennoch sind die wesentlichen Prinzipien offenbar für alle Transmitter-Rezeptor-Systeme gültig. Die biologische Strategie besteht darin, momentane Änderungen der Stimulation zu erfassen, nach oben wie nach unten. Jede Änderung der Stimulusfrequenz wird wahrgenommen, vermerkt und sofort verrechnet, so daß bereits die nächste Änderung erfaßt werden kann. Im wesentlichen sind Rezeptorsysteme also so beschaffen, daß sie Veränderungen in der Umgebung des Neurons feststellen, auf Kosten der Ermittlung des exakten Status quo. Dieses fundamentale Prinzip gilt für Rezeptoren in der Großhirnrinde genauso wie für solche im peripheren Sympathicus.

Ferner bleibt die durch *up*- oder *down-regulation* geänderte Rezeptorzahl noch tagelang bestehen, nachdem die Transmitterkonzentration wieder ihren Normalwert erreicht hat. Der Transmitterapparat läßt also eine *zeitliche Amplifikation* erkennen, die an die Eigenschaft des biosynthetischen Apparats erinnert. Einmal mehr beweist ein molekulares neurales System die Fähigkeit, Informationen umzuwandeln, zu verschlüsseln und zu speichern.

Präsynaptische Rezeptoren:
Ungewöhnliche Kommunikation

Vor noch nicht allzu langer Zeit fanden Wissenschaftler heraus, daß Rezeptoren nicht auf die postsynaptische Membran beschränkt sind, sondern auch auf der präsynaptischen Membran vorkommen (Abbildung 2.2; Langer 1974). Nach Aktivierung dieser Rezeptoren ändert sich die Transmitterausschüttung des präsynaptischen Neurons. Beispielsweise konnte ein CA-Rezeptorsubtyp, der sogenannte α_2-Rezeptor, auf Endigungen sympathischer cholinerger Nerven lokalisiert werden. Das von der Nervenzelle selbst freigesetzte Noradrenalin bindet an die α_2-Rezeptoren und verringert die weitere Transmitterausschüttung. Auf diese Weise überwacht das Neuron seine eigene Aktivität und reguliert die Freisetzung des Transmitters durch einen negativen Rückkopplungsmechanismus. Es kommuniziert über die „Autorezeptoren" mit sich selbst. Unklar ist, ob diese Autokommunikation andere, bislang unbekannte Langzeiteffekte in der Zelle oder an der Synapse hervorruft. Überraschenderweise ließen sich auch nichtcatecholaminerge Rezeptoren auf der präsynaptischen Membran der noradrenergen Endigung nachweisen. So modulieren dort zum Beispiel auch Angiotensin-II-Rezeptoren die Noradrenalinfreisetzung. Angiotensin ist ein hochwirksamer Vasokonstriktor. Durch Katalyse des von der Niere (vom juxtaglomerulären Apparat) sezernierten Enzyms Renin entsteht es aus dem im Blut zirkulierenden Angiotensinogen. Die genauen Vorgänge sind interessant, wirklich verblüffend ist jedoch das Prinzip: Die Niere kann durch nichtsynaptische Mechanismen mit sympathischen Neuronen kommunizieren. In gewissem Sinne ist hier die Nervenzelle ein (endokrines) Ziel des Hormonsystems. Ein zirkulierendes Hormon reguliert die Transmitterfreisetzung an der Synapse. Die synaptische Kommunikation ist also durch nichtsynaptische Mechanismen modulierbar, und entfernte Strukturen können mit rezeptiven Neuronen „sprechen". Folglich *unterliegen bestimmte Formen der Kommunikation mit dem Nervensystem nicht dem Zwang der Verschaltung.*

Zusammenfassend ist zu sagen, daß präsynaptische Rezeptoren der Nah- und Fernkommunikation dienen und die Steuerung der synaptischen Kommunikation zu präzisieren helfen. Bei kritischer Betrachtung kann man das Nervensystem nicht vom übrigen Körper abtrennen, in dem es existiert. Die psychosomatische Funktion gewinnt so eine spezifische somatisch-neurale und eine neural-somatische, mechanistische Realität, die molekular definierbar ist. Körperliche und neurale Erfahrungen werden in eine veränderte neurale Biologie umgewandelt – ein immer wiederkehrendes Thema in diesem Buch.

Die Beendigung der Catecholaminwirkung

Eine schnelle Beendigung der Transmitterwirkung ist für die synaptische Funktion von entscheidender Bedeutung, da sie einen maximalen Informationsfluß zwischen Neuronen ermöglicht. Catecholamine werden hauptsächlich dadurch inaktiviert, daß sie von der präsynaptischen Nervenendigung aufgenommen werden (Übersicht bei Iversen 1967). Dieser hochaffine, stereospezifische und energieverbrauchende Vorgang kann NA gegen einen Konzentrationsgradienten von 10 000 zu 1 anreichern. Daraus folgt, daß jeder hemmende Einfluß auf die Aufnahme der Catecholamine deren Effekte deutlich verstärken und verlängern wird. Genau so wirken hochspezifische Inhibitoren der Aufnahme wie Desipramin und Cocain. Außerdem läßt sich ableiten, daß in Abwesenheit catecholaminerger Endigungen – etwa nach Denervierung – exogen verabreichte Amine merklich stärkere Wirkungen entfalten sollten, da sie nicht vom Wirkort entfernt werden. Dies ist tatsächlich der Fall. Demnach ist die Überempfindlichkeit nach Denervierung offenbar sowohl auf prä- als auch auf postsynaptische Abnormitäten zurückzuführen.

Die Aufnahme in Nervenzellen ist zwar der wichtigste CA-Inaktivierungsmechanismus, man hat aber auch Enzyme identifiziert und charakterisiert, welche die Amine abbauen. Die Catechol-*O*-Methyltransferase (COMT) und die Monoaminoxidase (MAO) setzen Catecholamine in physiologisch inaktive Produkte um (Übersicht bei Molinoff und Axelrod 1971). Die Monoaminoxidase besteht aus verschiedenen mitochondrialen Enzymen mit unterschiedlichen Substratspezifitäten, welche DA, NA und A oxidativ desaminieren und in die entsprechenden Aldehyde überführen. Die Verwendung von MAO-Inhibitoren *in vivo* erhöht die CA-Konzentrationen in den Nervenzellen erheblich und verringert die Ausscheidung der desaminierten Abbauprodukte, etwa 3-Methoxy-4-Hydroxyphenylglycol und 3-Methoxy-4-Hydroxymandelsäure. Die überwiegend außerhalb der Neurone auftretende COMT baut NA und A zu den entsprechenden 3-*O*-Methylaminen Normetanephrin und Metanephrin ab, wobei S-Adenosylmethionin als Methyldonor dient. Dieses Enzym sorgt primär für die Umsetzung von in den Blutkreislauf freigesetzten Catecholaminen. In den höchsten Konzentrationen findet man es in Leber und Niere. Die COMT dürfte auch für die Umsetzung von NA in Geweben mit spärlicher catecholaminerger Innervierung eine relativ wichtige Rolle spielen.

Die Expression des CA-Phänotyps

Wie schon aus dieser kurzen Beschreibung eindeutig hervorgeht, hängt die Funktion der catecholaminergen Synapse von der normalen Ausprägung einer Vielzahl CA-phänotypischer Eigenschaften ab. Das Neuron muß unter anderem die Synthese- und Abbauenzyme, die mit der vesikulären Speicherung assoziierten Proteine, die Freisetzungs- und Wiederaufnahmemechanismen sowie die Autorezeptoren korrekt exprimieren, um die normale synaptische Funktion zu garantieren. Wie koordiniert es die Ausprägung aller dieser Merkmale? Auch wenn dies noch nicht umfassend beantwortet werden kann, deutet doch immer mehr darauf hin, daß Umweltinformationen aus vielfältigen Quellen die Ausprägung neuronaler Transmittermerkmale steuern. In den meisten Studien zu diesem Thema sind periphere noradrenerge Neuronen das Untersuchungsobjekt.

Die CA-typischen Merkmale ausgereifter sympathischer Nervenzellen werden innerhalb scharfer Grenzen exprimiert. Orthograde transsynaptische Faktoren, retrograde transsynaptische Faktoren von den innervierten Zielorganen, humorale Faktoren und Faktoren aus nichtneuronalen Stützzellen tragen offenbar dazu bei, die entsprechenden Expressionsniveaus CA-typischer molekularer Kennzeichen zu erhalten (Übersicht bei Black 1982). So bewirkt beispielsweise die Denervierung sympathischer Ganglien (Dezentralisierung im Sinne von Abkopplung vom ZNS) eine Abnahme der Tyrosinhydroxylaseaktivität, weil die cholinerge transsynaptische Stimulation zurückgeht. Eine postganglionäre Axotomie, bei der die sympathischen Neuronen von den Zielorganen getrennt werden, verringert ebenfalls die Enzymaktivität. Dies läßt sich durch Zuführen des trophischen Proteins NGF (Nervenwachstumsfaktor) verhindern – eine Beobachtung, die den Schluß nahelegt, daß die Zielzellen NGF bilden. Der Faktor reguliert dann in den sympathischen Neuronen die Expression des CA-Phänotyps. Auf den Einfluß von Hormonen, zum Beispiel Glucocorticoiden, wurde bereits hingewiesen. Wenn man ausgereifte sympathische Ganglien isoliert, in Einzelzellen dissoziiert und außerhalb des natürlichen Milieus wachsen läßt, weisen die entstehenden Neuronen cholinerge Merkmale auf. Zusammengenommen veranschaulichen diese Beobachtungen die entscheidende Bedeutung der Umgebung bei der Regulation des CA-Phänotyps ausgereifter Nervenzellen.

Analoge Regulationsmechanismen aus der Umwelt steuern die ontogenetische Entwicklung phänotypischer CA-Eigenschaften beim Embryo, Fetus und Neugeborenen. Beispielsweise beeinflussen die embryonale Mikroumgebung, durch die die Vorläuferzellen (Neuroblasten) des autonomen Nervensystems wandern, und die Umgebung ihres Zielgebiets offenbar die Wahl des Transmitterphänotyps. Dissoziierte Neuronen in der Zellkultur exprimieren außerdem je nach Kultivierungsbedingungen cholinerge und/oder noradrenerge Merkmale. So fördern depolarisierende Reize die Ausprägung noradrenerger Eigenschaften, während Faktoren von nichtneuronalen Zellen cholinerge Merkmale induzieren. Auch bifunktionelle cholinerg-noradrenerge Neuronen hat man beobachtet (Übersicht bei Patterson 1978). Demzufolge können Neuronen ganz offensichtlich mehr als einen Transmitterphänotyp gleichzeitig exprimieren. Tatsächlich lassen jüngere Arbeiten vermuten, daß der Transmitterphänotyp catecholaminerger Nervenzellen während des gesamten Lebens abhängig von Umweltsignalen variieren kann.

Coexpression catecholaminerger und peptiderger Phänotypen

Die voranstehenden Beobachtungen sprechen dafür, daß CA-Neuronen möglicherweise mehrere Transmitter bilden. Tatsächlich sieht es nach neueren Untersuchungen so aus, als exprimierten periphere sympathische CA-Neuronen unter geeigneten Bedingungen *in vivo* und *in vitro* zusätzlich den mutmaßlichen Peptidtransmitter Substanz P (Black 1982; Kessler et al. 1981). Substanz P ist ein heterogen im zentralen und peripheren Nervensystem verteiltes Undecapeptid (eine Kette aus elf Aminosäuren). Vieles deutet darauf hin, daß es in peripheren sensorischen Neuronen als Transmitter bei der Schmerzleitung dient. Inzwischen ist es offenkundig, daß die transsynaptische Impulsaktivität in sympathischen Ganglien bei CA-Neuronen über die Ausprägung des CA-Phänotyps hinaus auch die Expression von Substanz P reguliert.

Bei adulten und neugeborenen Ratten senken präsynaptische cholinerge Fasern den Substanz-P-Spiegel in den Zellkörpern sympathischer CA-Neuronen. Dies wird transsynaptisch durch Acetylcholin vermittelt, das postsynaptische nicotinische Acetylcholinrezeptoren aktiviert (Kessler et al. 1981). Darüber hinaus ergaben *in-vitro*-Untersuchungen, daß dieser Effekt durch einen Na^+-Einstrom in die postsynaptische Zelle hervorgerufen wird. Bringt man denervierte Ganglien in Kultur, so steigt die Substanz-P-Menge binnen 24 Stunden um das zwanzigfache an. Veratridin, ein Alkaloid, das Neuronen durch Verstärkung des Na^+-Einstroms depolarisiert, verhindert diesen Anstieg. Tetrodotoxin, ein spezifischer Hemmer der Effekte von Veratridin auf den Na^+-Einstrom, verhindert den Einfluß dieses Alkaloids auf den Substanz-P-Spiegel. Wenn Depolarisation die Substanz-P-Menge in sympathischen Neuronen verringert, sollten Eingriffe, welche *in vivo* die Impulsrate im sympathischen System erhöhen, denselben Effekt zeigen. Tatsächlich ist genau das der Fall. Daraus darf nun geschlossen werden, daß der transsynaptische Impulsfluß, der postsynaptisch unter anderem die Biosynthese der CA-Enzyme induziert, die Substanz-P-Konzentration erniedrigt. Folglich wirkt sich die Depolarisation sympathischer Neuronen auf Substanz P und die Catecholamine gegensätzlich aus. Allgemeiner ausgedrückt ist es offensichtlich, daß der Transmitterbestand eines Neurons quantitativ und vielleicht auch qualitativ den physiologischen Zustand der Zelle wiederspiegelt. Umgekehrt kann es vom Zustand des Neurons abhängen, welcher Transmitter von einer Synapse verwendet wird. So gesehen ist es irreführend, Synapsen als entweder catecholaminerg oder peptiderg (oder cholinerg) zu bezeichnen und damit eine neurohumorale Exklusivität zu implizieren. Ganz im Gegenteil können Synapsen mehrere Transmitter gleichzeitig oder – abhängig vom physiologischen Zustand der Zelle – im Wechsel verwenden. (Die Konsequenzen der Colokalisation von Transmittern werden in den nachfolgenden Kapiteln ausführlich diskutiert. Diese Zusammenfassung bietet einen vereinfachenden Überblick zur besseren Orientierung .)

Langzeitveränderungen an der Synapse

Die Betrachtung der synaptischen Übertragung hat deutlich gemacht, daß die Synapse kein starrer Schalter ist, der nur wenige physiologische Stellungen einnehmen kann. Das Gegenteil trifft zu: Die synaptische Kommunikation ist ein bemerkenswert flexibler, wandelbarer Vorgang, der durch lokale Regulationsmechanismen innerhalb und außerhalb des Neurons sowie durch entfernte Mechanismen modifizierbar ist. Können wir nun verstehen, wie molekulare Umwandlungen die synaptische Struktur mikroskopisch sichtbar verändern?

Vielleicht ist es vor dem Hintergrund unserer Bemühungen, einzelne biologische Grundlagen kognitiver Funktionen zu verstehen, von Nutzen, die synaptischen Prozesse, die wir miteinander zu verknüpfen versuchen, explizit zu benennen. Wie bewirkt die präsynaptische Impulsaktivität und Transmitterausschüttung – mit der darauffolgenden Aktivierung postsynaptischer Rezeptoren und der Membrandepolarisation aufgrund von Ionenströmen – quasi-permanente Veränderungen der Synapsenstruktur, welche die Funktion der Synapse über ausgedehnte Zeitspannen modifizieren? Dies ist eine zentrale Frage, da die angesprochenen Vorgänge anscheinend an zahlreichen Lern- und Gedächtnisformen beteiligt sind.

Die postsynaptische Verdichtung (*postsynaptic density*, PSD) ist eine Struktur, die bei der Umwandlung molekularer synaptischer Mechanismen in dauerhafte morphologisch-funktionelle Änderungen eine entscheidende Rolle spielen könnte. Es handelt sich um eine proteinöse, scheibenförmige Struktur, die direkt der postsynaptischen Membran fast aller chemischen Synapsen anliegt. Elektronenmikroskopisch ist sie gut erkennbar (Abbildung 2.5 und 2.6; Übersicht bei Siekewitz 1985). Die PSD als eine komplexe supramolekulare Struktur besteht aus vielen Komponenten. Diese wirken an der synaptischen Übertragung mit und können Langzeitänderungen unterworfen sein, die mit Lernen und Gedächtnis assoziiert sind. Transmitterrezeptoren, etwa der β-adrenerge, der Glutamat- oder der GABA-Rezeptor (GABA steht für den hemmenden Transmitter Gamma-Aminobuttersäure), sind durch die postsynaptische Membran hindurch in der PSD verankert (Abbildung 2.6; Siekevitz 1985). Entsprechend können sie die Struktur und Funktion der postsynaptischen Verdichtung prinzipiell verändern – ein Umstand, der später in dieser Diskussion noch Bedeutung gewinnen wird. Außerdem enthält die PSD eine Gruppe von Filamentproteinen, die bekanntermaßen beweglich und formgebend sind. Das läßt darauf schließen, daß die PSD zu dynamischen Änderungen ihrer räumlichen Gestalt fähig ist. Aktin, eines der wichtigsten beweglichen Proteine des Muskels, ist eine Hauptkomponente der PSD (Übersicht bei Siekevitz 1985). Des weiteren gehört das Aktin- und Calmodulin-bindende Protein Fodrin zur PSD, was wiederum dafür spricht, daß die PSD morphologisch veränderbar ist. Auch Tubulin, ein für die normale Gestalt von Nervenfasern unentbehrliches Protein, ist mit der PSD assoziiert (Abbildung 2.6). Schließlich scheint die PSD über Proteinfasern, die den synaptischen Spalt durchqueren, mit der *präsynaptischen Membran* und vielleicht auch mit der präsynaptischen Transmittervesikelmatrix verbunden zu sein. Möglicherweise kann sie also gleichzeitig die Funktion der Prä- und der Postsynapse regulieren.

Zahlreiche Moleküle, die durch chemische Modifikation strukturverändernd wirken können, sind ebenfalls integrale Bestandteile der postsynaptischen Verdichtung. Zu ihnen gehören beispielsweise die Proteinkinasen, Enzyme, die durch cAMP und Ca^{2+}

55

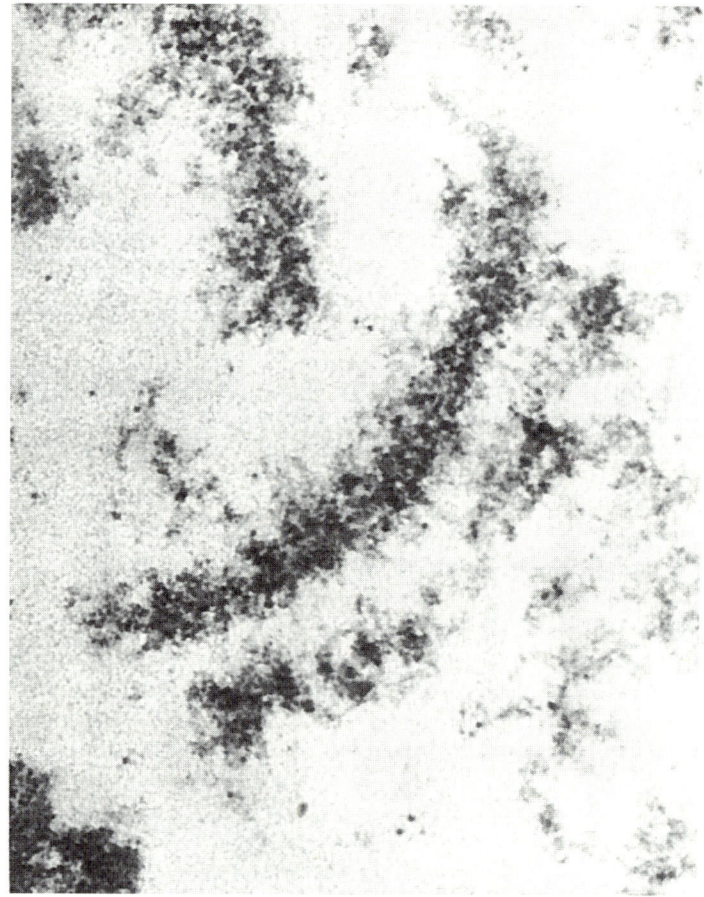

2.5 Elektronenmikroskopische Aufnahme einer postsynaptischen Verdichtung (PSD). Beachte das proteinöse scheibenförmige Zellorganell; normalerweise liegt es der inneren Oberfläche der postsynaptischen Membran chemischer Synapsen direkt an. Das Präparat entstammt der Großhirnrinde und ist etwa 26 000fach vergrößert abgebildet.

aktivierbar sind. Das ist besonders bedeutsam, weil diese Enzyme wegen ihrer unterschiedlichen Substratspezifitäten verschiedene mit der PSD assoziierte Strukturproteine phosphorylieren. Phosphorylierung ist aber ein wesentlicher Mechanismus, um die dreidimensionale Struktur von Proteinen und dadurch auch ihre Funktion zu modifizieren. Wir können zusammenfassen, daß aufgrund der besonderen Beschaffenheit der PSD durch Depolarisation, Ca^{2+}-Einstrom und Phosphorylierung Informationen übermittelt werden können, die Gestalt und Funktion dieser synaptischen Schlüsselstruktur verändern.

Jetzt sind wir in der Lage zu verstehen, wie die normale neuronale Aktivität prinzipiell molekulare Veränderungen induziert, die wiederum Struktur und Funktion der Synapse modifizieren. Zwar sind spezielle molekulare Mechanismen bei den verschiedenen chemischen Synapsen unterschiedlich; dennoch kennen wir nun bei bestimmten

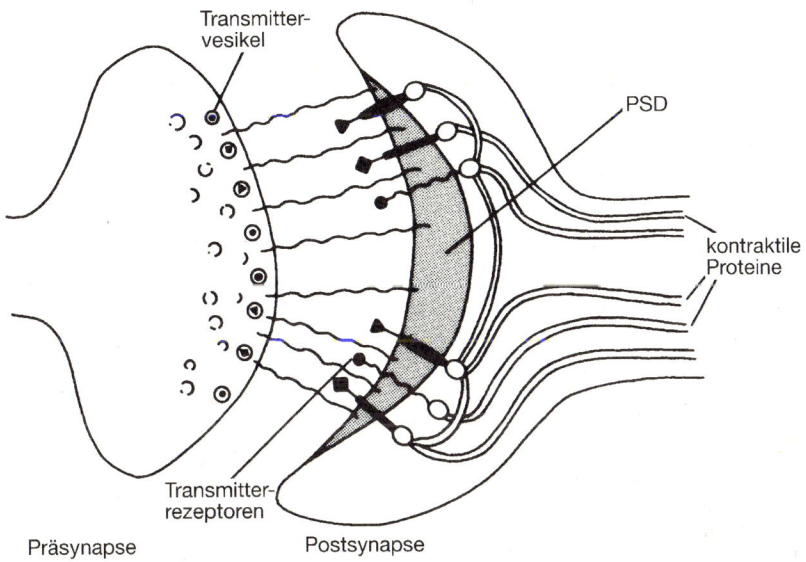

2.6 Schematische Darstellung einer chemischen Synapse mit der postsynaptischen Verdichtung (PSD). Veränderungen ihrer molekularen Struktur modifizieren vermutlich die Gestalt der Postsynapse und damit möglicherweise auch dauerhaft die synaptische Übertragung.

Synapsen zahlreiche Mechanismen, die prototypisch für die Art und Weise sind, wie Informationen abhängig von Erfahrungen dauerhaft gespeichert werden können. Als geeignetes Modell kommt die Induktion der Langzeitpotenzierung (*long-term potentiation*, LTP) im Hippocampus in Frage (Bliss und Lomo 1973; Lynch 1986; Nicoll et al. 1988), einer Hirnstruktur, der seit langem eine Rolle bei der Speicherung bestimmter Gedächtnisinhalte zugewiesen wird. Bei der Langzeitpotenzierung kommt es zu einer langanhaltenden Verstärkung der synaptischen Übertragung zwischen afferenten Fasern und Hippocampusneuronen. Ausgelöst wird sie durch hochfrequente Aktivierung der Afferenzen und postsynaptische Entladung. Welche Mechanismen sind daran beteiligt?

Nach einer verbreiteten Hypothese ist die Langzeitpotenzierung das Ergebnis der präsynaptischen Freisetzung des erregenden Transmitters Glutamat und der Aktivierung eines besonderen postsynaptischen Rezeptors. Genauer gesagt, scheinen die Aktivierung von N-Methyl-D-Aspartat-(NMDA-)Rezeptoren und der anschließende Ca^{2+}-Einstrom in die Postsynapse die LTP zu vermitteln (Collingridge et al. 1983; Übersichten bei Lynch 1986, Bear et al. 1987, Nicoll et al. 1988). Das einströmende Ca^{2+} aktiviert vermutlich Ca^{2+}-Calmodulin-Kinasen, die wiederum auf entscheidende Proteine der PSD einwirken. Die Folge sind Veränderungen der Form synaptischer Dornen und eine langanhaltende Erhöhung der synaptischen Effizienz (Abbildung 2.7; Lynch und Baudry 1984; Siekevitz 1985). Wie aber könnte eine geänderte Morphologie der dendritischen Dornen Synapsen durchlässiger machen?

Eine modifizierte Dornenform könnte gleichzeitig mehrere bedeutende Änderungen mit sich bringen. Zum einen könnten bislang versteckte NMDA-Rezeptoren exponiert werden, welche die postsynaptische Reaktion auf präsynaptisches Glutamat verstärken (Lynch und Baudry 1984). Die so ausgelöste Zunahme der Rezeptoraktivierung sorgt

57

dann dafür, diese strukturellen Veränderungen zu erhalten und zu verstärken. Das führt schließlich zu den Langzeitänderungen, die mit der Gedächtnisbildung und Informationsspeicherung assoziiert sind.

Zum anderen scheint die Abwandlung der Gestalt der Dornen ihre elektrischen Eigenschaften und damit ihre Antworteigenschaften zu verändern. Verschiedene Modellexperimente (Übersicht bei Shepherd 1986) weisen darauf hin, daß der Dornenhals (Abbildung 2.7) einen extrem hohen elektrischen Widerstand bietet, welcher die durch synaptische Entladung bewirkte Depolarisation am Dornenkopf verstärkt. Eine Verlängerung des Halses infolge afferenter Stimulation und veränderter PSD-Konformation könnte für einen stärkeren Ca^{2+}-Einstrom nach Aktivierung der NMDA-Rezeptoren sorgen. Alles in allem kann eine Serie molekularer Reaktionen, etwa die Aktivierung von NMDA-Rezeptoren, der Einstrom von Ca^{2+}-Ionen und die Aktivierung von Kinasen, die Morphologie dendritischer Dornen so modifizieren, daß die Synapsen dauerhaft verstärkt werden. Dies könnte einen kritischen Schritt bei der Bildung von Erinnerungen durch den Hippocampus darstellen. Sind die angesprochenen Mechanismen auch für andere potentiell informationsspeichernde Rindengebiete relevant? Tatsächlich scheinen NMDA-Rezeptor-Stimulierung und Ca^{2+}-Einstrom auch in der Sehrinde für die möglicherweise dauerhafte synaptische Plastizität verantwortlich zu sein (Geiger und Singer 1984).

Es ist jetzt an der Zeit, einige andere Systeme zu untersuchen, um allgemeine für die synaptische Informationsspeicherung verantwortliche Mechanismen zu bestimmen.

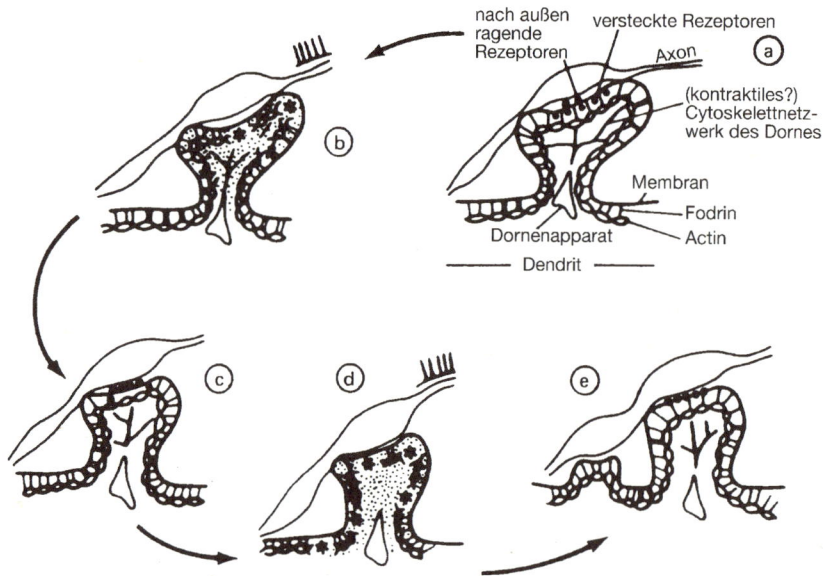

2.7 Hypothetischer Zusammenhang zwischen synaptischer Formänderung und Langzeitpotenzierung. Teilbild a zeigt die inaktive Synapse, bestehend aus präsynaptischer Varikosität und postsynaptischem dendritischem Dorn. Impulsaktivität bewirkt einen Ca^{2+}-Einstrom in die Postsynapse, der – vermutlich vermittelt durch das postsynaptische Cytoskelett – zu einer geänderten Dornenform führt. Dies hat eine Verstärkung der synaptischen Übertragung zur Folge. In d und e zieht eine noch hochfrequentere Stimulation weitere strukturelle Abwandlungen des dendritischen Dornes nach sich.

3

Die Moleküle:
Transmitter als Prototypen

Kennzeichen kognitiver Strukturen • Symbolfunktion • Eigenschaften molekularer Symbole • Transduktion • Kinetiken • Kommunikative Funktionen • Intrazelluläre Kaskaden • Information, Syntax und Semantik • Catecholamine, Tyrosinhydroxylase, Kampf- Kampf-oder-Flucht-Reaktion • Enzymaktivierung und -induktion • Genregulation und Umwelt • Erfahrung und Verhalten

---

Bevor wir einzelne kognitive Strukturen genauer betrachten, sollten wir zunächst allgemeine Merkmale beschreiben, die diese Elemente in der molekularen und zellulären Domäne aufweisen. Ein relativ gut erforschtes neurales Subsystem kann dabei als Prototyp dienen und uns zeigen, welchen Platz Kommunikationssymbole in der Ökonomie der neuralen Funktion und des Verhaltens einnehmen.

Das autonome Nervensystem ist gewissermaßen an der Schnittstelle zwischen Umwelt und Individuum aktiv und übersetzt äußere Anforderungen in angemessene vegetativ-physiologische und Verhaltensreaktionen (Abbildung 3.1). Es integriert Umweltreize, interne metabolische Zustände und Verhalten und übt damit eine lebenswichtige Funktion aus. Das autonome System ist ein traditionelles biologisches Modell, an dem biochemische Regulationsmechanismen im Detail erforscht worden sind. Der Sympathicus vermittelt die bekannte „Kampf-oder-Flucht-Reaktion" (*fight or flight*) auf Streß oder Bedrohungen aus der Umwelt. Die eingehende Untersuchung dieses vergleichsweise einfachen Systems führte zu den im voranstehenden Kapitel beschriebenen Kenntnissen seiner biochemischen Aspekte. Zahlreiche Molekültypen regeln die Tätigkeit des sympathischen Nervensystems. Bestimmte erregende oder bedrohliche Umweltreize lösen eine langanhaltende Aktivierung des Sympathicus und Verhaltensänderungen aus, indem sie die Funktion besonderer Schlüsselmoleküle modulieren. Diese wiederum vermitteln die „Kampf-oder-Flucht-Reaktion". Allgemein formuliert repräsentieren diese Moleküle also umweltbedingten Streß und übersetzen ihn in die für Kampf- und Fluchtsituationen typischen verhaltens- und stoffwechselphysiologischen Reaktionen.

Wir können nun anhand der einführenden Betrachtung des sympathischen Systems eine Reihe provisorischer Kennzeichen kognitiver molekularer Strukturen beschreiben:

1. Diese Elemente haben eine semantische, *symbolische* Funktion, sie repräsentieren die äußere oder innere Wirklichkeit.
2. Sie *kommunizieren*, das heißt sie übertragen Informationen zwischen Neuronenpopulationen und -verbänden, bilden also „biochemische Schaltkreise".
3. Sie bestimmen über die kurzzeitige und längerfristige neurale Funktion, indem sie zum Genom der Nervenzellen vordringen, deren Wachstum regulieren und – im allgemeineren Sinne – die *Syntax* von Kommunikation und Repräsentation im Nervensystem diktieren.
4. Sie sind die elementaren Einheiten eines komplexen *kombinatorischen* Systems aus übergeordneten Strukturen.

Sinnvollerweise erläutere ich zunächst kurz jede dieser Eigenschaften und Funktionen, um den gedanklichen Ansatz in den Gesamtkontext einzuordnen, und diskutiere anschließend einzelne Moleküle ausführlich. Wie wird die Symbolfunktion im Nervensystem überhaupt verwirklicht? Die Antwort lautet: Neurale Strukturen, die durch spezifische Umweltreize reguliert werden und sie durch Änderungen ihrer Funktion beantworten, können derartige externe Reize im Nervensystem *repräsentieren*.

Die Symbolfunktion ist systemspezifisch

Nur innerhalb des speziellen neuralen Systems, das sie hervorbringt, können bestimmte Moleküle ihre Symbolfunktion erfüllen. So hat ein und dasselbe molekulare Symbol ganz unterschiedliche „Bedeutungen" in sensorischen, motorischen oder vegetativen Systemen, die völlig verschiedene physiologische Verhaltensrepertoires vermitteln. Der Informationsgehalt eines Moleküls wird festgelegt durch die einwirkenden Umweltereignisse, die Funktion des regulierten neuralen Systems und die Natur der regulierten molekularen Funktion. Die Symbolfunktion wird durch spezifische Umweltreize erteilt, die Molekülzustand und -funktion ebenso regulieren wie die physiologische Funktion des betreffenden neuralen Systems und die Funktion der molekularen Struktur in der Ökonomie des jeweiligen neuralen Systems. Die Semantik der Moleküle läßt sich nicht vom jeweiligen neuralen Teilsystem und dem Nervensystem insgesamt trennen. Die Moleküle üben ihre semantische Funktion nur im Kontext von Nervensystem und Umwelt aus. Folglich wird Bedeutung auf molekularer Ebene in verschiedensten Domänen verliehen – auf zellulärer, System-, organischer und Umweltebene. Die Information, die ein Molekül beinhaltet, hängt von Funktionen auf praktisch allen anderen Ebenen des Nervensystems ab.

Obwohl spezifische Symbole die Funktion des sympathischen Nervensystems regulieren, sind diese Moleküle keineswegs im gesamten Nervensystem nur bei der Verknüpfung von Streß mit der „Kampf-oder-Flucht-Reaktion" aktiv. Beispielsweise steuern die gleichen Moleküle auch die Funktion anderer neuraler Systeme, etwa motorischer Schaltkreise, welche die Körperhaltung und Bewegungen kontrollieren. Gänzlich andere Umweltreize regulieren die molekulare Funktion in diesen motorischen Systemen, und hier dienen die Moleküle der Motorik, nicht der Kampf- oder

Fluchtvorbereitung. Das heißt, die Bedeutung eines bestimmten Moleküls ist reiz- und systemspezifisch; die Semantik läßt sich nicht aus dem Kontext des neuralen Subsystems herausreißen. In diesem Sinne verliert das Molekül im Reagenzglas seinen

craniosacrale viscerale Efferenzen   **thoracolumbale viscerale Efferenzen**

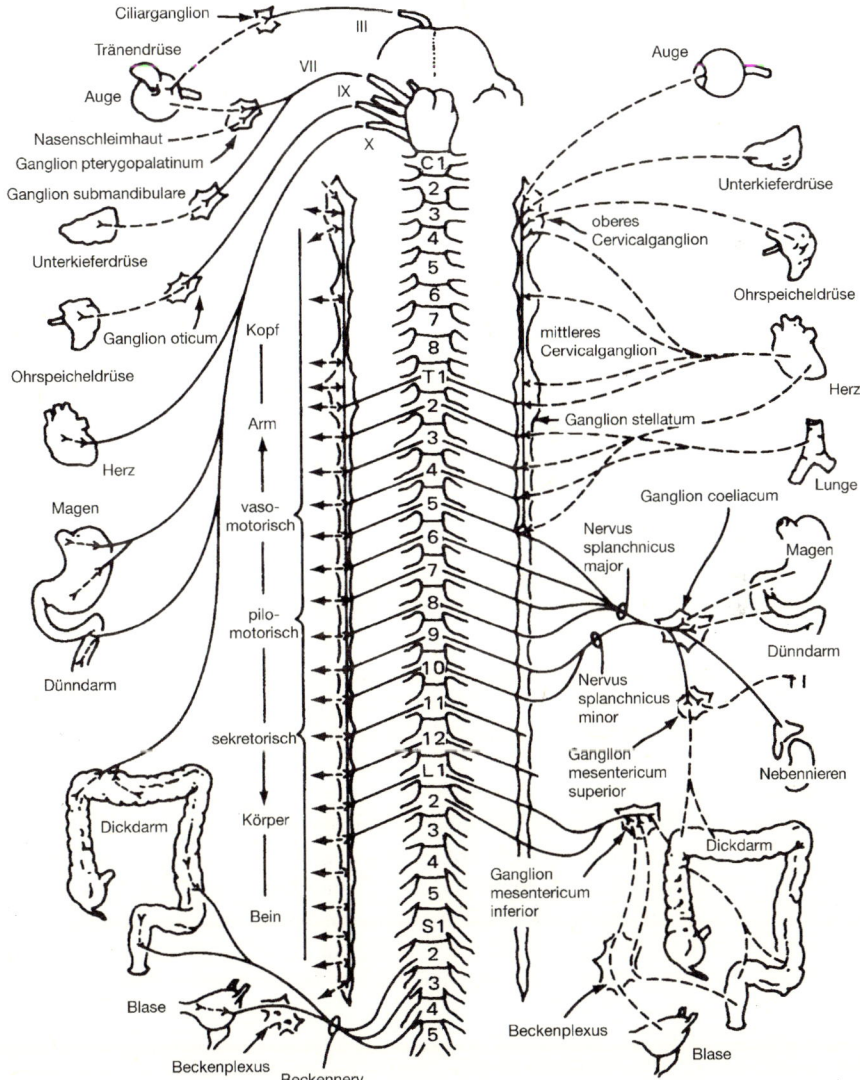

3.1 Schematische Darstellung des peripheren (autonomen) Nervensystems. Auf der rechten Seite sind Rückenmark und Hirnstamm mit den sympathischen Ganglien und Nerven gezeigt, auf der linken Seite das parasympathische Teilsystem. (Nach Harrison 1962.)

Informationsgehalt, auch wenn die molekulare Funktion erhalten bleiben kann. Dieser kurze Exkurs – so trivial er auch erscheinen mag – zeigt, wie unangemessen der extreme Reduktionismus trotz seiner verlockenden Einfachheit letztlich ist.

Eigenschaften molekularer Symbole

Was müssen wir über die Symbolfunktion wissen? Welche Informationen brauchen wir, um Symbole zu klassifizieren und Symbolgruppen hinreichend zu charakterisieren? Spezifische Merkmale verleihen der Symbolfunktion Form und Inhalt. Sie lassen sich klar identifizieren und in Kategorien einteilen, indem man dem Informationsfluß von der Umwelt zum Organismus, zum jeweiligen neuralen System und wieder zurück zur Umwelt folgt (Abbildung 3.1).

Die exakte Funktion einzelner Symbole ergibt sich (1) aus regulatorischen Umweltreizen, (2) aus den physicochemischen Eigenschaften des jeweiligen Moleküls, die für die Funktion verantwortlich sind, (3) aus spezifischen zellulären und genomischen Eigenschaften, welche die Kinetik der Regulation bestimmen, (4) aus der physiologischen Funktion des neuralen Subsystems, in dem das Molekül exprimiert wird, (5) aus der biochemischen Funktion des Moleküls und (6) aus der Rolle des Moleküls im komplexen biochemisch-verhaltensphysiologischen Netz, das die syntaktische Funktion festlegt. Eine Beschreibung der Kennzeichen, die jede Kategorie beisteuert, soll das potentielle Spektrum und die Substanz der Symbolfunktion veranschaulichen.

Das sympathische Nervensystem ist auch hier ein gutes Beispiel. Streßauslösende Reize regulieren zahlreiche funktionell wichtige Moleküle sympathischer Neuronen, die an der Vorbereitung von Flucht- oder Kampfreaktionen beteiligt sind. Folglich *repräsentieren* diese Moleküle im Kontext des sympathischen Nervensystems Umweltstreß und tragen gleichzeitig zu den verhaltensphysiologischen Mustern der Flucht- und Kampfbereitschaft bei (Abbildung 3.2). Dieses einfache Beispiel verdeutlicht darüber hinaus, daß Umweltreize eine *Struktur* besitzen, anhand der sie sich *systematisieren* lassen. Streßauslösende Reize etwa kann man in primäre oder sekundäre sensorische Reize unterteilen. Erstere umfassen Formen wie Kälte- und Hitzestreß oder Elektroschocks. Zu den sekundären sensorischen Stimuli zählen – je nach Versuchstier – beispielsweise Immobilisierungs- oder Schwimmstreß. Offenbar können wir für jede Gruppe neuraler Symbole eine Hierarchie von Umweltreizen aufstellen. Das genaue Verhältnis zwischen den Vertretern einer Gruppe von Reizen, die ein Symbol regulieren, muß noch aufgeklärt werden. Tatsächlich kann es sich bei verschiedenen Individuen, Arten, Gattungen und anderen taxonomischen Einheiten unterscheiden. Ohne diesen Punkt überstrapazieren zu wollen, ist offensichtlich, daß sich Umweltreize aufgrund der von ihnen beeinflußten Symbole vorsichtig in ein zusammenhängendes Schema einordnen lassen. Die Klassifizierung von Stimuli anhand quantitativer Aspekte der regulierten Symbole dürfte einen wichtigen Beitrag zum Verständnis der neuralen Funktion im allgemeinen und der Beziehung zwischen Umwelt und Nervensystem im besonderen darstellen.

molekulare Regulation

CA-Enzyme
(Aktivierung,
Induktion)   Noradrenalin

**sympathische
Impulsaktivität**

Umweltstreß:
Bedrohung   Entladung
Kältestreß   des
etc.   Sympathicus

**Kampf-oder-Flucht-
Reaktion:**
veränderte   Blutdruck
Umweltbedingungen   Herzfrequenz
                                     Muskeldurchblutung
                                     Atemminutenvolumen
                                     Drüsenfunktion
                                     etc.

3.2 Molekulare Symbole und Informationsfluß – eine sehr allgemeine Darstellung der Wechselwirkungen zwischen Umweltreizen, neuronalen Molekülen, dem Informationsfluß und dem daraus resultierenden Verhalten.

Während die Umgebung das regulierte Molekül mit Bedeutung versieht, bestimmen die physikalische Struktur des Moleküls und sein Platz in der Zelle und im System, auf welche Weise Umweltreize in neurale Funktion übersetzt werden. Handelt es sich bei dem Molekül zum Beispiel um ein Enzym, das einen Transmitter synthetisiert, der seinerseits mit anderen Neuronen kommuniziert, dann ist die Aktivität dieses Enzyms von entscheidender Bedeutung. Die Aktivität jedes einzelnen Enzymmoleküls entscheidet über die Synthesegeschwindigkeit des Transmitters und damit über das für Kommunikation und physiologische Funktion verfügbare Potential. Die Enzymaktivität ist nun wiederum abhängig von der dreidimensionalen Struktur des Moleküls. Jede Veränderung der räumlichen Konformation kann die Enzymaktivität und so die Transmittersynthese insgesamt beeinflussen. Tatsächlich modifizieren viele Reize die Molekülstruktur von Enzymen und folglich auch ihre Konformation und Aktivität.

Wir kennen sehr vielfältige strukturverändernde Reaktionen. Welche von ihnen an einem bestimmten Molekül tatsächlich angreifen können, bestimmt dessen Struktur. Spezielle Strukturkomponenten erlauben beispielsweise eine Phosphorylierung, eine sehr verbreitete Modifikation in biologischen Systemen (Übersicht bei Nestler und Greengard 1984). Durch Anhängen einer Phosphatgruppe ändern sich Konformation und Aktivität des Moleküls (Abbildung 3.3). Da nun die chemischen Reaktionen bei der Phosphorylierung und der Dephosphorylierung charakteristischen Kinetiken folgen, werden die zeitlichen Eigenschaften dieser Form von Regulation wesentlich durch die jeweilige Struktur des kontrollierten molekularen Symbols festgelegt. Andere (posttranslationale) Mechanismen zur Struktur- und Funktions-

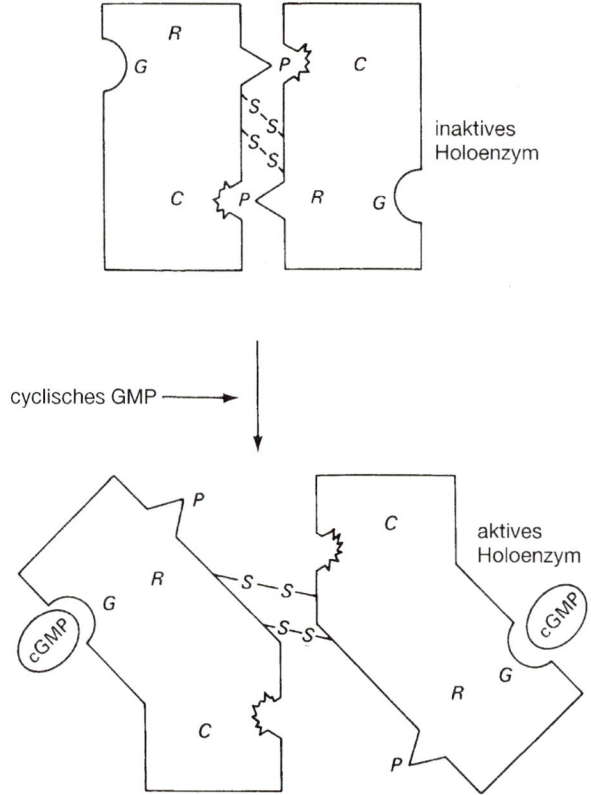

3.3 Durch Phosphorylierung verändert sich die Konformation, die dreidimensionale Struktur eines Moleküls. Schematische Darstellung eines Enzyms, das cGMP-abhängig phosphoryliert wird und deshalb seine Raumstruktur verändert. Das inaktive Enzym ist oben dargestellt, darunter die durch cGMP-Bindung veränderte Konformation. Durch die Anlagerung von cGMP gelangt das Enzym aus dem inaktiven in einen biologisch aktiven Zustand. (Nach Nestler und Greengard 1984.)

änderung sind chemische Modifikationen wie Amidierung, Methylierung und Glykosylierung.

Reaktionen, welche die Struktur von bereits in der Zelle vorhandenen Molekülen verändern, faßt man unter dem Begriff des *posttranslationalen Processing* (englisch für „Weiterverarbeitung") zusammen. Es handelt sich also um die Abwandlung von bereits translatierten Genprodukten, etwa Enzymen oder Strukturproteinen. Andere Formen der Regulation durch die Umwelt verändern die Anzahl bestimmter Moleküle in einer Zelle. Auch hierfür stehen wieder mehrere Mechanismen bereit; ein wesentlicher greift in die Proteinbiosynthese ein, das heißt in die Genexpression. Tatsächlich beeinflussen viele Stimuli die Synthese funktionell wichtiger Genprodukte und bewirken so quantitative Veränderungen dieser Moleküle. Vereinfacht gesagt, ist für jedes Produkt die Anzahl der Moleküle pro Zelle das Ergebnis einer Verrechnung von Synthese und sämtlichen Vorgängen, die zum Abbau der Moleküle führen. Folglich geht eine Veränderung der Syntheserate mit einer merklichen Verschiebung der zellulären Konzentration jeder Molekülart einher.

In der Tat verändern Umweltreize in vielen Fällen die Expression funktionell bedeutsamer Gene. Der Zeitablauf von geänderter Syntheserate, Konzentrationsänderung des Genprodukts und von der resultierenden Funktionsänderung hängt vom Stoffwechsel des jeweiligen (Nerven-)Zelltyps ab. Dementsprechend wird das Zeitprofil der Funktionsänderung von Zelle und System – sei sie vorübergehend oder quasi-permanent – von der biologischen Organisation bestimmt. Während Reize also biologische Mechanismen auslösen, diktiert die Biologie, und nicht die Umwelt, die Form und den Inhalt neuraler Veränderungen. Es sind die Regeln der Biologie, die über die Transformationsfunktionen bestimmen, die ihrerseits Umweltinformationen in neurale Informationen überführen.

Die Kinetiken, der rechnerische Aspekt der Umweltregulation und der symbolischen Funktion, repräsentieren eine Summierung der beschriebenen Vorgänge auf genomischer wie posttranslationaler Ebene. Die von den Neuronen und Systemen durchgeführten Berechnungen setzen sich aus diesen einzelnen Regulationsprozessen zusammen. Bei näherer Betrachtung eines typischen Beispiels für die umweltgesteuerte Expressionssteigerung lassen sich einzelne der beteiligten Variablen und manche der wichtigeren Parameter erkennen. In Abbildung 3.4 sorgt ein spezifischer Reiz, etwa Streß, für die verstärkte Expression eines Gens, das ein transmitterbildendes Enzym codiert. Die Zahl der Transmittermoleküle in dem neuralen Subsystem steigt, und dadurch wird auch dessen Funktion verstärkt. Das zeitliche Profil der Verhaltensänderung ergibt sich aus dem Profil der veränderten biochemischen Regulation. Mehrere einfache Parameter kennzeichnen die biologische Antwort und verleihen dem ausgelösten Verhalten seine Gestalt. Das Einsetzen der Verhaltensänderung hängt von der *Verzögerung* (*lag-Phase*) zwischen Reizeinwirkung und verstärkter Transmitterbildung ab. In der *Verdopplungszeit* steigt die Zahl der Transmittermoleküle vom Grundniveau auf den doppelten Wert. Sie beinhaltet die neue *Geschwindigkeitskonstante* der Synthese (verrechnet mit dem fortgesetzten Abbau). Verdopplungszeit und Geschwindigkeitskonstante der Synthese spiegeln Eigenschaften individueller Gene wieder, sie variieren also von Gen zu Gen. Auch die Steilheit des Konzentrationsanstiegs ist genspezifisch und hängt außerdem von dem betreffenden Neuron oder Zelltyp ab. Die Reaktionsdauer in diesem vereinfachten Beispiel ist eine Funktion der *Halbwertszeit*. Sie wird durch die genomische und zelluläre Organisation bestimmt, welche die Abbaurate der jeweiligen Molekülart festlegt. Dementsprechend folgt die Regulation verschiedener Genprodukte unterschiedlichen Kinetiken, und das bedingt wiederum aufgrund interner biologischer Erfordernisse unterschiedliche zeitliche Verhaltensabläufe. Gegenwärtig sind die Besonderheiten der Organisation für ein jedes Genprodukt noch rein empirisch definiert.

Diese einführenden Bemerkungen weisen darauf hin, daß Symbole gemäß den Regeln der inneren Zellbiologie manipuliert werden, während sie zur gleichen Zeit externe, extrazelluläre Reize repräsentieren. Außerdem erhält das Symbol durch die physiologische Funktion seines zugehörigen Subsystems Bedeutung – zusätzlich zu den relevanten Umweltreizen und den Regeln der Zell- und Molekularbiologie. Viele der Organisationsmerkmale, die für die semantische Funktion von zentraler Wichtigkeit sind, bestimmen auch über die syntaktischen Eigenschaften eines Symbols oder einer Gruppe von Symbolen. Die Organisation des Genoms, der Zell- oder Nervenzelltyp und das spezifische neurale Subsystem legen funktionelle Beziehungen zwischen Symbolen fest. Die physikochemische Struktur des molekularen Symbols definiert

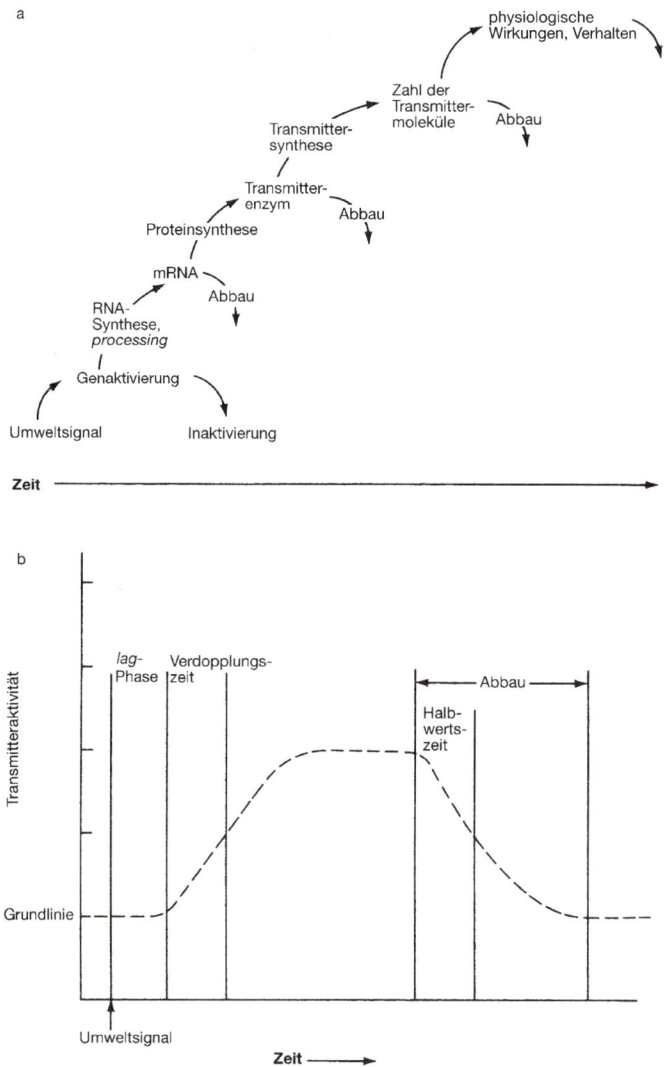

3.4 a) Durch die Umwelt ausgelöste regulatorische Kaskade: Ein vereinfachtes Schema der molekularen Umsetzungen. Die Darstellung zeigt, wie Umweltreize über eine Kette molekularer Umwandlungen Physiologie und Verhalten verändern. Man beachte, daß die Umsetzung jedes einzelnen Elements der Kaskade einer charakteristischen Kinetik folgt und eine eigene Zeitkonstante besitzt. b) Schematische Darstellung der wichtigsten kinetischen Merkmale der Transmitterregulation. Die Veränderung des Transmitterzustands durch die Umwelt läßt sich in typische Phasen unterteilen. Die zeitlichen Merkmale der Regulation sind für die einzelnen Transmitter jeweils charakteristisch.

seine biochemische Aufgabe in der Ökonomie von Zelle und System, ob sie nun enzymatischer, signalübertragender, wachstumsfördernder und/oder hormoneller Natur ist. Zudem rufen Symbole gewöhnlich zahlreiche Kurz- und Langzeiteffekte gleichzeitig hervor. So vermitteln Transmitter beispielsweise die interneuronale Kommunikation im Millisekundenbereich und regulieren zugleich Langzeitfunktionen wie Enzyminduktion, Synapsenwachstum und das Wachstum neuronaler Fortsätze. Auf der anderen Seite kann das gleiche Symbol/die gleiche Molekülspezies auf eine ganze Gruppe verwandter Reize reagieren. Folglich integrieren Symbole die Informationen über mannigfaltige Außenreize und wandeln sie in mannigfaltige biologische Antworten um (Abbildung 3.2). Detailaspekte der syntaktischen Funktion werde ich jeweils bei der Besprechung der einzelnen Symbole diskutieren.

Kommunikationsfunktionen

Obwohl nach traditioneller Lehrmeinung Kommunikation im Nervensystem einzig im nur Millisekunden beanspruchenden elektrochemischen Signaltransfer besteht, zeigen neuere Beobachtungen, daß diese Auffassung viel zu eng gefaßt ist. Kommunikation und ihre Folgeerscheinungen werden durch diverse Formen von Signalen vermittelt, die in ganz unterschiedlichen Zeitspannen agieren und vielfältige Zell- und Systemfunktionen steuern. Tatsächlich deutet immer mehr darauf hin, daß starre Unterscheidungen zwischen Transmittern, Wachstumsfaktoren, trophischen (Überlebens-)Faktoren und Hormonen den wirklichen Verhältnissen häufig nicht gerecht werden. So vermitteln viele Transmitter gleichzeitig schnelle elektrische Kommunikationsprozesse, sie fördern das Überleben der Neuronen und damit die Ausbildung von Verknüpfungen und Bahnen, sie bewirken Veränderungen der Synapse und so eine verstärkte Schaltkreisfunktion, und sie lösen biochemische Modifikationen aus, die nachfolgend die Signalübertragung verstärken (Denis-Donini 1989; Mudge 1989; Pincus et al. 1990, um einige aktuelle Beispiele zu nennen). Umgekehrt wirken zahlreiche Signalklassen zusammen, um so individuelle Funktionen wie schnelle Kommunikation, Überleben und Wachstum zu regulieren.

Dennoch lassen sich – je nach Übertragungsweg – verschiedene allgemeine Kategorien kommunikativer (oder konnektioneller) Substanzen benennen. Transmitter zum Beispiel wirken bevorzugt bei der Punkt-zu-Punkt-Kommunikation, während Hormone entfernte Ziele beeinflussen. Demgegenüber wirken Wachstumsfaktoren autokrin, parakrin und endokrin; Empfänger sind also entweder die produzierende Zelle selbst, benachbarte Zellen oder gar weit entfernte Zellen. Dennoch tragen all diese Signalmoleküle zur Kommunikation oder zur Regulation der Verknüpfungsstärke bei.

Während verschiedene Signalklassen und verschiedene Moleküle innerhalb dieser Klassen unterschiedliche Funktionsorte besetzen, können spezifische Moleküle an identifizierbaren Knoten einer funktionellen Matrix sitzen (Abbildung 3.2). Der von einem Signal eingenommene Platz bestimmt seine Rolle in der Syntax der Funktion eines jeden neuralen Subsystems. Abbildung 3.2 zeigt ein idealisiertes, hypothetisches Beispiel. Sämtliche physiologischen Wirkungen ruft der Transmitter dadurch hervor, daß er sich an eine bestimmte Familie von Rezeptoren bindet. Die Folgen dieser Bindung sind jedoch mannigfaltig und heterogen. Die Anheftung löst schnelle Leitfähigkeitsänderungen bestimmter Ionenkanäle aus, die innerhalb von Millisekunden zu einer Änderung des Membranpotentials und schließlich zu einem Aktionspotential führen. Diese Impulsaktivität bewirkt durch die Aktivierung zahlreicher neuronaler und effektorischer Bahnen verschiedenste physiologische und Verhaltensreaktionen. Solche schnellen elektrogenen Wirkungen stellen die traditionelle Transmitterfunktion dar. Außerdem aktiviert die Rezeptorbindung jedoch zusätzliche biochemisch-physiologische Kaskaden, die mittelfristige und langanhaltende Wirkungen auslösen. Beispielsweise erlaubt eine transmitterbedingte Verschiebung des Membranpotentials den Einstrom von Ca^{2+} durch spannungsgesteuerte Ionenkanäle. Ca^{2+} reguliert als intrazellulärer Bote zahlreiche biochemische Vorgänge: Es aktiviert eine Gruppe proteolytischer (proteinabbauender) Enzyme, welche die Synapse und synaptische Dornen umgestalten können. Dadurch wird die synaptische Übertragung verstärkt (Lynch 1986). Ca^{2+} aktiviert daneben auch bestimmte Enzyme, die signalübertragende Synapsenproteine phosphorylieren, und modifiziert damit durch zusätzliche Mechanismen funktionelle Verknüpfungsmuster (Übersicht bei Nestler und Greengard 1984). Obwohl Ca^{2+} noch eine Reihe weiterer Wirkungen entfaltet, reichen diese wenigen Beispiele, um das Wesen der Kaskade darzustellen.

Wenn Signalmoleküle sich an ihre Rezeptoren heften, aktivieren sie zusätzliche durch intrazelluläre Boten vermittelte Reaktionen, die auf Proteinebene Veränderungen auslösen (Abbildung 3.5). Die Stimulierung des Enzyms Adenylatcyclase führt zur hydrolytischen Spaltung von ATP zu cyclischem AMP (cAMP), das seinerseits die

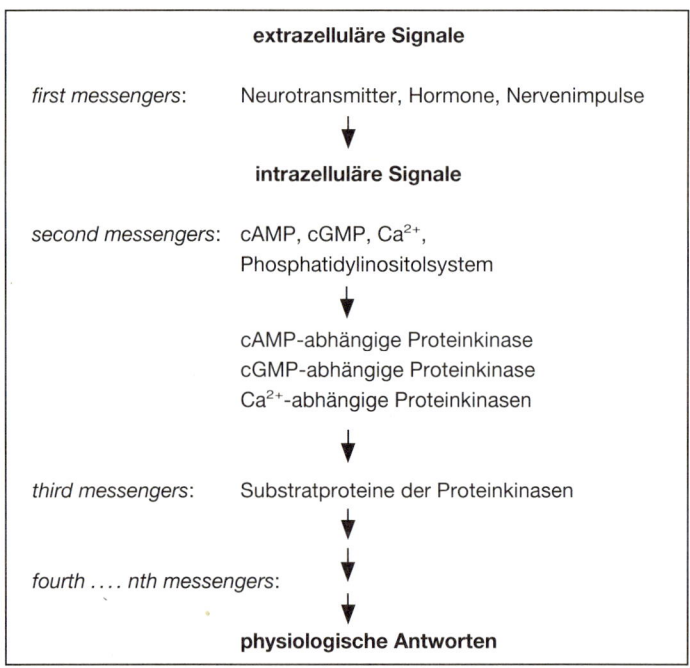

3.5 Beispiele für Signalkaskaden. Extrazelluläre Signale werden über eine Serie von Transduktionsprozessen, an denen molekulare Boten (*messengers*) beteiligt sind, in intrazelluläre Information umgewandelt. (Nach Nestler und Greengard 1984.)

Phosphorylierung zahlreicher funktionell bedeutsamer Proteine bewirkt. Die Folgen sind Veränderungen der synaptischen Übertragung, der postsynaptischen Transmittersynthese und -freisetzung und der Expression von Genen, welche die Bildung völlig anderer Transmitter kontrollieren. Die Aktivierung dieser Phosphorylierungskaskade durch die Rezeptorbindung verändert radikal die Effizienz spezieller neuraler Schaltkreise und modifiziert sogar deren Beschaffenheit, indem die Zellen zur Synthese anderer Transmitterkombinationen veranlaßt werden.

Komplementäre Reaktionen löst die Aktivierung eines weiteren intrazellulären biochemischen Netzwerkes aus, der sogenannten Phosphatidylinositolkaskade. Diese produziert intrazelluläre Phospholipidsignale und reguliert dadurch verschiedene Enzymaktivitäten sowie die Transkription vieler Gene, die für die interzelluläre Kommunikation entscheidend sind. Die Bindung an Rezeptoren aktiviert Teilbereiche dieser Reaktionskette und löst so ein weiteres Spektrum von Antworten aus, das ebenfalls die synaptische Übertragung verändert.

Schließlich regulieren sich die Ca^{2+}-, Phosphorylierungs- und Phospholipidkaskaden auch noch gegenseitig: Information fließt von einer Reaktionskette zur anderen, woraus sich komplexe erregende und hemmende Wechselwirkungen ergeben.

Der hypothetische Transmitter wird durch spezifische Umweltreize kontrolliert. Das heißt, spezifische und selektive Umweltreize haben Zugriff auf jene intrazellulären Vorgänge, die den Kern der Informationsverarbeitung im Nervensystem darstellen. Außerdem hat das Kommunikationsmolekül Symbolfunktion – es wandelt Umweltreize spezifisch in neurale Information um. Diese Information ist nun aber nicht beliebig, sondern sie umfaßt die Operationsregeln und die Arbeitsweise des Nervensystems. Die Information ist die Syntax des Systems, und Syntax und Semantik sind im Nervensystem identisch.

Nach dieser Einführung können wir nun konkrete Beispiele für Symbolfunktionen untersuchen. Dabei soll das gut erforschte, relativ überschaubare autonome Nervensystem weiterhin als Musterbeispiel dienen.

Kommunikationssymbole und Transduktionsmoleküle

Bestimmte Moleküle im Nervensystem sind imstande, Information von einer Form in eine andere zu überführen. Dieser Transduktionsvorgang kann die Kommunikation zwischen den Neuronen verändern. Anhand eines ausgewählten Beispiels soll er veranschaulicht und seine Auswirkungen auf die neurale Funktion dargestellt werden.

Neurotransmitter sind die typischsten Kommunikationssymbole des Nervensystems. Ihrer Bedeutung für die Kommunikation ist man sich schon seit langem bewußt. Ihre Symbolfunktion ist bislang jedoch übersehen worden, obwohl bekannt war, daß die Transmitter sich als Reaktion auf Vorgänge in der Umgebung in hochspezifischer Weise verändern. Die Modifikation der Transmitterfunktion beeinflußt wesentlich den Informationsaustausch zwischen den Neuronen. Wie lassen sich nun die Änderungen der Umwelt, des Transmitters, des neuralen Zustands und der neuralen Funktion miteinander in Beziehung setzen? Um einer Antwort näherzukommen, untersuchen wir die zu den besterforschten Transmittern gehörenden Catecholamine Dopamin, Noradrenalin und Adrenalin. Sie vermitteln periphere und zentralnervöse Funktionen, also vegetative wie kognitive Leistungen. Zahlreiche Moleküle können die Funktionen der Catecholamine beeinflussen. Wir konzentrieren uns auf eines dieser regulatorischen Moleküle, die Tyrosinhydroxylase (TH), da sie gleich für mehrere Transduktionsmechanismen als Beispiel dient. Diese sind für die Symbol- und Kommunikationsfunktion von zentraler Bedeutung.

Die TH ist das geschwindigkeitsbestimmende Enzym der CA-Biosynthese; ihre Aktivität begrenzt die Syntheserate der Catecholamine (Abbildung 2.3; Levitt et al. 1965). Folglich reguliert die katalytische Aktivität der TH die Transmittersynthese in der peripheren Sympathicus-Nebennieren-Achse und in zentralen aminergen Kerne im Gehirn. Die aktuelle CA-Synthese ist deshalb besonders wichtig, weil es der gerade neugebildete Transmittervorrat ist, der nach einer Stimulation bevorzugt freigesetzt wird (Übersicht bei Molinoff und Axelrod 1971). Wie kontrolliert nun die Tyrosinhydroxylase die CA-Produktion? Komplexe molekulare Prozesse beeinflussen die Aktivität der TH und damit auch die CA-Bildung; alle bislang bekannten, zu dieser Regulation beitragenden Prozesse werden letztlich durch äußere Reize ausgelöst (Reize aus der Umgebung des Neurons oder des Organismus insgesamt). Zum Beispiel erhöhen Streßreize die TH-Aktivität (siehe unter anderem Thoenen et al. 1969), was zu einer verstärkten Aminsynthese und einer gesteigerten Kampf- und Fluchtbereitschaft führt. Die Tyrosinhydroxylase ist also ein typisches Transduktionsmolekül.

Auch eine erhöhte neuronale Impulsfrequenz bewirkt eine Zunahme der TH-Aktivität und folglich einen Anstieg der CA-Synthese. Im sympathischen Nervensystem sind es Streßreize aus der Umwelt, welche die Impulsaktivität ansteigen lassen. Man kann die TH deswegen als ein neurales Molekül ansehen, das Umweltveränderungen in Veränderungen der Neurotransmittersynthese und der Funktion sympathischer Nervenzellen umwandelt.

Welche molekularen Mechanismen liegen der wechselnden TH-Aktivität zugrunde? Es gibt zwei Möglichkeiten, wie die Enzymtätigkeit ansteigen kann: Entweder nimmt die katalytische Aktivität der einzelnen Moleküle bei gleichbleibender Gesamtzahl zu, oder die Gesamtzahl der Enzymmoleküle pro Neuron wächst (Diskussion unter anderem bei Zigmond et al. 1989). Die experimentellen Befunde lassen vermuten, daß beide Mechanismen bei erhöhter Impulsaktivität zum Tragen kommen.

Enzymaktivierung

Die TH-Aktivität unterliegt einer negativen Rückkopplung (Feedback) durch die Produkte des CA-Biosyntheseweges, Dopamin und Noradrenalin (Abbildung 2.3). Das bedeutet, die Transmitter verringern tatsächlich die (katalytische) Aktivität jedes einzelnen TH-Moleküls und damit die L-Dopa-Synthese aus Tyrosin. Dies wirkt sich auch auf die Bildung von Dopamin, Noradrenalin und Adrenalin negativ aus (Abbildung 2.3). Die verstärkte Impulsaktivität verringert nun umgekehrt durch Freisetzung der Transmitter die Konzentration dieser Feedbackinhibitoren im neuronalen Cytoplasma und führt nach Sekunden oder Minuten zu einer erhöhten TH-Aktivität und CA-Biosynthese. Diese Enthemmung der TH erhöht direkt die Effizienz der katalytischen Stelle jedes einzelnen TH-Moleküls, und zwar ohne die Gesamtmenge des Enzyms zu verändern.

Wir können die Verhältnisse beim sympathischen Modellsystem so zusammenfassen: Streß läßt die Neuronen schneller feuern; dadurch nimmt die Konzentration der Feedbackinhibitoren Dopamin und Noradrenalin ab, und die TH-Aktivität und damit die CA-Biosynthese steigen an. Ganz offensichtlich ist dies ein Beispiel für ein Enzym, das Umweltreize in Funktionsänderungen des Nervensystems transduziert. Auch andere Mechanismen, vermutlich ausgelöst durch den Anstieg der neuronalen Impulstätigkeit, können die katalytische Aktivität der einzelnen TH-Moleküle steigern. Neuere Untersuchungen, bei denen catecholaminerge Zellen des Nebennierenmarkes als Modell dienten, haben ergeben, daß auch die Stimulation mit dem natürlichen Transmitter Acetylcholin beziehungsweise die Depolarisation selbst (durch Veratridin) die TH-Aktivität und anschließend die CA-Biosynthese erhöhen (Waymire et al. 1988). An der gesteigerten Enzymaktivität scheint in diesem Fall allerdings die cAMP-abhängige Phosphorylierung des Enzymmoleküls beteiligt zu sein. Die Wirkung erfolgt bereits innerhalb von zwei Minuten und hält etwa 30 Minuten an. Obwohl das noch immer relativ kurz ist, überdauert sie den Reiz deutlich. Dies ist demnach das erste konkrete Beispiel, bei dem Umweltveränderungen eine anhaltende molekulare Änderung mit Wirkung auf die Funktion der Zelle hervorrufen.

Es ergibt sich die folgende, immer noch etwas spekulative Serie von Ereignissen: 1) präsynaptische Freisetzung von Acetylcholin, 2) cholinerge Depolarisation der Nebennierenmarkzellen, 3) Phosphorylierung der TH auf noch unbekanntem Wege, dadurch 4) Aktivierung des Enzyms und 5) verstärkte CA-Biosynthese. Diese gesamte Folge molekularer Ereignisse wird durch Umweltstreß ausgelöst und mündet in die Ausschüttung von Catecholaminen durch die Nebennieren, deren verhaltensphysiologische Konsequenzen wohlbekannt sind.

Wie könnte eine Phosphorylierung die TH-Aktivität steigern? Möglicherweise wird durch Phosphorylierung an mehreren Stellen des Moleküls die Tertiärstruktur des Enzymproteins (seine Gestalt und Orientierung im Raum) modifiziert. Dadurch erhöht sich entweder die Effizienz der katalytischen Zentren oder zusätzliche, bislang versteckte Zentren werden aktiv (Abbildung 3.3). In beiden Fällen nähme die CA-Synthese zu, ohne daß sich die Zahl der TH-Moleküle in der Zelle ändern müßte.

Enzyminduktion

Wir haben nun den ersten Mechanismus betrachtet, durch den die TH-Aktivität ansteigen kann: die Effizienzsteigerung der bereits vorhandenen Moleküle. Ganz anders greift der zweite Mechanismus an, der eine Aktivitätssteigerung durch eine Erhöhung der Molekülzahl bewirkt. Das heißt, daß Umweltreize die TH-Aktivität langfristig über eine Zunahme der TH-Moleküle steigern. In diesem Falle spricht man von Enzyminduktion (Mueller et al. 1969; Thoenen et al. 1969). Streßreize, etwa Schwimmstreß, Kältestreß oder die Sympathicusfunktion beeinflussende Medikamente erhöhen den Fluß sympathischer Erregung zur Nebenniere. In der Folge bewirken die Steigerung der präsynaptischen Acetylcholinausschüttung, der postsynaptischen Depolarisation und des begleitenden Einstroms von Natriumionen einen Anstieg der Anzahl von TH-Molekülen in der (postsynaptischen) Nervenzelle. Entsprechend nimmt dort auch die CA-Synthese zu.

Grundsätzlich kann die Erhöhung der Molekülzahl durch eine gesteigerte Synthesegeschwindigkeit oder eine verringerte Abbaurate zustandekommen (Abbildung 3.4). Das zahlenmäßige Gleichgewicht einer jeden Molekülsorte hängt von allen Einflüssen auf die Synthese und den Abbau ab. Verschiedene Hinweise sprechen dafür, daß die Vermehrung der TH-Moleküle in der Zelle tatsächlich auf eine gesteigerte Synthese des Enzyms zurückgeht. Die Identifizierung spezifischer Mechanismen ist entscheidend, um zu verstehen, wie das Nervensystem externe Ereignisse in die neurale Sprache übersetzt.

Die TH-Induktion in sympathischen Neuronen durch eine erhöhte Impulsaktivität wird von Inhibitoren der Protein- und RNA-Synthese unterbunden (Mueller et al. 1969). Das läßt indirekt auf die Bedeutung der Synthesesteigerung schließen. Wie aus neueren Experimenten hervorgeht, bewirkt die vermehrte neuronale Aktivität auch einen Anstieg der mRNA für das TH-Protein (Black et al 1985; Mallet et al. 1983). Dabei ist wichtig, daß die Denervierung dieser Neuronen nicht nur den Empfang vermehrter Impulse verhindert, sondern auch den Anstieg der TH-mRNA. Zusammen mit den bereits genannten Ergebnissen sprechen diese Befunde für die folgende Serie von Ereignissen als Grundlage der TH-Induktion: 1) Umweltstreß, 2) gesteigerte Nervenimpulsaktivität, 3) vermehrter Einstrom von Natriumionen, 4) Zunahme der Transkription der TH-codierenden DNA-Abschnitte und 5) Anstieg der TH-Proteinsynthese (siehe beispielsweise Abbildung 3.4).

Anders gesagt scheint es, als könnten Umweltereignisse über die Nervenimpulsaktivität die Genexpression verändern. Die veränderte Genexpression wiederum beeinflußt nervöse und Verhaltensfunktionen. Diese These ist von weitreichender Bedeutung: Erfahrung verändert die Funktion von Nervenzellen auf der fundamentalsten Ebene, dem Genom. Wie lange dauern diese neuronalen Veränderungen an?

Die Kinetik der TH-Induktion ist besonders faszinierend, weil kurze Vorgänge in der Umgebung in neuronale Langzeitveränderungen umgesetzt werden. Umweltstreß und eine erhöhte sympathische Erregung der Nebennieren rufen innerhalb von zwei Tagen einen zwei- bis dreifachen Anstieg der TH-Menge hervor, der noch mindestens drei Tage anhält, nachdem die Impulsaktivität wieder normalisiert ist. Tatsächlich erhöht die unmittelbare elektrische Reizung des Nerven für 30 bis 90 Minuten die Zahl der Enzymmoleküle mindestens drei Tage lang (Übersicht bei Zigmond et al. 1989). Folglich wird ein kurzer Umweltreiz in eine langanhaltende molekulare Veränderung der Nervenzelle umgewandelt. Dies führt zu einer bemerkenswerten *zeitlichen Amplifikation* durch das Nervensystem.

Die zeitliche Amplifikation im Fall der Tyrosinhydroxylase weist zahlreiche Eigenschaften auf, die für Geist-Hirn-Moleküle bemerkenswerte Implikationen haben. So ist die induzierende Wirkung wiederholter Reize viel größer als die eines einzelnen Reizes. In einer Serie von Experimenten hat man Ratten mit dem Wirkstoff Reserpin behandelt, der ähnlich wie Umweltstreß die sympathische Impulsaktivität steigert. Eine einzelne Injektion bewirkte einen zweieinhalbfachen TH-Anstieg in drei Tagen. Eindrucksvollerweise löste dagegen die tägliche Wiederholung der Injektion eine fünffache Steigerung nach fünf Tagen aus (Mueller et al. 1969).

In parallelen Experimenten stimulierte man die präganglionären sympathischen Nerven direkt. Bei nur zehnminütiger Reizung mit 10 Hertz stieg die Enzymaktivität drei Tage später um 25 Prozent, dauerte die Reizung 60 Minuten, betrug die Steigerung 73 Prozent (Zigmond und Chalazonitis 1979; Zigmond 1980b). Wiederholte oder verlängerte Reizeinwirkungen steigern also das Ausmaß der TH-Induktion, genau wie es für ein am Gedächtnis beteiligtes Kommunikationssymbol zu erwarten ist. Die Kinetik der TH-Induktion ist beeindruckend, läßt sie doch vermuten, daß funktionell wichtige, transmitterregulierende Moleküle Umweltinformationen über relativ ausgedehnte Zeiträume speichern können. Wie lange hält diese Speicherung an?

Um diese Frage anzugehen, ist es notwendig, die Abnahme der TH-Menge nach ihrer Induktion zu untersuchen. Teilweise ist das bereits geschehen. Die Halbwertszeit nach Induktion beträgt etwa zwei Tage, eine Woche nach anfänglicher Reizung nähert sich die Enzymkonzentration wieder dem normalen Wert an (Thoenen et al. 1970). Vermutlich wird die TH-Abnahme durch spezifische proteolytische Enzyme der Neuronen reguliert, die die Tyrosinhydroxylase selbst abbauen.

Ein einzelnes Beispiel, die Tyrosinhydroxylase, veranschaulicht einige der molekularen Mechanismen, mit denen das Nervensystem Umweltereignisse in eine funktionell bedeutsame neurale Sprache umwandelt. Die besonderen Kennzeichen dieser Prozesse werden gewiß bei jedem Molekül anders sein, da sie jeweils eigene biologische Funktionen erfüllen, charakteristische kinetische Eigenschaften besitzen und auf spezielle Reize ansprechen. Das TH-Molekül diente uns zunächst nur als geeignetes Modell, um einige hervorstechende Merkmale aufzuzeigen.

Dennoch sind die hier vorgestellten molekularen Mechanismen für den Organismus von großer Bedeutung. Die Tyrosinhydroxylase spielt als entscheidender Regulator der Sympathicus-Nebennieren-Achse eine Schlüsselrolle bei der „Kampf-oder-Flucht-Reaktion". Dieses Repertoire von Emotionen und Verhaltensäußerungen wird durch Umweltstreß ausgelöst und setzt eine sympathische Aktivierung der Nebennieren voraus, bei der die TH von zentraler Bedeutung ist. Zu den Verhaltensäußerungen im Rahmen der Kampf- und Fluchtvorbereitung gehören die Pupillenweitung, das Sträuben der Haare, die Steigerung der Herzleistung, die Verschiebung des Blutes in die quergestreifte Muskulatur, die Steigerung des Atemvolumens, die Kontraktion der Schließmuskeln von Blase und Enddarm sowie eine verringerte Peristaltik – Reaktionen, die der Mobilisierung für den Notfall dienen. Eine erhöhte TH-Aktivität ist also eine funktionell entscheidende Komponente bei der Transduktion von Umweltstreß in die Aktivierung eines speziellen neuralen Systems mit definierten Auswirkungen auf das Verhalten.

Wie spezifisch ist die Beziehung zwischen auslösendem Umweltreiz und ausgelöster neuraler Reaktion? Wenn eine Vielzahl alarmierender Umweltreize dieselben Kampf-oder-Flucht-Reaktionen hervorrufen, ist dann dieses Beispiel überhaupt für das Gehirn mit seinen außerordentlichen spezifischen Leistungen relevant? So verständlich diese Frage auch erscheinen mag – sie übersieht, daß physiologische Reaktionen, die durch komplexe molekulare Wechselwirkungen hervorgerufen werden, stets systemspezifisch sind. Das heißt in diesem Fall, daß der Sympathicus die beschriebenen Reaktionen vermittelt und nicht etwa Sprache, Sehen oder Riechen. Die Spezifität physiologischer Reaktionen ist Bestandteil des Systems. Die kommunikativen Symbolmoleküle vermitteln und beschränken die Antwortmöglichkeiten des Systems. Bislang entstammen unsere Beispiele der Peripherie, im nächsten Kapitel untersuchen wir nun die Bedeutung der gleichen molekularen Mechanismen für die Hirnfunktion.

Der Hauptgedanke sei jedoch nochmals in Erinnerung gerufen: Wesentliche Funktionen des Nervensystems werden in der molekularen Domäne ausgeführt. Spezifische kommunikative Symbolmoleküle wandeln externe oder interne Informationen in Veränderungen der neuralen Funktion und des Verhaltens um.

Eignet sich die Tyrosinhydroxylase auch, um zu zeigen, wie molekulare Prozesse mit anderen Symbolgruppen interagieren? Dieser Frage gehen wir ausführlich im folgenden Kapitel nach.

4

Vom Molekül zur Hirnfunktion und zum Verhalten

Tyrosinhydroxylase, Locus coeruleus und Aufmerksamkeit • Eine Rolle bei der Angst? • Topographie und Transport • Substantia nigra und Bewegungsverhalten • Form und Inhalt beim Verhalten • Einige Merkmale des Gedächtnisses

---

Im vorigen Kapitel diente die Tyrosinhydroxylase als prototypisches Transduktionsmolekül, anhand dessen wir die Funktion des relativ einfachen peripheren Nervensystems beschrieben haben. Für manchen vielleicht überraschend, gelang es uns, eine kausale Beziehung zwischen einem kommunikativen Symbolmolekül (TH) und einem Verhaltenskomplex (der „Kampf-oder-Flucht-Reaktion") zu erkennen. Prinzipiell läßt sich also die scheinbar tiefe Kluft zwischen Molekül und Verhalten überbrücken, zumindest im Fall des peripheren Nervensystems. Ist dieser Ansatz auch beim Gehirn anwendbar, oder ist die Hirnfunktion so komplex, daß die Untersuchung eines einzelnen Moleküls keinen Aufschluß gibt?

Wie können wir solche offenbaren Hirnzustände wie Wachsein, Aufmerksamkeit oder Angst unter dem Blickwinkel der molekularen Funktion verstehen lernen? Dieses Ziel scheint gegenwärtig durchaus erreichbar zu sein. Doch betrachten wir zunächst eine andere Gruppe von Hirnfunktionen. Können wir durch molekulare Funktionsanalysen verstehen, wie das Gehirn Körperbewegungen koordiniert? Vielleicht ist es nützlich, die Perspektive leicht zu verändern und mit vertrauten Formulierungen eine allgemeinere Frage zu stellen. Wie empfängt, transduziert, verschlüsselt, speichert und übermittelt das Gehirn Informationen? Gibt es Ähnlichkeiten zwischen Vorgängen im zentralen und peripheren Nervensystem? Kommen verwandte Mechanismen zur Anwendung?

Sinnvollerweise beginnen wir damit, solche Systeme im Gehirn zu untersuchen, die ebenfalls die TH verwenden. Wie wir erkennen werden, liefert die Analyse der Bedeutung der TH für die Hirntätigkeit noch viel faszinierendere Einsichten als es in der Peripherie der Fall war. Zuvor muß ich jedoch betonen, daß wir uns lediglich auf *ein* Molekül konzentrieren in einem System, das mannigfaltige Moleküle und Molekülkomplexe verwendet. Gewiß habe ich nicht vor, all die gerade erwähnten Hirnfunktionen unter dem Blickwinkel nur dieses einen Moleküls zu beschreiben. Vielmehr hoffe ich, mit dem uns vertrauten Prototyp die Prinzipien zu veranschaulichen, nach denen wir uns vom Molekül zum Hirnzustand, zum Verhalten und schließlich zur mentalen Funktion bewegen können. Wenn sich dieses relativ bescheidene Ziel angehen läßt, können wir theoretisch auch die viel schwierigere Aufgabe in Angriff nehmen, zahlreiche weitere Moleküle mit einer Vielzahl von Funktionen in Verbindung zu bringen. (Die eingehende Analyse des Prototyps TH vermittelt dem Leser vielleicht mehr über ein bestimmtes Thema, als er hier erfahren will. Doch lassen sich diese Erkenntnisse auf andere Gebiete übertragen und liefern Einblicke in ganz verschiedene Bereiche der Geist-Hirn-Forschung.)

Aus Gründen der Anschaulichkeit untersuchen wir zunächst Zustände des Wachens, der Aufmerksamkeit und der Angst unter dem Blickwinkel eines speziellen Subsystems des Gehirns und dessen molekularer Mechanismen.

Der Locus coeruleus (LC) ist eine bilateral angelegte Gruppe aus einigen tausend Neuronen im Hirnstamm, deren Axone die gesamte Neurachse durchziehen (Swanson und Hartman 1975; Nygren und Olson 1977; Überblick bei Moore und Bloom 1979). LC-Zellen innervieren rostral die Großhirnrinde, superior ziehen Fasern in die Kleinhirnrinde zu den Purkinje-Zellen, während inferior Neuronen des Rückenmarks versorgt werden (Abbildung 4.1). Angesichts dieser bemerkenswerten anatomischen Anordnung seiner Efferenzen ist der Locus coeruleus in der Lage, Neuronen auf sämtlichen „Ebenen" des Nervensystems zu beeinflussen.

Den klassischen Untersuchungen von Bloom und seinen Kollegen zufolge regelt der Locus coeruleus das Niveau der Aufmerksamkeit in zentralen Nervenzellarealen (Aston-Jones und Bloom 1981a, 1981b). LC-Zellen werden durch multimodale soma-

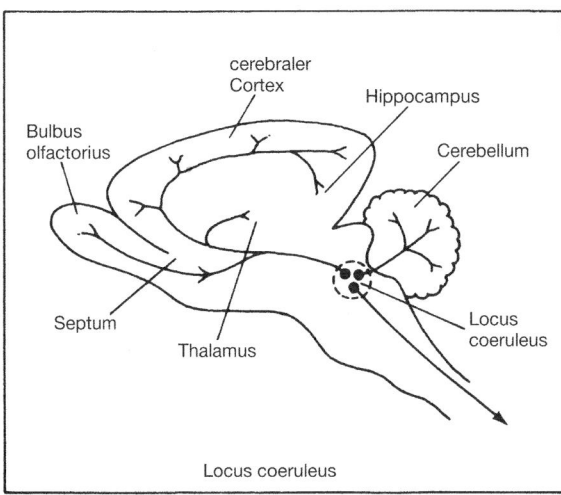

4.1 Schema des Locus coeruleus und seiner Efferenzen. Der Locus coeruleus ist eine Gruppe von Zellkörpern im rostralen Teil des Pons (der Brücke im Hirnstamm). Rostral ziehen LC-Fasern zum Telencephalon (Endhirn) einschließlich dem Neocortex, superior ins Cerebellum (Kleinhirn) und inferior in das Rückenmark. (Aus Kuffler et al. 1984.)

tosensorische Reize aktiviert. Ihre Aufgabe scheint darin zu bestehen, zentrale Neuronen global zu beeinflussen und das ZNS insgesamt auf die Erfordernisse der Umwelt beziehungsweise auf interne Bedürfnisse auszurichten. Spontane Entladungen von LC-Zellen korrelieren zum Beispiel mit Stadien des Schlaf-Wach-Zyklus; bei Ratten hängt ihre Entladungshäufigkeit direkt vom Grad der Aufmerksamkeit der untersuchten Tiere ab. Die spontane wie die sensorisch ausgelöste Aktivität der Zellen ist während des Schlafes, bei der Körperpflege und beim Fressen tonisch reduziert; sie steigt jedoch phasisch an, wenn solche Verhaltensweisen unterbrochen werden. Aufgrund dieser und vergleichbarer Beobachtungen vermuten Bloom und seine Mitarbeiter, daß Umweltreize die Ausschüttung von Noradrenalin durch den Locus coeruleus auslösen. NA erhöht die Aktivität LC-innervierter Hirnsysteme, welche die sensorischen Informationen aus der Umgebung verarbeiten, während es zur gleichen Zeit andere Systeme hemmt, die tonische vegetative Funktionen ausführen. Die Gesamtwirkung besteht darin, die Aufmerksamkeit zu steigern und solche phasischen Hirnfunktionen zu aktivieren, mit denen der Organismus sich an wechselnde Anforderungen der Umwelt anpaßt. Sind die Nervenzellen des Locus coeruleus nur schwach aktiv, werden vermutlich Zielsysteme mit vegetativen Kontrollfunktionen beeinflußt. Haben jedoch plötzlich geänderte Anforderungen durch die Umwelt abrupte Aktivitätssteigerungen des LC hervorgerufen, dann nimmt in den Zielsystemen, die die Anpassung des Organismus an diese Veränderungen vermitteln, das Verhältnis von Signalen zum Hintergrundrauschen, und damit auch die Aktivität zu (Aston-Jones und Bloom 1981a, 1981b).

Doch kehren wir nun zu einer unserer Ausgangsfragen zurück. Das LC-System scheint eine Schlüsselrolle für die Aufmerksamkeit und Reaktionsbereitschaft zu spielen; dieser Hirnzustand wird durch die Freisetzung von Noradrenalin an geeigneten Faserendigungen des Systems begünstigt. Vor diesem Hintergrund werden wir die LC-Funktion nun auch auf molekularer Ebene analysieren. Können wir aber wirklich die begleitenden Hirnzustände verstehen, indem wir die kommunikativen Symbolmoleküle erforschen? Tatsächlich ist unsere Diskussion der molekularen Funktion im peripheren Nervensystem direkt relevant für die Analyse von Hirnprozessen, und zwar aus mehreren Gründen. Der Locus coeruleus als noradrenerger Nucleus stellt seinen Transmitter nämlich auf exakt die gleiche Weise her wie der Sympathicus (Überblick bei Moore und Bloom 1979). Auch scheinen die Tyrosinhydroxylasen in beiden Bereichen des Nervensystems strukturell identisch zu sein – ein Hinweis darauf, daß im Gehirn ebenso wie in der Peripherie zahlreiche Kontrollmechanismen existieren. (Überblick bei Zigmond et al. 1989). Beispielsweise erfolgen Hemmung und Aktivierung der TH im LC auf die gleiche Weise wie im Sympathicus. Die aus der Peripherie bekannten zellulären Kontrollmechanismen, einschließlich der dort so wichtigen Enzyminduktion, finden sich auch im LC (Zigmond et al. 1974; Black 1975; Zigmond 1979). Die Steuerung der Funktion dieses molekularen Symbols folgt dort also den gleichen Regeln wie im Sympathicus: Feedback-Hemmung durch die Reaktionsprodukte, Aktivierung durch Phosphorylierung und Erhöhung der Molekülzahl durch Enzyminduktion.

Wie aber können wir diese molekularen Vorgänge mit der Reaktionsbereitschaft und Wachsamkeit des Organismus in Zusammenhang bringen? Wird das Verständnis der molekularen Mechanismen des LC-Systems zugleich tiefere Einsichten in das Phänomen der Aufmerksamkeit bringen? Wird es den Blick auf bislang verdeckte Merkmale dieses mentalen Zustands eröffnen? Beginnen wir damit, die Soforteffekte einer Aktivierung des Locus zu betrachten. Wirken plötzlich und kurzzeitig vermehrt somatosensorische Reize aus der Umwelt auf den Organismus ein, so erfolgt eine stärkere Entladung der LC-Zellen, in deren Faserendigungen die Tyrosinhydroxylase enthemmt und aktiviert wird. Dies geschieht durch die vermehrte NA-Ausschüttung und die damit einhergehende Abnahme der cytoplasmatischen Konzentrationen von NA und DA, den Feedback-Inhibitoren der TH. Das enthemmte Enzym bildet nun mehr NA, das freigesetzt wird und mit seinen Zielrezeptoren interagieren kann. Das Ergebnis dieser Akutwirkungen ist ein waches und aufmerksames Tier. Offensichtlich ist die TH in dieser Kaskade von biochemischen und Verhaltensreaktionen von zentraler Bedeutung, da sie die Synthesegeschwindigkeit von NA limitiert, dem Transmitter, der Aufmerksamkeit und Reaktionsbereitschaft vermittelt. Zusätzlich zu dieser offenkundigen Rolle hat die TH aber auch eine Symbolfunktion, indem sie Umwelt und Verhaltenszustand verknüpft.

Die gleichen Mechanismen, die in der Körperperipherie für die Vorbereitung auf Kampf und Flucht so bedeutsam sind, spielen auch im LC-System bei der Alarmierung und der Erzeugung von Aufmerksamkeit eine entscheidende Rolle. In der Folge einer somatosensorischen Stimulierung entladen sich die LC-Zellen verstärkt, und die TH wird (wie in den Nebennierenzellen) an mehreren Stellen phosphoryliert. Eine weitere Parallele zum peripheren Nervensystem besteht darin, daß Reize, die nur Sekunden bis Minuten einwirken, eine Aktivierung durch Phosphorylierung auslösen, die eine halbe Stunde anhält. Die im vorigen Kapitel beschriebene Kinetik läßt den Schluß zu, daß ein zeitlich fest umrissener Stimulus eine 30minütige Aktivierung hervorruft. Das LC-System verstärkt also Umweltreize *zeitlich*, indem es relativ lange anhaltende TH-Änderungen hervorbringt und damit die Reaktionsbereitschaft des ZNS global für eine halbe Stunde erhöht.

Mit dem Wissen um den Zeitablauf der TH-Aktivierung können wir nun von der molekularen zur synaptischen Domäne und von dort über die Systemdomäne zur Verhaltensdomäne fortschreiten. Dabei kommen wir zu einigen überraschenden Schlußfolgerungen. Unsere Kenntnis der Enzymaktivierung läßt uns annehmen, daß plötzliche Sinnesreize das LC-System auf weitere „unerwartete" Ereignisse in der folgenden halben Stunde vorbereiten. Das Kommunikationssymbol TH erfüllt also eine antizipatorische Funktion. Im Kern ist die molekulare Architektur des LC-Systems so gestaltet, daß ein einzelnes bedrohliches Ereignis Veränderungen bewirkt, die auf eine weitere plötzliche Bedrohung gefaßt machen. Bedrohung (oder Streß) alarmiert also nicht nur akut, sondern bereitet den Organismus auch auf ähnliche Situationen in der nahen Zukunft vor. Welche Bedeutung eine solche molekular-neurale Einrichtung für das Überleben haben kann, ist nicht zu übersehen. Diese Erkenntnisse über das Verhalten und die impliziten Beschränkungen leiten sich einzig aus unserem Verständnis der molekularen Mechanismen ab. (Sicherlich erfolgen bei der Streßreaktion, die den Organismus aufmerksam macht, zahlreiche biochemische Veränderungen – eine Vielfalt, die es tatsächlich geben muß. Das TH-Enzym ist lediglich der Prototyp eines molekularen Mechanismus, der die Natur der Aufmerksamkeit und der Alarmreaktion erklärt und verdeutlicht. In der Folge werden wir uns auch anderen Molekülen, Symbolen und Mechanismen zuwenden.)

Betrachtet man die TH-Induktion im jetzigen Kontext, so ergeben sich zahlreiche verblüffende Schlußfolgerungen. Pharmaka, die den Impulsfluß in der Peripherie erhöhen, induzieren auch die TH im Locus coeruleus. Die Induktion erfolgt in den Zellkörpern in der Pons, und die neugebildeten Enzymmoleküle werden anschließend distal zu den Faserendigungen transportiert (Black 1975; Zigmond 1978), wo sie die NA-Synthese ankurbeln. Der Zeitverlauf dieser Wirkungen ist außerordentlich interessant. Vier Tage nach Reserpingabe erreicht die TH-Aktivität in den LC-Zellkörpern ein Maximum, nach acht Tagen ist dies auch im proximalen Kleinhirn der Fall, aber erst nach zwölf Tagen im weit entfernten frontalen Cortex (Black 1975; Abbildung 4.2). Insbesondere im Stirnhirnbereich, aber auch im Neocortex insgesamt kommt es also mit Verzögerung zu einem anhaltenden Anstieg der TH-Aktivität und der NA-Synthese. Folglich bleiben die corticalen Substrate einer erhöhten Aufmerksamkeit noch lange erhalten, nachdem der verantwortliche Umweltreiz verschwunden ist. Im Gegensatz dazu können Rindensysteme, die vegetative Funktionen unterhalten, für längere Zeit gehemmt bleiben.

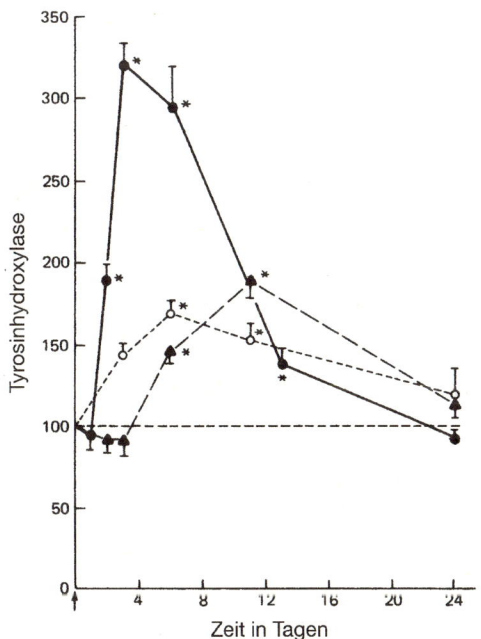

4.2 Zeitverlauf des Anstiegs der TH-Aktivität im Locus coeruleus (volle Kreise), im Cerebellum (offene Kreise) und im frontalen Cortex (volle Dreiecke) nach Reserpinbehandlung (Pfeil). Zum Zeitpunkt Null wurden Ratten mit Reserpin oder physiologischer Kochsalzlösung behandelt. Zu verschiedenen Zeitpunkten nach der Injektion wurden Gruppen von sechs reserpinbehandelten und sechs Kontrolltieren getötet und die Enzymaktivität in den genannten Hirngebieten ermittelt. Die Ergebnisse sind als Prozentwerte der entsprechenden Kontrollen ± mittlere Standardabweichung (vertikale Balken) angegeben.
** Abweichung von der entsprechenden Kontrolle bei $p < 0,001$. (Aus Black 1975.)

Welche Tragweite haben diese Beobachtungen? Ein kurzlebiger Umweltreiz setzt eine Serie von Vorgängen in Gang, an deren Ende dauerhafte Veränderungen stehen, die in den corticalen LC-Faserendigungen wochenlang anhalten. Aufgrund der TH-

Induktion und der Bedingungen des anterograden axonalen Transports ist das Gehirn also über *Wochen* in Bereitschaft versetzt, wachsam zu sein. Ist dies eine Form von Gedächtnis? Wenn ja, dann zumindest eine sehr unkonventionelle. Unter Gedächtnis verstehen wir zumeist Speicherung von *Informationen* oder gar *Fertigkeiten* wie Fahrradfahren oder Klavierspielen. Das von uns gerade diskutierte „Gedächtnis" speichert dagegen einen *Hirnzustand*. Allerdings hat es viele Merkmale eines herkömmlichen Gedächtnisses. Beispielsweise ist es trainierbar und läßt mit der Zeit nach. Dieser Rückgang (siehe Abbildung 3.4) – man könnte von „Vergessen" sprechen – läßt sich quantitativ als stetiges Abfallen der TH-Aktivität in corticalen Faserendigungen beschreiben. Offensichtlich müssen wir bei einer grundlegenden Betrachtung der molekularen Mechanismen und der Zellbiologie des Gehirns unser Konzept des Gedächtnisses verändern. Denn zumindest scheint die TH als Kommunikationssymbol zu dienen – als ein Molekül, das Information empfängt, verschlüsselt, speichert und überträgt.

Wenn die Alarmierungsreaktion und die durch sie ausgelöste Aufmerksamkeit eine langandauernde Anpassung auf Umweltreize darstellen, so läßt sich die prinzipielle Möglichkeit einer Fehlanpassung nicht von der Hand weisen. Ausführliche Untersuchungen von Redmond und seinen Mitarbeitern an Primaten zeigen, daß die elektrische Reizung der LC-Zellen Verhaltensweisen und physiologische Veränderungen auslöst, die für „Angstzustände" typisch sind (Redmond et al. 1976, 1979; Mason und Fibinger 1979). Pharmakologische Antagonisten, welche die Entladung blockieren, hemmen diese Reaktionen. Stimuliert man den Locus coeruleus mit Piperoxan, einem α-adrenergen Antagonisten, so ergeben sich vergleichbare Effekte. In ähnlichen Untersuchungen stellten Aghajanian und seine Kollegen außerdem fest, daß der Locus, der von zahlreichen Schmerzbahnen innerviert wird, sich nach wiederholter schmerzhafter Reizung des Organismus anhaltend entlädt (Cedarbaum und Aghajanian 1976).

Redmond brachte diese Befunde mit einer Rolle des Locus bei Angstzuständen in Zusammenhang. Nach seiner Ansicht sind LC-Stimulation und -Entladung mit den Angstzuständen verknüpft, die bei noxischer Reizung, Aufschrecken und erhöhter Aufmerksamkeit auftreten. Tatsächlich innervieren LC-Zellen Ziele, die für physiologische Reaktionen verantwortlich sind, wie sie mit Schmerz und Angst einhergehen. Welche Rolle spielt das molekulare Symbol TH bei diesem komplexen experimentellen Verhaltenssyndrom?

Die Stimulierung des Locus durch die Einwirkung von Sinnesreizen, einschließlich noxischer Reize, führt zu einer raschen TH-Aktivierung und -Enthemmung in sämtlichen LC-Faserendigungen, so daß in den im gesamten Nervensystem verteilten Axonendigungen die NA-Synthese ansteigt. *In verschiedenen Endigungen wird die Enzyminduktion jedoch sehr unterschiedliche Wirkungen haben.* In den entfernten Endigungen der Großhirnrinde, die mit Aufmerksamkeit, Aufschrecken und vielleicht Angst assoziiert sind, steigen die TH-Aktivität und die NA-Synthese mit Verzögerung dauerhaft an (Abbildung 4.2). Diese Phänomene schaffen die Voraussetzung zu einer verzögerten Manifestation von Angst und zum Empfinden dieser Angst nach einer Sinnesreizung. Die TH dürfte also bei „normalen" Angstzuständen, die von Umweltereignissen ausgelöst und durch die LC-Stimulation vermittelt werden, eine Rolle spielen.

Neuere Untersuchungen zeigen zudem, daß viele LC-innervierten Cortexareale sozusagen in Form einer Rückkopplung ihrerseits wieder den Locus innervieren. Außerdem ziehen, wie bereits erwähnt, zahlreiche Schmerzbahnen in den Locus. Prinzipiell könnte demnach eine endogene Nervenaktivität – ob normal oder anomal – zur Aktivierung von LC-Neurone führen. Eine Konsequenz einer solchermaßen vermehrten Entladung wären dauerhaft erhöhte TH-Konzentrationen im Cortex, die eine potentielle Grundlage für Angstsyndrome darstellen. Angst kann also durch externe oder interne Vorgänge ausgelöst werden.

Kehren wir zurück zu den Auswirkungen des TH-Rückgangs im Cortex. Nachdem die TH-Aktivität zwölf Tage nach Reizung ein Maximum erreicht, fällt sie langsam wieder ab und nähert sich nach 24 Tagen dem Basiswert (Abbildung 4.2). Man sollte also erwarten, daß die erhöhte Bereitschaft zu Angstreaktionen nach einem erregenden Reiz ungefähr zwei Wochen anhält. So spekulativ derartige Schätzungen auch sind, mit ihrer Hilfe läßt sich veranschaulichen, wie die Kenntnis der zugrundeliegenden molekularen Prozesse die Untersuchung von Verhaltenszuständen befruchten kann. Das zeitliche Profil eines mentalen oder eines Verhaltenszustands ist eng mit der Funktion der beteiligten molekularen Symbole verknüpft. Die Symbole formen einen Geisteszustand, bewirken viele seiner Merkmale und sind dabei selbst wesentlicher Bestandteil des Zustands.

Bei unserer Annäherung an ein extrem kompliziertes System, den Locus coeruleus, und an äußerst komplexe Verhaltensrepertoires haben wir uns nur auf die Tyrosinhydroxylase konzentriert. Dabei ist es mein Ziel gewesen zu zeigen, wie das Verhalten eines einzigen Moleküls ein relativ gut erforschtes neurales System und eine psychische Funktion beeinflußt. Natürlich beabsichtige ich nicht, alle Aktivitäten dieses Locus einem einzelnen Molekül zuzuschreiben. Die TH diente einfach als geeigneter Prototyp. Zahlreiche weitere Geist-Gehirn-Moleküle werden folgen.

Molekulare Symbole und die Schnittstelle zwischen Verhalten und Motorik

Wir haben unser Augenmerk auf ein einzelnes Molekül gerichtet, die Tyrosinhydroxylase, um Beziehungen zwischen verschiedenen Funktionen des Geist-Gehirn-Systems herzustellen. Trotz dieses absichtlich eingeschränkten Blickfeldes konnten wir die Bedeutung der TH für sehr verschiedene neurale Systeme und Verhaltensmuster untersuchen: Sie ist an den sympathisch gesteuerten Kampf- und Fluchtreaktionen sowie am LC-vermittelten Verhaltenskomplex der Aufmerksamkeits- und Schreckreaktionen beteiligt. Außerdem sind wir auf die potentielle Rolle der TH im LC-System bei der Pathogenese von Angstzuständen eingegangen. Um den praktischen Bezug der Fragestellung dieses Buches hervorzuheben, sollen diese Beispiele nun noch durch die Beschreibung einer Erkrankung des Menschen ergänzt werden.

Unter der Parkinson-Krankheit oder Schüttellähmung (*Paralysis agitans*) litten Menschen aller Epochen; die ältesten Beschreibungen der Erkrankung stammen aus der Antike. Typische Krankheitssymptome sind eine generelle Verlangsamung der Bewegungen (Bradykinesie), die Schwierigkeit, Bewegungen einzuleiten, ein maskenhaft starrer Gesichtsausdruck, Muskelstarre, ein gebeugter Gang und ein langsames

Zittern (vier bis sechs Ausschläge pro Sekunde). Manche Parkinson-Patienten leiden zusätzlich an einer Demenz. Die Suche nach einer Therapie der klinischen Symptome ist eines der erfreulichsten Beispiele für die Kollaboration zwischen neurologischer Grundlagenforschung und klinischer Anwendung. Zugleich ist diese Krankheit bezeichnend für den Zusammenhang zwischen Molekülen und Verhalten.

Mitte der fünfziger Jahre erforschte der Schwede Arvid Carlsson die Neurochemie der schwarzen Substanz (Substantia nigra), einer Nervenzellansammlung im basalen Mittelhirn, und ihrer Verbindungen mit den Basalganglien (Abbildung 4.3). Er vermutete, daß Dopamin an der nigrostriatalen Signalübertragung beteiligt sein könnte (Carlsson et al. 1958). In seinen Experimenten setzte er auch Reserpin ein, das bekanntermaßen überall im Körper die Monoaminvorräte, und damit auch das Dopamin, schwinden läßt. Injizierte er die Substanz in Ratten, zeigten sie ein auffälliges Syndrom: Sie wurden hypokinetisch bis fast bewegungslos, nahmen eine bucklige Haltung an mit nach außen gestellten Füßen und litten am ganzen Körper unter einem starken Tremor. Carlsson fiel die Parallele zur Parkinson-Krankheit beim Menschen auf. Er stellte bei den Tieren einen stark verminderten Dopamingehalt im nigrostriatalen System fest und zog die bemerkenswerte Schlußfolgerung, daß beim Menschen ein Dopaminmangel in diesem System an der Entstehung der Parkinson-Krankheit beteiligt sein könnte.

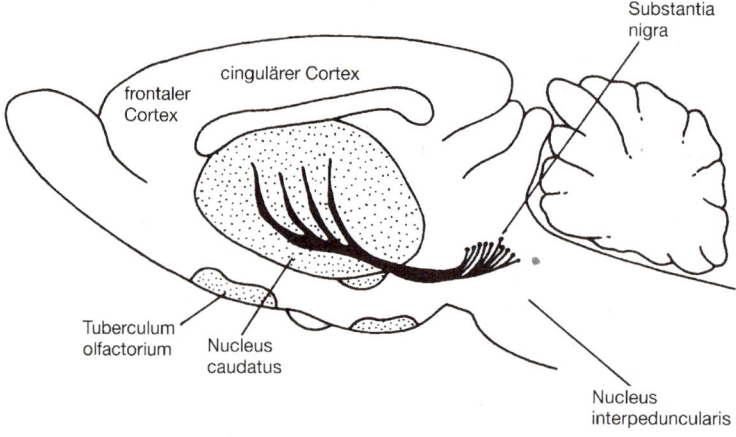

4.3 Das nigrostriatale System. Nigrostriatale Nervenfasern projizieren zum Nucleus caudatus des Striatum. Das nigrostriatale System hat eine Schlüsselrolle bei der Steuerung des Bewegungsverhaltens inne und degeneriert bei der Parkinson-Krankheit. (Nach Cooper et al. 1982.)

Fast zur gleichen Zeit ermittelte der in Kanada arbeitende österreichische Neuropathologe Oleh Hornykiewicz die Dopaminmenge in den Gehirnen verstorbener Parkinson-Patienten (Ehringer und Hornykiewicz 1960; Birkmayer und Hornykiewicz 1961). Seine Messungen ergaben eine stark verminderte Menge des Amins in den Basalganglien und stützten somit die Hypothese von Carlsson.

Der große Wurf gelang aber dem Arzt George Cotzias, der an den Brookhaven Laboratories Patienten klinisch untersuchte und betreute. Cotzias hatte schon zuvor

Ungewöhnliches geleistet: Im Zweiten Weltkrieg emigrierte der Student aus Griechenland in die Vereinigten Staaten und erlangte die Zulassung zur Harvard Medical School, wobei er im Selbststudium fließend Englisch lernte. Cotzias war überzeugt, daß die Parkinson-Krankheit durch Erhöhung der Dopaminmenge in den Basalganglien zu behandeln sei. Mit direkt verabreichtem Dopamin war dies jedoch nicht möglich, da das polare Molekül nicht in das Gehirn gelangt. Die sogenannte Blut-Hirn-Schranke hindert nämlich polare und geladene Moleküle daran, in das Hirngewebe einzudringen. Daher kam eine Behandlung mit Dopamin nicht in Frage. Die Verabreichung von Tyrosin, der natürlichen, mit der Nahrung aufgenommenen Ausgangssubstanz für die Catecholaminsynthese (Abbildung 2.3), war aus anderen Gründen unzufriedenstellend: Wie wir bereits gesehen haben, limitiert die TH die Syntheserate von Catecholaminen. Aufgrund dieses biologischen Engpasses bewirkt eine Tyrosinzufuhr keine Zunahme der Dopaminkonzentration. Gab es aus diesem Dilemma einen Ausweg?

Wie Cotzias erkannte, mußte die Lösung in der Gabe von L-Dopa liegen (Cotzias et al. 1967). Diese unpolare Substanz passiert die Blut-Hirn-Schranke und gelangt so in den an Dopamin verarmten Nucleus caudatus (Schweifkern). Weil L-Dopa außerdem das Produkt der TH-Enzymreaktion ist, umgeht die Therapie den geschwindigkeitsbestimmenden Schritt. L-Dopa sollte daher einen Dopaminanstieg und eine Besserung der Symptome bei Parkinson-Kranken bewirken.

Zunächst begann Cotzias die Therapie mit geringen L-Dopa-Dosen. Einige Patienten klagten daraufhin über Übelkeit und Erbrechen, bei keinem ließen jedoch die typischen Krankheitssymptome nach. Cotzias blieb hartnäckig, da er von seiner Grundidee völlig überzeugt war und an den Erfolg der Therapie glaubte. Daraufhin verabreichte er L-Dopa in extrem hohen Dosen und eröffnete somit eine neue Ära der Neurologie. Patienten, die jahrelang an Bett oder Rollstuhl gefesselt waren, konnten wieder laufen. Die gefürchtete Krankheit zwang ihre Opfer nicht länger zu einem Leben als Invaliden.

Das Zeitalter der molekularen Therapie in der Neurologie hatte begonnen, und zugleich war erstmals die Beziehung zwischen molekularer Domäne und Verhaltensdomäne ausgenutzt worden. Um die Natur der Schnittstelle zwischen beiden Domänen kennenzulernen, müssen wir die beteiligten neuralen Systeme genauer betrachten. Die Wirkung von Dopamin im nigrostriatalen System ist schematisch in Abbildung 4.4 dargestellt. Ohne fremde Einflüsse fördert der Globus pallidus (das Pallidum) hyperkinetisches Verhalten, wie es etwa im Zusammenhang mit den hyperaktiven Bewegungsstörungen Chorea oder Athetose auftritt. Normalerweise hemmt der Nucleus caudatus die Funktion des Pallidum und verhindert so das Auftreten einer Hyperkinesie. Den Nucleus caudatus hemmt wiederum die nigrostriatale Bahn, vermittelt durch Dopamin. Letztlich wirkt also die Hemmung des Nucleus caudatus über die damit verbundene Enthemmung des Pallidum bewegungsfördernd. Diese komplexe Verknüpfung von transmitterabhängigen hemmenden und erregenden Wirkungen ist ein typisches Beispiel für die Mechanismen an der Schnittstelle der molekularen und der Verhaltensdomäne.

Mit unseren neuen Kenntnissen lassen sich die Grundlagen der Parkinson-Krankheit, die zentrale Rolle des Dopamins und – allgemeiner noch – die molekulare Funktion und das Verhaltens des Organismus erschließen. Bei den Erkrankten degeneriert das nigrostriatale System, so daß die dopaminerge Innervation des Nucleus caudatus abnimmt und sich die inhibierende Wirkung dieses Basalganglions auf das

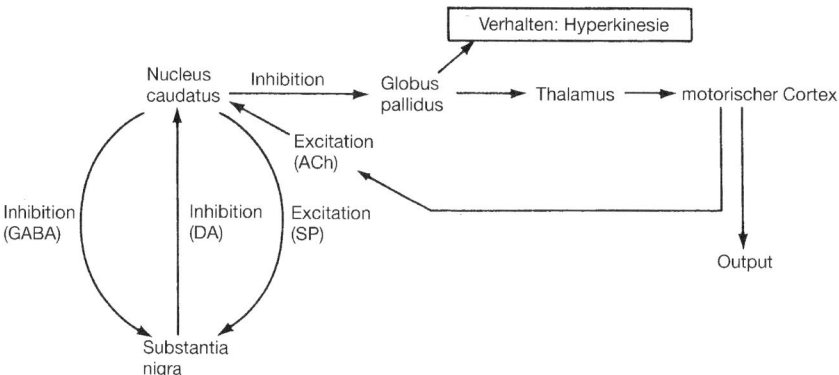

4.4 Vereinfachtes Schema der Transmitterorganisation des nigrostriatalen Bewegungssystems. Normalerweise hemmt der Nucleus caudatus hyperkinetische Bewegungen, die durch den Globus pallidus ausgelöst werden. In diesem Kontext wirkt die dopaminerge nigrostriatale Bahn durch die Hemmung inhibitorischer Einflüsse indirekt bewegungsfördernd. Umgekehrt haben die cholinergen Interneuronen des Striatum letztlich eine hypokinetische Wirkung. ACh, Acetylcholin; GABA, Gamma-Aminobuttersäure; DA, Dopamin; SP, Substanz P.

Pallidum verstärkt. Infolgedessen führt der Dopaminrückgang zu verlangsamten Bewegungen, starren Muskeln, einem Maskengesicht, Haltungsabnormitäten und all den anderen Symptomen der Parkinson-Krankheit. Nach einer Behandlung mit L-Dopa verschwinden viele der am meisten behindernden Symptome, da sie die Dopaminmenge in den verbliebenen nigrostriatalen Neuronen erhöht.

Wie also Cotzias richtig erkannte, wirkt Dopamin bewegungsfördernd und damit der Bewegungsarmut der Parkinson-Patienten entgegen. Cotzias' Vision einer molekularen Therapie des gestörten Bewegungsverhaltens verwirklichte sich in eindrucksvoller Weise. Vereinfacht gesagt, kann also ein einzelner Transmitter ein abnormes Verhaltensrepertoire verändern. Die TH, das prototypische Symbolmolekül, nimmt bei der Dopaminsynthese – genau wie bei der NA-Synthese – eine Schlüsselstellung ein. Da das Enzym die Syntheserate begrenzt, kontrolliert es die Menge des Amins, die für die Hemmung des Nucleus caudatus bereitsteht (McGeer et al. 1973; Lerner et al. 1977; Gioguieff 1976). Die wichtige Rolle der TH ist durch klinische Beobachtungen voll bestätigt worden. Erwartungsgemäß rufen Inhibitoren des Enzyms, etwa α-Methyl-*p*-Tyrosin, parkinsonähnliche Symptome hervor. Therapeutisch bedeutsamer ist jedoch die Tatsache, daß TH-Inhibitoren die Symptome der Hyperkinesie bei Chorea und Athetose mildern können. Dies ergibt sich unmittelbar aus unseren vorangegangenen Überlegungen (allgemeine Diskussion bei Fahn 1982).

Eine weitere Parallele zu den Vorgängen im Sympathicus ist die TH-Induktion und die verstärkte DA-Synthese nach Reizen, die den Impulsfluß im nigrostriatalen System steigern (Murrin et al. 1976; Goldstein et al. 1976). Wenngleich die physiologischen Konsequenzen einer TH-Induktion in diesem System noch intensiver erforscht werden müssen, so ist doch zu erwarten, daß sie hyperkinetische Syndrome hervorruft. Der anterograde axonale Transport von TH in das Striatum sollte außerdem wie beim Locus coeruleus verzögerte und anhaltende Wirkungen verursachen. Diese Hypothesen sind jedoch experimentell noch nicht ausreichend überprüft.

Form und Inhalt des Verhaltens

Wir haben nun die Rolle der Tyrosinhydroxylase in mehreren neuralen Systemen – peripheren wie zentralen – untersucht, um Verbindungen zwischen Molekül, System und Verhalten herzustellen. Daraus haben sich zahlreiche teils erwartete, teils überraschende Verallgemeinerungen ergeben. In der molekularen Domäne gibt es hinsichtlich der TH-Enthemmung, -Aktivierung und -Induktion bemerkenswerte Ähnlichkeiten bei den verschiedenen neuralen Funktionssystemen. Beispielsweise induziert eine verstärkte Impulsaktivität die TH in allen untersuchten Systemen – unabhängig von deren physiologischer Aufgabe. Solche auffälligen Parallelen bei einem vielstufigen Prozeß, der Ionenströme durch die Membran, gesteigerte Bildung von TH-mRNA und vermutlich eine gesteigerte Proteinsynthese einschließt, stützen die Hypothese, daß es in der Organisation dieser verschiedenen neuralen Systeme fundamentale Ähnlichkeiten gibt. *A priori* gibt es kaum Gründe für eine solche scheinbare Übereinstimmung zwischen Zellen, die sich embryologisch, anatomisch und funktionell unterscheiden. Weisen auch andere symbolische Geist-Gehirn-Moleküle, aus verschiedenen neuralen Systemen, solche anscheinend identischen Regulationsmechanismen auf?

Auch wenn wir die Entstehung der mechanistischen Ähnlichkeiten nicht erklären können – ihre Folgen sind unverkennbar. Obwohl die einzelnen catecholaminergen Systeme (zum Beispiel die Sympathicus-Nebennieren-Achse, der Locus coeruleus und das nigrostriatale System) völlig verschiedene Verhaltensfunktionen ausüben, sind formelle Ähnlichkeiten offenkundig. Das heißt, völlig verschiedene Verhaltensinhalte können gemeinsame formelle Merkmale aufweisen – etwa den Zeitpunkt, zu dem das Verhalten einsetzt, seine Dauer und sein Verschwinden. Die formellen Eigenschaften sind durch gemeinsame Regulationsmechanismen festgelegt, welche durch die TH und die mit ihr zusammenhängenden catecholaminergen molekularen Vorgänge kontrolliert werden. Das prototypische TH-Enzym ist also nicht nur für die Ausführung des entsprechenden Verhaltensinhalts eines neuralen Systems notwendig, sondern es *formt* auch das Verhalten selbst. Zusammenfassend läßt sich feststellen, daß Systeme, die ganz unterschiedliche Verhaltensäußerungen vermitteln, aufgrund der Verwendung gleicher Molekülsymbole gemeinsame Merkmale besitzen können.

Allgemeiner gesagt sollte die Aufklärung der molekularen Mechanismen, die der Funktion neuraler Subsysteme zugrunde liegen, es erlauben, Verhaltensäußerungen und mentale Zustände in Form und Inhalt zu untergliedern. Zumindest dürften wir nun fähig sein, kognitive Funktionen in variable Komponenten, etwa zeitliche Parameter, und das Verhaltensrepertoire selbst zu zerlegen. Ein solches Vorgehen hilft dabei, die Analyse von natürlichem wie auch experimentell beeinflußtem Verhalten auf eine präzise, quantitative Grundlage zu stellen. Auch können wir uns so noch unerkannten kategorischen Problemen in unserer Mitte eher nähern.

Kein Problem in der Hirnforschung ist beispielhafter als das Gedächtnis. Ist es eine neuroanatomisch klar lokalisierte, diskrete kognitive Funktion oder ein von vielen neuralen Systemen ausgeführter Vorgang, der sich auf bestimmte molekulare Mechanismen gründet? Falls letzteres zutrifft, ändern dann viele verschiedene neurale Systeme mit all ihren unterschiedlichen Verhaltensfunktionen ihren Zustand, und überdauern diese Änderungen den auslösenden Stimulus lange Zeit?

Eine erneute Betrachtung des Locus coeruleus unter dem Blickwinkel der Gedächtnisfunktion ist vielleicht besonders aufschlußreich. Trotz der zahlreichen Aufgaben, die dem LC-System in den letzten Jahren zugeschrieben wurden, hat es meines Wissens noch niemand mit dem Gedächtnis in Zusammenhang gebracht. Bisher habe ich Erkenntnisse zusammengetragen, die dafür sprechen, daß das LC-System an Reaktionen wie Aufmerken, Wecken und Alarmieren mitwirkt, dem postulierten „Inhalt" der LC-Funktion. Bei näherer Betrachtung erkennt man jedoch deutlich den Gedächtnischarakter der LC-Aktivität. Konzentrieren wir uns wieder auf die TH-Induktion als das entscheidende Merkmal, so erkennen wir einen schnell einsetzenden, hochspezifischen und langanhaltenden Vorgang, bei dem wiederholte Reize eine zunehmend größere Reaktion auslösen, die erst nach Tagen oder Wochen wieder abklingt. Bei den LC-Faserendigungen im frontalen Cortex erreicht die induzierte TH-Aktivität ungefähr nach zwei Wochen ein Maximum und fällt nach dreieinhalb Wochen wieder auf den Normalwert ab (Abbildung 4.2). Die gleichen Überlegungen treffen auch auf das periphere sympathische Nervensystem zu, das an Kampf- und Fluchtreaktionen mitwirkt und ebenfalls Züge eines Gedächtnisses aufweist.

Fassen wir zusammen: Durch gleichzeitige Analyse von molekularen und Verhaltensfunktionen lassen sich mentale und Verhaltenszustände in Form und Inhalt untergliedern. Dabei wird Gedächtnis als eine Verhaltens*form* erkennbar, die (in diesem Fall) durch die Funktion spezieller *Symbolmoleküle* bestimmt wird. Demgegenüber ist der *Inhalt* des Verhaltens eine Funktion des *Systems*, die auf anderen organisatorischen Aspekten des Nervensystems basiert.

Wie unsere Diskussion verdeutlicht, können wir selbst auf der Grundlage der eingeschränkten Betrachtung eines einzigen Moleküls, der Tyrosinhydroxylase, mentale Zustände und Verhalten vorsichtig in typische Kategorien unterteilen. Ich bin überzeugt, daß weitere Untersuchungen anderer Symbole unsere Hypothesen stützen und erweitern werden. Hier scheint es mir angebracht, die Auswirkungen unserer Thesen zu diskutieren, in der Hoffnung, daß wir damit neue Theorien und experimentelle Strategien inspirieren.

Aufgrund experimenteller Befunde aus Untersuchungen verschiedener zentraler und peripherer neuraler Systeme lassen sich Verhaltensweisen (und mentale Zustände) in Form und Inhalt unterteilen. Den Inhalt des Verhaltens diktiert die neuroanatomische und neurophysiologische Organisation des jeweiligen Systems; er umfaßt Komplexe wie Flucht und Kampf, Aufmerksamkeit und Bewegungskoordination. Allerdings ist jedes der zugrundeliegenden neuralen Systeme mit Gedächtnisfunktionen ausgestattet – es kann lernen, vergessen und auch auf andere Weise die Form seines verhaltensphysiologischen Grundinhalts verändern. Dies hat zahlreiche Implikationen:

1. Die Form, etwa Lernen und Gedächtnis, läßt sich an verschiedenen Systemen, die völlig unterschiedliche physiologische Funktionen erfüllen, experimentell untersuchen. Nach dieser Hypothese müßten genauso viele Gedächtnisse wie physiologische Moleküle existieren und immer wieder „neue Gedächtnisformen" entdeckt werden. Diese „Vermehrung" der Gedächtnisse spiegelt möglicherweise nichts anderes wieder als das Erkennen verschiedener Verhaltensinhalte, die jeweils assoziierten Formen unterworfen sind.

2. Gemeinsamkeiten der Verhaltensform verschiedener Subsysteme haben sicherlich mehr mit den beteiligten Molekülen und subzellulären Prozessen als mit dem

Verhalten selbst zu tun. Die Taxonomie der Verhaltensinhalte kann sich von der Taxonomie der Formen vollständig unterscheiden.

3. Umgekehrt sagen scheinbare Ähnlichkeiten der Verhaltensinhalte verschiedener Subsysteme *a priori* wenig über die beteiligten Symbole aus. Gemeinsame Symbole verleihen potentiell zwar ähnliche Formen, aber nicht unbedingt ähnliche Inhalte.

4. Die Suche nach dem einen Gedächtnis dürfte mit einer falschen Begriffsbildung zusammenhängen. Eine Vielzahl molekularer Mechanismen in unterschiedlichen neuralen Systemen können völlig verschiedene Prozesse vermitteln, die durch ein schnelles Einsetzen, Spezifität, dauerhafte Speicherung, Abrufbarkeit und Abklingen gekennzeichnet sind. Ihre Klassifikation wird davon abhängen, daß gemeinsame Mechanismen, Zeitkonstanten und andere Merkmale identifiziert werden.

5. Form und Inhalt lassen sich prinzipiell zwar unterscheiden, doch an beiden Funktionen sind die gleichen Moleküle beteiligt. Deshalb wird die Hemmung der TH sowohl die Form als auch den Inhalt der Funktion des Sympathicus, des Locus coeruleus und des nigrostriatalen Systems stören. Zumindest bei manchen Systemen dürfte es also schwierig sein, sie mit Hilfe experimenteller Strategien in Form und Inhalt zu zerlegen.

5

Kombinatorische Strategien an der Synapse

Kombinatorik und multiple colokalisierte Transmitter • Elektrochemische Codierung • Dopamin/Cholecystokinin, Nucleus accumbens und Schizophrenie • Regulation der differentiellen Transmitterexpression durch die Umwelt • Organisation chemischer Schaltkreise

---

Am Beispiel bestimmter Transduktionsmoleküle haben wir einige Grundlagen für die bemerkenswerte Spezifität, Präzision und Flexibilität des Nervensystems kennengelernt. Dennoch war dies nur ein erstes Herantasten an die zentralen Fragen zu seiner Funktion. Wie kann ein „fest verdrahtetes", genetisch determiniertes Nervensystem flexibel genug sein, um einen schier endlosen, stets veränderlichen Strom von Umweltinformationen aufzunehmen, zu codieren, zu speichern und abzurufen? Oder anders gesagt: Welche Mechanismen ermöglichen es epigenetischen Reizen, das Gehirn strukturell und funktionell zu verändern? Wie kann ein System aus einer begrenzten Zahl von Schaltkreisen eine ausreichende Vielfalt hervorbringen?

Einige neue Entdeckungen sind in diesem Zusammenhang von Bedeutung. Zum Beispiel scheinen Neuronen gleich mehrere (colokalisierte) Transmittersignale zu enthalten und einzusetzen, was ihnen ein enormes Potential an Signalkombinationen auf der Ebene der einzelnen Zelle oder sogar der Synapse verschafft (ausführliche Übersicht bei Hökfelt et al. 1986). Außerdem regulieren Reize aus der Umwelt die Menge und Freisetzung der einzelnen colokalisierten Transmitter offenbar unabhängig voneinander. Dies ermöglicht es, Erfahrungen in Form einzigartiger Kombinationen von molekularen Signalen zu verschlüsseln. Weiterhin setzen unterschiedliche elektrische Übertragungsmuster verschiedene colokalisierte Transmitter und Transmitterkombinationen frei: Ein neuer Mechanismus, die *elektrochemische Codierung*, tritt hervor (Bartfai et al. 1986). Die in den einzelnen Impulsmustern enthaltene Information wird daneben auch in der Vielfalt der Transmitter gespeichert, die eine reichhaltige molekulare Quelle für Gedächtnismechanismen darstellt.

Diese wenigen Beispiele zeigen Mechanismen, welche die genetisch bedingte Starrheit der Verschaltung „aufweichen", so daß Erfahrungen eine entscheidende Rolle bei molekularen, zellulären und Netzwerk-System-Funktionen spielen können. Anatomisch ähnliche Schaltungen unterhalten zu verschiedenen Zeiten unterschiedliche chemische Kommunikationswege, abhängig von Umwelteinflüssen und Erfahrung. Diese Sichtweise betont, daß neue chemische Netzwerke gebildet werden können, die sich „strukturell", etwa als Neuritenwachstum, Faser- oder Synapsenneubildung, nicht manifestieren.

Die neuentdeckten Mechanismen stellen also eine kombinatorische Strategie dar, bei der Nervenzellen eine begrenzte Zahl colokalisierter Transmitter in variabler Zusammensetzung ausschütten, um Vielfalt zu erzeugen. Da die Transmitterregulation umweltabhängig ist, können molekulare Mechanismen externe Vorgänge und Bedingungen direkt in neurale Information übersetzen. Bemerkenswerterweise tritt diese Verarbeitung von Umwelteinflüssen auf dem Niveau des einzelnen Neurons und sogar der einzelnen Synapse auf.

Die Verwendung zahlreicher Transmitter, verbunden mit der Plastizität der einzelnen Transmitter, ermöglicht es, einen einzigartigen Transmitterzustand mit einem spezifischen, komplexen Umweltreiz zu assoziieren. Dank der großen Zahl von Afferenzen – schätzungsweise 30 000 synaptische Kontakte kommen auf eine Pyramidenzelle im Cortex (Bullock 1977) – ergibt sich ein umfangreiches kombinatorisches Potential. Auf diese Weise können selbst einfache Zellensembles mit individuellen Transmittermustern komplexe Reize oder einzigartige Muster und Assoziationen von Reizen symbolisieren – es entsteht ein reichhaltiges, subtiles Repräsentationssystem.

Bevor wir die zugrundeliegenden molekularen Mechanismen diskutieren, möchte ich auf einige der wichtigsten potentiellen Eigenschaften des kombinatorischen Neurons und Nervensystems hinweisen. Erstens kann der Transmitterstatus einer Zelle oder eines Zellensembles einen einzigartigen Umweltreiz oder eine Erfahrung repräsentieren.

Zweitens ist angesichts der vielen chemischen Schaltkreise, die in einer anatomischen Bahn existieren, schon ein Teil der Elemente imstande, einen Reizkomplex zu repräsentieren. Dabei genügt eine minimale Zahl neuronaler Einheiten, um eine assoziative Erkennung durchzuführen. Ein bestimmtes anatomisches Netzwerk kann möglicherweise zahlreiche chemische Bahnen und Assoziationen enthalten und somit riesige Mengen strukturierter Informationen aufnehmen.

Umgekehrt wird die Fehlfunktion oder Zerstörung eines Neurons oder einer kleinen Neuronengruppe nicht automatisch die in einem Netzwerk enthaltene komplexe Repräsentation oder ihren Transmitterzustand in Mitleidenschaft ziehen. Statt dessen ist das System dank seiner Vielseitigkeit außerordentlich fehlertolerant.

Wie kommt nun das kombinatorische Potential eines bestimmten Neuronenschaltkreises tatsächlich zum Ausdruck? Welche Transmitter sind beteiligt? Welche Vorkommnisse in der Umwelt steuern die kombinatorischen Operationen? Welche fundamentalen Prozesse in der Nervenzelle, die der Plastizität zugrunde liegen, sind für die kombinatorische Verarbeitung notwendig?

Hintergrund unserer Betrachtung der kombinatorischen Mechanismen sind aktuelle Forschungsergebnisse. Im Gegensatz zur klassischen Lehrmeinung spricht inzwischen immer mehr dafür, daß die Colokalisation mehrerer Transmitter innerhalb einzelner Neuronen ein weitverbreitetes, wenn nicht universelles Phänomen ist (Hökfelt et al. 1986). Wie die Tabelle 5.1 zeigt, tritt es bei allen Nervenzelltypen auf, ungeachtet ihrer Morphologie, ihres embryonalen Ursprungs und ihrer neuropsychologischen

Funktion. Die colokalisierten Transmitter repräsentieren ein breites Spektrum chemischer Substanzklassen, darunter Catecholamine, Acetylcholin (ACh), Peptide, Purine und Aminosäuren. Wie regulieren Umweltfaktoren die Freisetzung dieser Transmitterkombinationen, wie übersetzen sie also verschiedene Umweltbedingungen und -reize in differentielle neuronale Signalmuster?

Tabelle 5.1: Beispiele für die Coexistenz von klassischen Neurotransmittern und Peptidtransmittern

klassische Transmitter	Peptide	Hirnregion
Dopamin	CCK	ventrales Mittelhirn
	Neurotensin	ventrales Mittelhirn
		Nucleus arcuatus
Noradrenalin	Enkephalin	Locus coeruleus
	NPY	Medulla oblongata
	Vasopressin	Locus coeruleus
Adrenalin	Neurotensin	Medulla oblongata
	NPY	Medulla oblongata
	Substanz P	Medulla oblongata
	Neurotensin	Nucleus tractus solitarii
	CCK	Nucleus tractus solitarii
Serotonin (5-HT)	Substanz P	Medulla oblongata
	TRH	Medulla oblongata
	Substanz P + TRH	Medulla oblongata
	CCK	Medulla oblongata
	Enkephalin	Medulla oblongata, Pons, Area postrema
ACh	Enkephalin	obere Olive, Rückenmark
	Substanz P	Pons
	VIP	Cortex
	Galanin	basales Vorderhirn
	CGRP	medulläre motorische Nuclei
GABA	Motilin (?)	Cerebellum
	Somatostatin	Thalamus, Cortex, Hippocampus
	CCK	Cortex
	NPY	Cortex
	Galanin	Hypothalamus
	Enkephalin	Retina, ventrales Pallidum
	Opioidpeptide	Basalganglien
Glycin	Neurotensin	Retina

(Nach Hökfelt et al. 1986.)

Elektrochemische Codierung

Seit langem ist von gut erforschten Synapsen bekannt, daß die Impulsfrequenz die Menge des ausgeschütteten Transmitters steuert. So erhöht eine gesteigerte Frequenz an der neuromuskulären Synapse die Zahl der freigesetzten ACh-Quanten und verstärkt dadurch die Muskelkontraktion (Katz 1969). In diesem Beispiel verändert sich die ausgeschüttete Substanz vermutlich nur quantitativ, nicht qualitativ. Die Erkenntnis, daß einzelne Nervenzellen auch mehrere Transmitter ausschütten, läßt es nun jedoch möglich erscheinen, daß dasselbe Neuron zu verschiedenen Zeiten oder an verschiedenen Synapsen unterschiedliche Transmitter oder Kombinationen von ihnen freisetzt. Diese Möglichkeit ist inzwischen sogar experimentell dokumentiert – ein deutlicher Hinweis auf das riesige kombinatorische Potential jeder einzelnen Synapse und jedes einzelnen Neurons.

Bei einer Vielzahl peripherer und zentraler neuraler Systeme wird die chemische Natur des freigesetzten Transmitters durch die Stimulationsfrequenz reguliert. Die Mehrzahl der klassischen Transmitter-Peptid-Neurone sezerniert ihr Peptid bei einer höheren Impulsfrequenz, als sie für die Ausschüttung des klassischen Transmitters alleine oder zusammen mit dem Peptid notwendig ist. Allgemein erfordert die Neuropeptidfreisetzung Frequenzen über zwei Hertz, während für klassische Überträgersubstanzen niedrigere Stimulationsraten genügen (Bartfai et al. 1986).

Wie Abbildung 5.1 zeigt, kann ein Neuron bei sehr niedrigen Stimulationsraten eine rein klassische transmittersezernierende Zelle sein, bei sehr hohen Frequenzen eine rein peptiderge Zelle, und bei mittleren Frequenzwerten kann es sehr unterschiedliche Mengenverhältnisse beider Substanzen ausschütten. (Der gezeigte Frequenzbereich

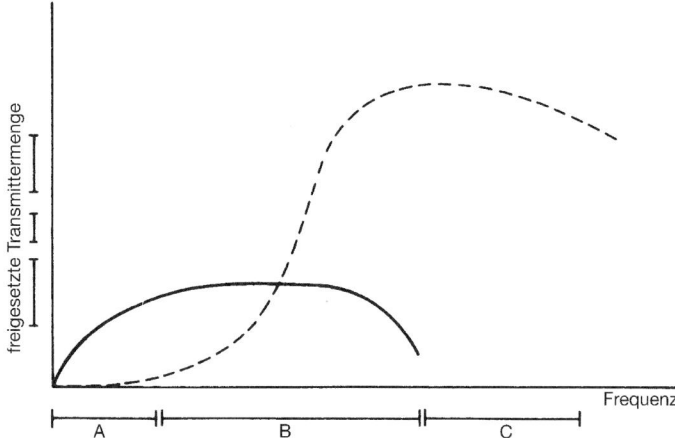

5.1 Die Abhängigkeit der chemischen Natur des Signals von der Stimulationsfrequenz ist die Grundlage der elektrochemischen Codierung. Dargestellt ist die Menge an klassischem Transmitter (durchgezogene Linie) und Peptidtransmitter (gestrichelte Linie), die ein Neuron bei verschiedenen Stimulationsfrequenzen ausschüttet. Bei niedrigen Frequenzen (Bereich A) schüttet die Zelle vorwiegend den klassischen Neurotransmitter aus, im mittleren Bereich (B) beide Transmitter gemeinsam und im Bereich hoher Frequenzen (C) hat sie peptidergen Charakter. (Aus Bartfai et al. 1986.)

entspricht den physiologischen Bedingungen.) Indem Umweltreize also Frequenz und Muster der Impulse verändern, können sie indirekt die Art der chemischen Botschaften eines Neurons beeinflussen und somit die Natur der übermittelten Information.

Spezifische Beispiele einer solchen elektrochemischen Codierung zeigen einige der Mechanismen dieses neuentdeckten Prozesses auf. Acetylcholin (ACh) und das vasoaktive intestinale Peptid (VIP) sind ein besonders intensiv erforschtes Transmitterpaar. Ihr Mengenverhältnis und die Regulation ihrer Ausschüttung sind bei den bipolaren Zellen der Kleinhirnrinde und bei postsynaptischen Neuronen der submandibulären Speicheldrüse von Katze und Ratte untersucht worden (Bartfai et al. 1986; Abbildung 5.2). Die akute Erregung (Enthemmung) bewirkt, daß ACh freigesetzt wird. Dieses hemmt in den genannten Systemen die VIP-Ausschüttung, so daß die akute Stimulation überwiegend ACh freisetzt. Bei chronischer Erregung (Enthemmung) werden dagegen beide Substanzen gemeinsam ausgeschüttet. Je nach Stimulationsform ändern sich also bei diesen Transmittersystemen die entsandten chemischen Botschaften qualitativ. ACh und VIP entfalten unterschiedliche, oftmals komplementäre physiologische Wirkungen.

Hinzu kommen andere Prozesse, welche die Verhältnisse weiter komplizieren und zu noch komplexeren kombinatorischen Wechselwirkungen führen. Eine dauerhafte Stimulation braucht die neuronalen VIP-Vorräte auf, offenbar weil die VIP-Synthese und der axonale Transport des Peptids zur Synapse die ständige Freisetzung nicht kompensieren können. Die ACh-Synthese ist dagegen eher imstande, mit der ACh-Freisetzung Schritt zu halten. Je nach Dauer des auslösenden Reizes führt die anhal-

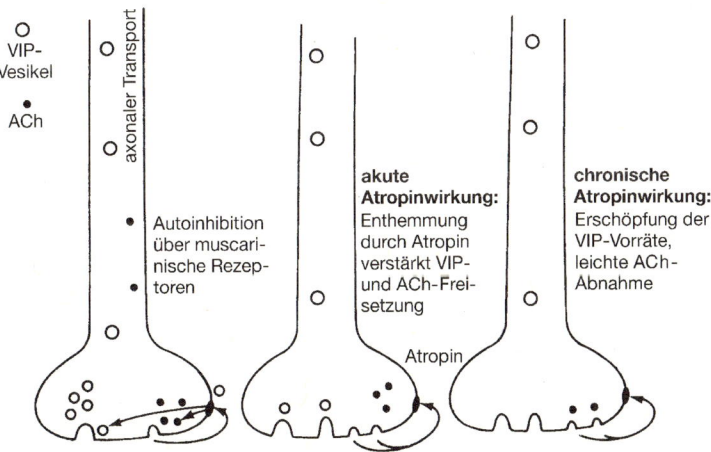

5.2 Beispiel für ein kombinatorisches Neuron mit den colokalisierten Transmittern Acetylcholin (ACh) und vasointestinales Peptid (VIP). Das Schema zeigt, wie der muscarinische ACh-Antagonist Atropin die VIP-Speicher einer Nervenzelle im Ganglion submandibularis entleert (und sich eine Überempfindlichkeit der VIP-Rezeptoren entwickelt). Unter normalen Bedingungen (links) ist die muscarinische (Auto-)Inhibition der ACh- und der VIP-Ausschüttung wirksam. Die akute Atropineinwirkung (Mitte) verstärkt die Transmitterfreisetzung. Bei anhaltender Einwirkung von Atropin (rechts) können die VIP-Synthese und der axonale VIP-Transport nicht mit der gesteigerten Ausschüttung Schritt halten; die lokale ACh-Synthese kann jedoch den vermehrten Verlust von ACh teilweise ausgleichen. (Aus Bartfai et al. 1986.)

tende Stimulation also zur Ausschüttung verschiedener Mengenverhältnisse beider Transmitter (Abbildung 5.2).

Die Komplexität ist jedoch noch größer, denn die colokalisierten Transmitter beeinflussen sich gegenseitig: ACh hemmt die VIP-Ausschüttung, indem es an spezifische präsynaptische Autorezeptoren bindet (Abbildung 5.2). Umgekehrt hemmt aber auch VIP durch Anheftung an neuronale VIP-Rezeptoren die Freisetzung von ACh. Der Transmitter oder die Transmitterkombination, die schließlich ausgeschüttet wird, hängt offensichtlich von der jeweiligen Frequenz und dem Muster der einlaufenden Nervenimpulse sowie von den Wechselwirkungen der freigesetzten Transmitter mit entsprechenden Autorezeptoren ab. Da all diese Vorgänge durch unterschiedliche Zeitkonstanten gekennzeichnet sind, kann das Übertragen und Speichern von Information je nach Umständen unterschiedlich lange dauern.

Die elektrochemische Codierung und die zahlreichen Wechselwirkungen zwischen den Transmittern scheinen weit verbreitet zu sein; sicherlich sind sie nicht nur auf ACh- und VIP-haltige Neuronen beschränkt. Ein zweites Beispiel sei genannt: Nervenzellen der sogenannten Raphékerne im Hirnstamm enthalten sowohl Serotonin (oder 5-Hydroxytryptamin, 5-HT) als auch Substanz P (SP), einen Peptidtransmitter (Abbildung 5.3). In diesem System verstärkt Serotonin die durch Depolarisation ausgelöste Freisetzung von SP aus Nervenfasern, die zum Rückenmark projizieren. Antagonisten des Serotonins hemmen diesen Effekt und beweisen damit seine Spezifität (Bartfai et al. 1986). Umgekehrt ruft SP die Freisetzung von Serotonin aus Faserendigungen hervor, die durch Serotonin selbst autoinhibiert sind (Mitchell und Fleetwood-

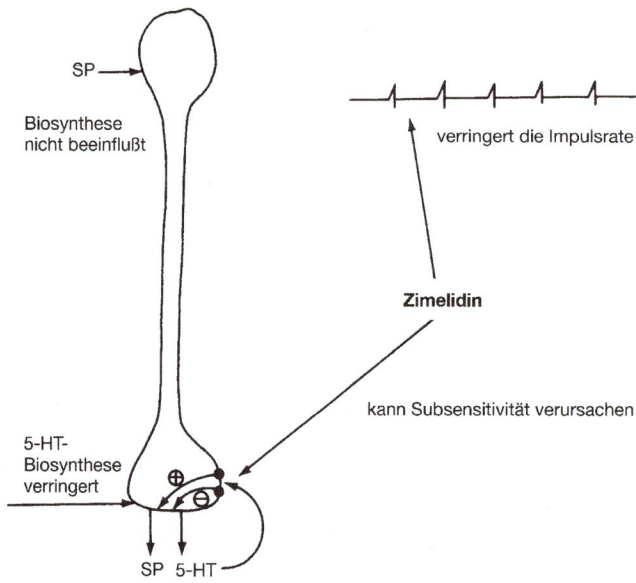

5.3 Ein kooperativ-kombinatorisches Hirnneuron mit Serotonin (5-HT) und Substanz P (SP). Durch seine Einwirkung an verschiedenen Stellen der Zelle kann der Wirkstoff Zimelidin die SP-Menge in den Faserendigungen dieser Zelle im ventralen Rückenmark erhöhen.

Walker 1981). Einmal mehr deutet dies die Komplexität der Transmitterwechselwir-
kungen und das Potential für einen ausgeprägten kombinatorischen Informationstransfer an (Abbildung 5.3).

Wie werden Colokalisation und elektrochemische Codierung in Verhalten übersetzt? Das Peptid Cholecystokinin (CCK) und das Catecholamin Dopamin (DA) colo-
kalisieren im mesolimbischen System des Gehirns (Abbildung 5.4). Die DA/CCK-
Neuronen des ventralen Mesencephalon projizieren zu verschiedenen limbischen
Strukturen, etwa zum Nucleus accumbens, zum Tuberculum olfactorii und zum zentralen Kern der Amygdala (Hökfelt et al. 1980a, 1980b). Diesem System hat man besondere Aufmerksamkeit gewidmet, weil die Hyperaktivität der dopaminergen Bahn als
ein Schlüsselelement in der Pathogenese der Schizophrenie angesehen wurde (siehe
Kapitel 10). Ausführliche elektrophysiologische und pharmakologische Studien deuten darauf hin, daß CCK die Wirkung von DA in diesem System verstärkt (Meyer und
Krause 1983; Fuxe et al. 1981; Crawley et al. 1985). Welche Konsequenzen haben
diese spezifischen Wechselwirkungen für das Verhalten? Tatsächlich bewirkt CCK

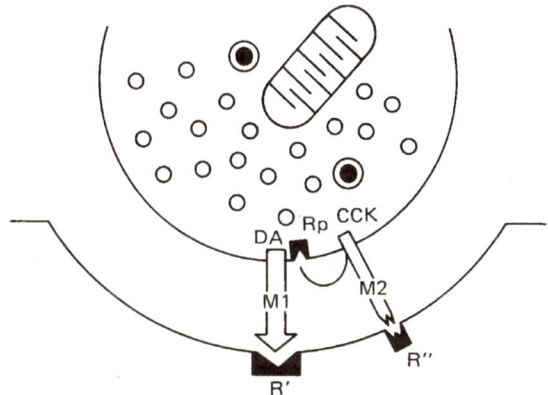

5.4 Kombinatorische Effekte eines mesolimbischen Neurons, dessen Nervenendigung Dopamin
(DA) und Cholecystokinin (CCK) enthält. CCK kann durch Einwirkung auf präsynaptische Rezeptoren
die DA-Freisetzung hemmen. DA und CCK sind beide mit schizophrenen Verhaltensweisen in Zu-
cammonhang gobracht worden. (Nach Hökfelt et al. 1986.)

merkliche Veränderungen von DA-vermittelten Verhaltensweisen (Übersicht bei Skirboll et al. 1986). Dies sei am Beispiel zweier schizophrenieformer Verhaltensmuster
verdeutlicht, die von DA hervorgerufen werden, wenn es im Nucleus accumbens
freigesetzt wird: motorische Überaktivität und Stereotypie (wiederkehrende Bewe-
gungsabfolgen). Verabreicht man CCK gemeinsam mit dem hochwirksamen DA-
Agonisten Apomorphin, so bewirkt dies eine deutliche Verstärkung der Stereotypie im
Vergleich zu jener, die Apomorphin allein hervorruft (Crawley 1985). Die Wirkungen
sind für die jeweiligen Substanzen spezifisch und anatomisch auf den Nucleus accumbens beschränkt. Es ist demnach unverkennbar, daß Colokalisation und kombinatorische Verarbeitung tiefgreifende verhaltensphysiologische und biochemische Konsequenzen haben.

Kombinatorische Transmitterspeicherung

Nach diesem Überblick über die Auswirkungen der elektrochemischen Codierung wenden wir uns jetzt kurz den zellbiologischen Mechanismen zu, die der kombinatorischen Verarbeitung zugrunde liegen. Ein vertieftes Verständnis dieser Mechanismen dürfte weitere Einblicke in die Natur der Synapse und der Kommunikation im Nervensystem bringen. Transmitter sind in den Nervenendigungen in „Paketen" oder Vesikeln gespeichert, die ihren Inhalt als Reaktion auf Nervenimpulse ausschütten. Vielfach sind colokalisierte Transmitter zusammen in denselben Vesikeln enthalten. Dies gilt beispielsweise für die Opiatpeptide und Catecholamine der chromaffinen Nebennierenzellen. Das Verhältnis der freigesetzten Transmitter entspricht daher ihrem Mengenverhältnis in den Vesikeln (Wilson et al. 1982). Bei bestimmten Neuronen liegt eine ähnliche Situation vor. So wird Adenosintriphosphat (ATP), das in bestimmten Systemen als Transmitter dient, von einzelnen sympathischen Nerven und von motorischen Endigungen an der neuromuskulären Synapse gemeinsam mit dem klassischen Überträgerstoff Acetylcholin gespeichert und freigesetzt (Übersicht bei Burnstock 1986).

Erst vor kurzem ist eine völlig getrennte vesikuläre Speicherung verschiedener colokalisierter Transmitter entdeckt worden, die ganz neue Kommunikationsformen gestattet. Zum Beispiel findet man Vasopressin und Oxytocin in unterschiedlichen Vesikeln von magnocellulären Neuronen des Hypothalamus. (Brownstein und Mezey 1986). Auch die colokalisierten Transmitterpaare ACh/VIP und NA/Neuropeptid Y sind in verschiedenen Vesikeln autonomer Nervenzellen gespeichert (Hökfelt et al. 1986; Lundberg und Hökfelt 1986; Stjarne und Lundberg 1986). Andererseits enthalten einzelne Vesikelpopulationen derselben Neurone beide Transmitter (Stjarne und Lundberg 1986). Offensichtlich besitzen bestimmte Nervenzellpopulationen die Fähigkeit, Impulsmuster mit hoher Präzision in Muster freigesetzter Transmitter zu übersetzen. Viele Neuronen und Synapsen sind scheinbar so beschaffen, daß sie die Flexibilität ihrer Kommunikation mittels kombinatorischer Mechanismen maximieren. Konzepte einer starren, digitalen Synapse sind zweifellos unzulänglich und sogar irreführend bei der Erforschung des neuralen Informationstransfers. Die differentielle Speicherung ist zumindest *ein* Mechanismus, die Zusammensetzung und Menge der als Reaktion auf verschiedene Umweltreize freigesetzten Transmitter qualitativ und quantitativ zu verändern.

Eng verwandt mit der differentiellen Speicherung und Ausschüttung sind die Vorgänge der differentiellen Expression und Verstoffwechselung colokalisierter Transmitter. Sie ergänzen die elektrochemische Codierung und die kombinatorische Verarbeitung um eine zusätzliche Dimension und erweitern unser Konzept des synaptischen Informationstransfers.

Differentielle Expression und differentieller Metabolismus von Transmittern

Umweltreize regulieren nicht nur die chemische Natur der freigesetzten Transmitter, sondern auch den Transmitterphänotyp eines Neurons. Unterschiedliche Signale aus der Umgebung bewirken, daß Neuronen neue Transmittermoleküle bilden. Genauer gesagt, steuert die Umwelt die Ausprägung des neuronalen Phänotyps auf der grundlegendsten Ebene: der Genexpression. Mit diesem Mechanismus besitzen Nervenzellen die Fähigkeit, Umweltinformationen über relativ lange Zeit zu speichern; er ermöglicht es ihnen, die zeitliche Lücke zwischen Kurzzeiteffekten der elektrochemischen Codierung bei der Regulation der Freisetzung einerseits und den Langzeitveränderungen der phänotypischen Transmitterexpression andererseits zu überbrücken.

Zahlreiche Signale beeinflussen die Ausprägung des Transmitterphänotyps. *In vivo*-Experimente zeigen beispielsweise, daß Eigenschaften der Mikroumgebung in verschiedenen Hirnregionen den neuronalen Phänotyp verändern können. Die Transplantation von Neuronen im Gehirn von Säugetieren beeinflußt differentiell die Transmitterexpression in diesen Neuronen (Schultzberg et al. 1986): Serotonerge Mittelhirnneuronen aus den Raphékernen bilden nach Transplantation in den Hippocampus oder das Striatum *de novo* Substanz P, nicht aber nach Verpflanzung in das Rückenmark. Vermutlich regulieren also ortsspezifische Faktoren der Mikroumgebung im Gehirn den Transmittertyp.

Auch fernab sezernierte humorale Faktoren kontrollieren die Bildung der Überträgerstoffe bestimmter Neuronen. Die parvozellulären Neuronen des Hypothalamus zum Beispiel reagieren auf Glucocorticoide aus den Nebennieren. Diese drosseln über einen negativen Feedback-Mechanismus die Produktion des Corticotropin-Freisetzungsfaktors (*corticotropin releasing factor*, CRF), sowie die Produktion von Vasopressin und Angiotensin II; die Bildung von Enkephalin und Neurotensin bleibt jedoch unverändert (Swanson et al. 1986).

Offenbar gibt es verschiedenste epigenetische, extrazelluläre Signale, welche die Transmitterexpression steuern und damit Mechanismen zur relativ dauerhaften Informationsspeicherung bereitstellen. Welche molekularen Mechanismen in Neuronen liegen nun der Plastizität ihrer Transmitterexpression tatsächlich zugrunde? Einige dieser Vorgänge werden derzeit anhand der vergleichsweise einfachen sympathischen Neuronen aufgeklärt, auf die wir bereits eingegangen sind. Ähnliche Regulationsprozesse sind anscheinend auch bei Hirnneuronen am Werk; das weist darauf hin, daß zentrale und periphere Nervenzellen gemeinsame molekulare Mechanismen verwenden.

Das catecholaminerge Transmittersystem habe ich bereits eingehend vorgestellt, so daß ich hier nur einige hervorstechende Punkte zusammenfasse. Die Aktivität der Tyrosinhydroxylase, des geschwindigkeitsbestimmenden Enzyms der CA-Synthese, ist ein entscheidender Anzeiger für die Expression und den Metabolismus der Catecholamine. Die transsynaptische Stimulation sympathischer Nervenzellen induziert die TH, die Zahl der TH-Moleküle steigt und damit auch die TH-Aktivität und die CA-Synthese.

Welche molekularen Mechanismen transduzieren die Impulsaktivität in eine TH-Induktion? Eine erhöhte Enzymzahl kann theoretisch aus einer verstärkten Enzymsynthese oder einem verminderten Abbau resultieren (Abbildungen 2.3 und 2.5). Frühere Arbeiten deuteten darauf hin, daß Inhibitoren der RNA- oder Proteinsynthese die TH-Induktion verhindern, so daß man eine verstärkte Synthese als Ursache für den Aktivitätsanstieg vermutete. Diese Annahme konnte jedoch noch nicht vollständig verifiziert werden, weil die Inhibitoren zahlreiche direkte und indirekte Wirkungen ausüben. Erst seit in jüngster Zeit eine komplementäre DNA (cDNA) für die TH verfügbar ist, läßt sich die Genexpression unmittelbar untersuchen. Die Bestimmung der Menge an TH-mRNA mit Hilfe dieser cDNA dürfte verläßlich zeigen, ob die erhöhte transsynaptische Aktivität tatsächlich eine gesteigerte Neusynthese des TH-Proteins verursacht.

Als experimentelles Modellsystem dienten sympathische Neuronen aus dem oberen Cervicalganglion (SCG) der Ratte (Black et al. 1985). Eine verstärkte Impulsaktivität resultierte erwartungsgemäß in einer TH-Induktion, und sie erhöhte signifikant die Menge an TH-mRNA. Beides ließ sich durch Denervierung des Ganglions verhindern. Das weist darauf hin, daß die transsynaptische Impulsaktivität *per se* für den Anstieg der mRNA-Menge sorgte (Abbildung 5.5). Damit hatte man direkte Indizien für die

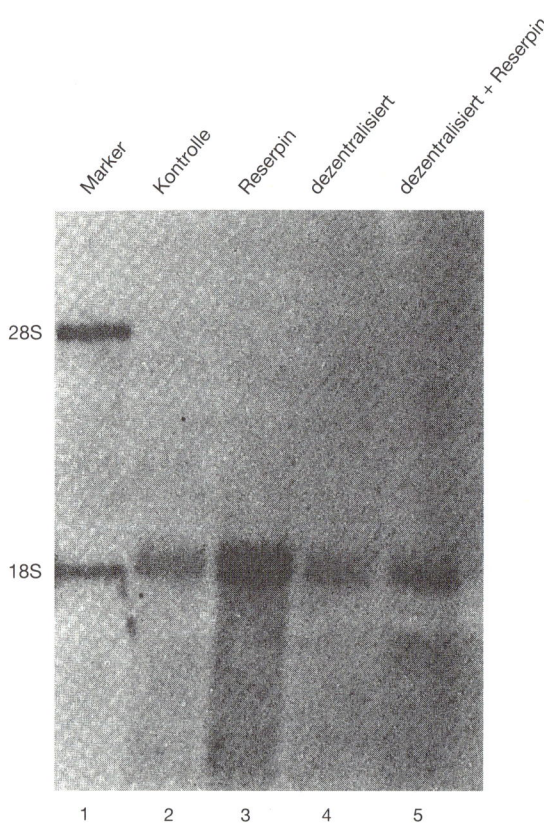

5.5 Die Impulsaktivität reguliert die Menge an TH-mRNA. Northern-Blot-Analyse der TH-mRNA aus dem oberen Cervicalganglion der Ratte. 1: Die Markerspur zeigt die Banden der 18S- und 28S-rRNA als Referenz. 2: Kontrolle, intakt und vehikelbehandelt; 3: intakt und mit Reserpin behandelt; 4: denerviert und vehikelbehandelt; 5: denerviert und mit Reserpin behandelt. (Aus Black et al. 1985.)

Hypothese gewonnen, daß eine verstärkte Impulsfrequenz die TH-Aktivität durch eine gesteigerte Proteinsynthese erhöht.

Anscheinend reguliert die Impulsaktivität, also die Kommunikation im Nervensystem, die Transkription, das heißt die Neubildung von mRNA anhand genomischer DNA. Entscheidet also die Umwelt darüber, welche Gene exprimiert werden? Dies wäre zweifellos ein sehr wirkungsvoller Mechanismus zur Informationsverarbeitung im Nervensystem. Für den Sympathicus steht eine definitive Antwort noch aus. Pharmakologische Hemmstoffe der Genexpression unterbinden zwar die TH-Induktion nach einer Steigerung der Impulsaktivität und legen damit nahe, daß die Transkription beteiligt ist. Dieser Ansatz ist allerdings nur indirekt, und Messungen der Transkriptionsraten selbst sind erforderlich. Dennoch stehen die Befunde mit einer Genregulation durch Depolarisation in Einklang, ein Mechanismus, der kürzlich an einem anderen Modellsystem, dem Nebennierenmark, bestätigt wurde.

Die Impulsaktivität steuert also die Expression bestimmter kritischer Transmittermoleküle. Diese Wirkung wird durch Veränderung der Mengen der entsprechenden Boten-RNAs – vermutlich über selektive Änderungen der Transkription – vermittelt. Im Hinblick auf das kombinatorische Potential interessiert uns nun, ob die Zahl der TH-Moleküle eine kontinuierliche Funktion der Impulsaktivität darstellt, so daß verschiedene Frequenzen zu unterschiedlichen TH-Mengen führen und sich ein kontinuierliches Spektrum verschiedener TH-Konzentrationen ergibt. Anders gesagt, gibt es viele Zustände oder handelt es sich um ein Alles-oder-nichts-Phänomen?

Nach neueren Erkenntnissen variiert die Zahl der TH-Moleküle – abhängig von Impulsfrequenz und Reizwiederholung – wirklich über ein fast kontinuierliches Spektrum. Bei einer Untersuchungsreihe hat man Ratten mit Reserpin behandelt, welches ähnlich wie Umweltstreß wirkt, indem es die sympathische Nervenaktivität steigert (Mueller et al. 1969). Eine einmalige Verabreichung führte innerhalb von drei Tagen zu einem zweieinhalbfachen TH-Anstieg. Wiederholte man die Behandlung dagegen täglich, so ergab sich eine fünffache Steigerung. Direkte elektrische Reizung der innervierenden Nerven resultierte in vergleichbaren Effekten: Eine Stimulation mit 20 Hertz für nur zehn Minuten erhöhte die TH-Aktivität drei Tage später um 25 Prozent, bei einer Reizfrequenz von 60 Hertz betrug die Steigerung 73 Prozent. (Zigmond und Chalazonitis 1979; Zigmond et al. 1980). Eine wiederholte und länger andauernde Reizeinwirkung sorgt also für eine zunehmend größere Steigerung der TH-Aktivität – eine Eigenschaft, die das kombinatorische Potential maximiert. Man beachte, daß diese Beziehung zwischen Reiz und Reaktion die Grundzüge eines Gedächtnismechanismus kennzeichnet (Black et al. 1987).

Wie sprechen nun andere Transmitter, colokalisiert im gleichen sympathischen Neuron, auf eine transsynaptische Stimulation an? Welche Wirkung hat sie auf das kombinatorische Potential dieses einfachen und recht genau untersuchten Systems? Inzwischen ist es gelungen, den vermuteten Peptidtransmitter Substanz P (SP) in sympathischen Neuronen nachzuweisen. SP hat eine völlig andere elektrophysiologische Wirkung als NA. Die iontophoretische Verabreichung von SP löst ein langsames erregendes postsynaptisches Potential aus (Dun und Karczmar 1979), wohingegen NA entweder hemmend oder modulierend wirkt (Übersicht bei Cooper et al. 1982). Folglich würde jeglicher Unterschied bei der transsynaptischen Regulation von TH und SP ein ausgeprägtes kombinatorisches Potential begründen und eine Palette von Antworten der Zielzelle erlauben.

Tatsächlich weisen ausführliche Untersuchungen – unter anderem am lebenden Tier – darauf hin, daß präsynaptische Impulsaktivität die SP-Menge in sympathischen Neuronen verringert und damit einen Effekt hervorruft, der dem Effekt auf die TH entgegengesetzt ist (Abbildung 5.6). Denerviert man beispielsweise sympathische Ganglien adulter Ratten, oder blockiert man pharmakologisch die Erregungsleitung im Ganglion, so steigt die SP-Menge in sympathischen Neuronen an (Kessler et al. 1981; Kessler und Black 1982). Umgekehrt senkt eine pharmakologisch gesteigerte Impulsaktivität den SP-Spiegel.

Eine Steigerung der Impulsaktivität führt also tendenziell zu einem Anstieg des hemmenden Transmitters NA und zu einer Verminderung der exzitatorisch wirkenden Substanz P. Anders formuliert, führen verschiedene Impulsfrequenzen bei sympathischen Neuronen zu unterschiedlichen Transmitterverhältnissen und damit zu unterschiedlichen Effekten auf die Zielzellen. Welche molekularen Mechanismen liegen dieser differentiellen Regulation zugrunde, die dem einzelnen Neuron eine kombinatorische Verarbeitung neuraler Signale erlaubt? Und ist diese Fähigkeit immanent, oder wird sie der Zelle durch übergeordnete Wechselwirkungen verliehen?

Anders als vielleicht vermutet ist die Maschinerie zur Transduktion von Umweltsignalen in kombinatorische Information bereits in die Nervenzelle eingebaut, und die grundlegendste Ebene, das neuronale Genom, ist Teil von ihr. Diese Erkenntnisse stammen überwiegend aus Untersuchungen der kombinatorischen Verarbeitung in experimentell streng kontrollierten Gewebekulturen. Explantiert man Ganglien in Kultur, so steigt die SP-Menge innerhalb eines Tages zehnfach, nach vier bis sechs Tagen vierzigfach an und bleibt dann mindestens einen Monat lang auf diesem Niveau (Kessler et al. 1981, 1983). Des weiteren läßt sich der Einfluß der Impulsaktivität *in vivo* auch in der Ganglienkultur durch Depolarisation reproduzieren und der SP-Anstieg verhindern. Tetrodotoxin, das durch Blockierung des Na^+-Einstroms die Depolarisation verhindert, erhöht die TH und verringert offenbar gleichzeitig SP (Abbildung 5.6).

Diese entgegengesetzte, spiegelbildliche Symmetrie bezieht offenbar auch die molekulargenetischen Grundlagen der SP- und TH-Regulation ein. Wie bereits besprochen, geht die transsynaptische TH-Induktion mit einem Anstieg der TH-mRNA einher, der möglicherweise transkriptionell gesteuert ist. Aktuelle Forschungen weisen nun darauf hin, daß die SP-Zunahme mit einer Zunahme der mRNA assoziiert ist, die das SP-Vorläuferprotein Präprotachykinin codiert (Roach et al. 1987). Auf den ersten Blick scheinen also die TH und SP auf der gleichen Ebene (der mRNA) reguliert zu werden (Abbildung 5.6). Derzeit analysiert man die Auswirkungen einer Depolarisation auf die Transkription des Präprotachykiningens um festzustellen, ob die Impulsaktivität direkt die Genexpression steuert.

Die synaptische Impulsaktivität wird also durch spiegelbildliche Veränderungen der Mengen spezifischer Moleküle repräsentiert, die mit zwei verschiedenen Transmittern in Verbindung stehen. Das vergleichsweise simple Sympathicusneuron besitzt demnach eine große Vielzahl kombinatorischer Zustände, die von der jeweiligen Nervenaktivität abhängen. Verändern sich die Mengen anderer Transmitter der Sympathicusneuronen ebenfalls nach depolarisierenden Stimuli?

Wenngleich diesbezüglich bislang nur bruchstückhafte Hinweise vorliegen, so variiert die Konzentration des Peptids Somatostatin (SS), das in den gleichen sympathischen Neuronen entdeckt worden ist, ebenfalls in Abhängigkeit von depolarisierenden

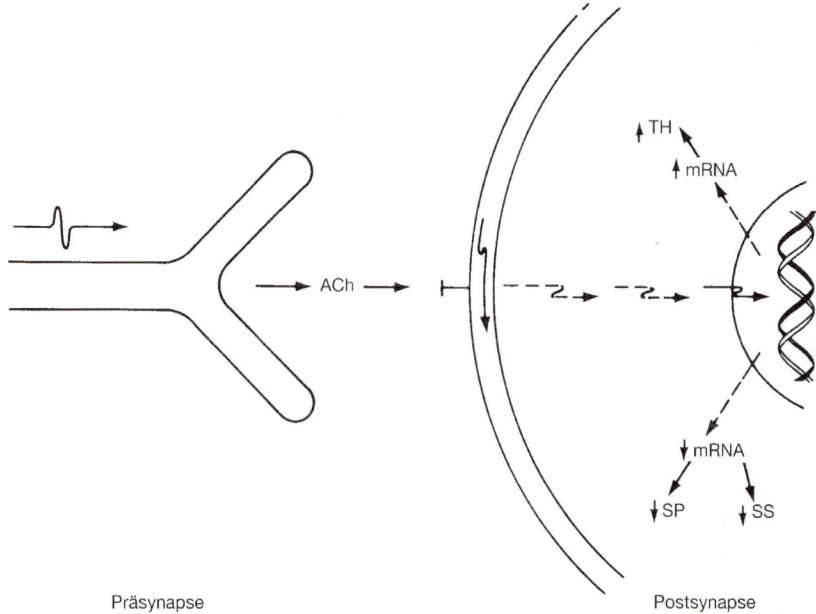

Präsynapse   Postsynapse

5.6 Die Umgebung reguliert colokalisierte Transmitter differentiell. Transsynaptische Impulsaktivität steigert die catecholaminerge Funktion durch eine Erhöhung der TH-mRNA-Menge. Gleichzeitig senkt die verstärkte Impulsaktivität die colokalisierte peptiderge Funktion, indem die entsprechenden mRNAs der möglichen Peptidtransmitter Substanz P (SP) und Somatostatin (SS) mengenmäßig vermindert werden.

Einflüssen (Kessler et al. 1983). Wie SP so nimmt auch SS in explantierten Ganglien deutlich zu. Zudem blockieren depolarisierende Stimuli auch den SS-Anstieg, und dies läßt sich wiederum durch Tetrodotoxin verhindern. Die Parallelen bei der Regulation der beiden Peptide sind also unübersehbar. Jetzt erforscht man die zugrundeliegenden Mechanismen mit dem Ziel, ein umfassendes und vollständiges Bild der kombinatorischen Verarbeitung bei diesem Modellneuron zu erhalten. Den ersten Befunden zufolge wird die Impulsaktivität vermutlich durch Kombinationen von mindestens drei verschiedenen Transmittern verschlüsselt.

Doch damit scheint die Vielfalt noch nicht erschöpft zu sein. Nach neuesten Erkenntnissen enthalten Sympathicusneuronen noch mehrere andere Transmitter, die das kombinatorische Potential weiter vergrößern. Inzwischen hat man in ihnen auch Leu- und Met-Enkephalin, Adenosin, Neuropeptid Y, Cholecystokinin, den Freisetzungsfaktor des luteinisierenden Hormons (LHRH), VIP und ein vasopressinähnliches Molekül nachgewiesen (Übersicht bei Hanley 1989a, 1989b). Die Bedeutung dieser Überträgersubstanzen für Repräsentations- und kombinatorische Verarbeitungsprozesse ist noch ungeklärt.

Transmitter des sympathischen Nervensystems haben semantische und syntaktische Funktion. Das heißt, Transmittersymbole rufen genau beschriebene physiologische Wirkungen in einem für die vegetative Regulation zuständigen neuralen System hervor. Folglich wird jeder Transmitterzustand in spezifische Funktionen zum Beispiel des Herz-Kreislauf-, Atmungs-, Verdauungs- und Urogenitalsystems übersetzt. Dieselben Moleküle, die physiologische Funktionen regulieren, transduzieren auch, verrechnen, speichern und exprimieren gleichzeitig Informationen über die Impulstätigkeit. Ein solcher multifunktioneller Einsatz von Transduktionsmolekülen macht es überflüssig, zusätzlich separate informationstragende (kognitive) Strukturen zu postulieren. Die Frage, ob das Prinzip der Multifunktionalität auch im ZNS Anwendung findet, interessiert in diesem Zusammenhang natürlich sehr.

Aber selbst beim sympathischen Nervensystem haben die Untersuchungen erst begonnen. Wir müssen zunächst präzise die Zusammenhänge erkennen, die der chemischen Codierung zugrunde liegen. Wie exakt ist der Transmitterstatus mit der Impulsfrequenz und dem räumlich-zeitlichen Impulsmuster verknüpft? Wie regulieren spezifische Umweltreize die Impulsaktivität in diesem System, das bei Streß- und Notsituationen tätig wird? Unser Ziel ist es, bestimmte Außenreize mit entsprechenden Impulsmustern und dem verschlüsselnden Transmitterstatus in Verbindung zu bringen.

Ungeachtet der genauen Antworten auf diese Fragen wird deutlich, daß Funktionen mit kognitiven Eigenschaften – wie das Fortbestehen einer Zustandsänderung, die nach wiederholter Reizung zunehmende Symbolgröße oder die Repräsentation eines Stimulus durch ein neuronales Symbol – sämtlich in peripheren Sympathicusneuronen auftreten. Die elementaren Einheiten für kognitive Leistungen wie das Gedächtnis sind also in diesem peripheren System erkennbar. Entscheidende Komponenten kognitiver Funktionen finden sich demnach in verschiedensten Subsystemen und sind nicht auf bestimmte Hirnzentren beschränkt. Es ist zu erwarten, daß auch Regionen des Endhirns genau diese molekularen Grundmechanismen dazu einsetzen, zunehmend komplexere kognitive Phänomene hervorzubringen.

Kombinatorische Systeme
im Modellsystem Nebennierenmark

Wie verbreitet sind kombinatorische Repräsentationsprozesse? Zunächst fahren wir fort, experimentell zugängliche periphere Systeme zu untersuchen und konzentrieren uns auf das Nebennierenmark. Dieses Modellsystem erweitert unsere Fragestellung in mehrerer Hinsicht. Erstens sind die mit Neuronen eng verwandten sogenannten chromaffinen Zellen des Nebennierenmarkes endokrine Zellen, das heißt, sie entlassen molekulare Signale in den Blutkreislauf. Zweitens unterscheiden sich die verwendeten Signalsubstanzen teilweise von denen des Sympathicus. Das erlaubt es uns festzustellen, ob Signale, die sich von unterschiedlichen Vorläufermolekülen ableiten und durch verschiedene Gene codiert werden, ähnlichen kombinatorischen Prinzipien folgen. Mit unserem auf das endokrine System und seine Hormonsignale ausgedehnten Blickwinkel können wir dann herausfinden, ob die kombinatorische Repräsentationsstrategie auch dem Signaltransfer über große Entfernungen zugrunde liegt und nicht nur der synaptischen Kurzstreckenübertragung im Nervensystem. Eine möglicherweise ubiquitäre Verbreitung läßt wiederum Rückschlüsse auf die Evolution des Vorgangs zu. Die Tatsache, daß die chromaffinen Zellen ebenso wie sympathische Neuronen cholinerg innerviert sind, macht das Nebennierenmark in diesem Zusammenhang zu einem besonders geeigneten Modell. Reguliert die Impulsaktivität das Muster der ausgeschütteten Substanzen nicht nur beim Sympathicus, sondern auch beim Nebennierenmark?

Seit langem ist bekannt, daß chromaffine Zellen die Catecholamine NA und A bilden und sezernieren (Übersicht bei Iversen 1967, Seite 30). Nach neueren Studien werden mit den Catecholaminen auch Leu- und Met-Enkephalin gespeichert und ausgeschüttet (Viveros et al. 1979; Livett et al. 1981; Govoni et al. 1981). Beide Enkephaline stammen von demselben Vorläuferpeptid ab, dem Präproenkephalin, und Radioimmunassays beider Peptide eignen sich zur Bestimmung des Opiatpeptidstatus. Andererseits läßt sich anhand der TH-Aktivität der allgemeine Regulationszustand der CA-Synthese ablesen und anhand der PNMT – jenem Enzym, das NA zu A methyliert – der adrenerge Zustand im speziellen.

Die kombinatorischen Muster und die ihnen zugrundeliegenden Mechanismen sind bei chromaffinen Nebennierenmarkzellen und sympathischen Neuronen überraschend ähnlich. Nach Denervierung des Nebennierenmarkes adulter Tiere steigt Leu-Enkephalin stark an (Bohn et al. 1983; LaGamma et al. 1985). Der gleiche Effekt läßt sich auch durch eine pharmakologische Blockade der cholinergen Übertragung erzielen; das weist darauf hin, daß es die cholinerg induzierte Depolarisation ist, die Leu-Enkephalin reguliert. (Diese Beobachtung erinnert stark an die bei sympathischen Neuronen und ihrem Neuropeptid SP gewonnenen Ergebnisse.) Weder chirurgische Denervierung noch pharmakologische Blockade verändern die Aktivitäten der TH und der PNMT. Dennoch ist seit langem bekannt, daß beide Enzyme durch eine erhöhte Impulsaktivität transsynaptisch induzierbar sind. Wie beim Sympathicus scheinen demnach auch die CA- und Peptidtransmitter der Nebennierenmarkzellen differentiell reguliert zu werden.

Die molekularen und genetischen Kontrollmechanismen sind an kultivierten Nebennierenmarkexplantaten eingehender erforscht worden, der bei sympathischen Nervenzellen angewandten Strategie folgend. In explantiertem (und somit denerviertem) chromaffinen Gewebe steigt die Leu-Enkephalin-Menge innerhalb von vier Tagen um das Fünfzigfache an (LaGamma et al. 1984). Die TH bleibt unverändert, die PNMT sinkt auf einen um 60 Prozent niedrigeren stabilen Wert ab. Als weitere Parallele zu den Ergebnissen bei sympathischen Neuronen verhindert eine durch Veratridin ausgelöste Depolarisation den starken Anstieg des Leu-Enkephalins vollständig, und dies läßt sich wiederum durch Tetrodotoxin unterbinden. Transsynaptische Impulse und die Depolarisation (und/oder ihre Folgen) hemmen bei chromaffinen Zellen also Leu-Enkephalin und induzieren zugleich die TH und die PNMT. Abhängig von der Impulstätigkeit ergeben sich somit bei Nebennierenmarkzellen und sympathischen Neuronen ähnliche kombinatorische Muster. Gelingt es uns, die zugrundeliegenden molekulargenetischen Mechanismen zu identifizieren?

Wie erste *in vitro*-Untersuchungen ergeben haben, unterbindet eine Hemmung der Proteinsynthese mit Cycloheximid den Leu-Enkephalin-Anstieg vollständig, während eine Hemmung der RNA-Synthese durch Actinomycin D oder α-Amanitin den Anstieg halbiert (LaGamma et al. 1985). Folglich sind sowohl die RNA- als auch die Proteinsynthese notwendig, damit die Leu-Enkephalin-Menge zunimmt. Dank der zur Verfügung stehenden Präproenkephalin-cDNA kann die Ebene der Regulation sogar direkt bestimmt werden.

Um festzustellen, ob die Leu-Enkephalin-Zunahme mit einer Vermehrung der mRNA einhergeht, die das Vorläufermodell des Opiatpeptids codiert, hat man die Menge dieser mRNA nach vier Tagen in Kultur ermittelt. Verglichen mit Gewebe direkt nach der Explantation (Zeitpunkt null) stieg die RNA-Menge tatsächlich stark an (LaGamma et al. 1985). Die Analyse ergab eine 34fache Steigerung nach zwei Tagen und eine 74fache nach vier Tagen in Kultur.

Die Zugabe depolarisierend wirkender Substanzen zum Kulturmedium sollte nun klären, ob die Depolarisation selbst die Präproenkephalin-mRNA-Menge verändert. Erhöhte K^+-Konzentrationen in der Nährflüssigkeit hemmten den mRNA-Anstieg nach zwei Tagen ebenso wie Veratridin, das durch die Steigerung des Na^+-Einstromes in die Zelle depolarisierend wirkt. Tetrodotoxin, das den Effekten von Veratridin auf die Natriumkanäle entgegenwirkt, verhinderte entsprechend die veratridinbedingte Hemmung des Präproenkephalin-mRNA-Anstiegs.

Insgesamt sprechen die Beobachtungen stark dafür, daß die Depolarisation von Nebennierenmarkzellen deren Gehalt an Leu-Enkephalin durch Veränderung der mRNA-Menge reguliert. Parallele Experimente ergaben, daß nach zwei Tagen *in vitro* – noch bevor eine Zunahme von Leu-Enkephalin meßbar ist – die Menge an Präproenkephalin-mRNA um den Faktor 34 gestiegen ist. Wenn nach vier Tagen Leu-Enkephalin deutlich angestiegen ist, ist die mRNA bereits um das 74fache erhöht. Diese Ergebnisse und die der Experimente mit Stoffwechselinhibitoren lassen vermuten, daß der Zuwachs an Opiatpeptid zumindest teilweise transkriptions- und translationsbedingt ist.

Beim Modellsystem Nebennierenmark ist genügend Gewebe verfügbar, um die Regulationsebene genau zu bestimmen. Messungen der Genexpression (sogenannte *run-on assays*) zeigen eindeutig, daß die Depolarisation tatsächlich die Transkription reguliert. Denervierung und Explantation rufen eine deutlich verstärkte Expression des Präproenkephalingens hervor, während Depolarisation die Genexpression hemmt. Auf diese Weise kann die neuroendokrine Zelle wirksam Informationen über längere Zeit speichern. Vor diesem Hintergrund können wir uns nun einer Reihe kritischer Fragen annähern. Welche Mechanismen vermitteln die Umsetzung der Membrandepolarisation in eine geänderte Genexpression? Wie lange hält die Wirkung auf die Genexpression an? Betrifft diese Regulationsform ganze Genfamilien, und – wenn ja – wird diese Erkenntnis Hinweise auf die „Orchestrierung" von Informationen im Nerven- und Hormonsystem insgesamt erbringen?

Zusammenfassend können wir festhalten: Periphere neuroendokrine Zellen verwenden molekulare Signale als Symbole, um so die Impulsaktivität zu repräsentieren. Unterschiedliche kombinatorische Zustände entsprechen verschiedenen Impulsfrequenzen und lösen jeweils andere physiologische Wirkungen aus. Hormone und Transmitter haben eine Doppelfunktion als physiologische Effektoren und Verschlüssler von Informationen. Verarbeiten und speichern alle Zellen extrazelluläre (Umwelt-) Informationen auf diese Weise? Was bedeutet das für den evolutionären Ursprung dieser Prozesse? Bevor wir diese Fragen diskutieren, gehen wir noch einmal auf das Potential des Gehirns zur kombinatorischen Repräsentation ein.

Das kombinatorische Potential des Gehirns: Mechanistische Überlegungen

Erste Einblicke in die molekularen Mechanismen, die für eine kombinatorische Repräsentation sorgen, stammen aus Untersuchungen des vergleichsweise einfachen und gut zugänglichen PNS. Nun mehren sich die Hinweise, daß ähnliche Prozesse auch die Funktion von Hirnneuronen steuern. Einmal mehr dient der Locus coeruleus (LC) als aufschlußreiches Modellsystem.

Erfüllen LC-Neuronen die beiden wichtigsten Kriterien: Bildung mehrerer Transmitter und Abhängigkeit der Transmitter oder ihrer Regulatoren von der Impulstätigkeit? Tatsächlich enthalten Subpopulationen von LC-Zellen außer dem klassischen Überträgerstoff NA auch die möglichen Peptidtransmitter Neuropeptid Y (NPY) und Galanin (Melander et al 1986; Übersicht bei Gray und Morley 1986). Wie diese beiden neuentdeckten Moleküle reguliert werden, ist noch nicht bekannt. Allerdings gibt es Anzeichen, daß die TH in LC-Zellen durch Streß beeinflußbar ist. Neuere Untersuchungen an LC-Zellkulturen zeigen, daß depolarisierende Reize die TH induzieren. Offensichtlich besitzen also auch ZNS-Neuronen ein kombinatorisches Potential. Eine kurze Beschreibung dieser Experimente soll ihre Aussagekraft verdeutlichen und die Lücken in unserem Wissen aufzeigen.

Kältestreß, Streß durch Bewegungsunfähigkeit und eine Vielzahl von Pharmaka induzieren die TH im Locus coeruleus lebender Ratten. Als Ursache vermutete man die Depolarisation. Experimente *in vitro* mit explantiertem LC-Gewebe stützen nun diese Hypothese: Eine durch Zugabe von Veratridin oder Erhöhung der Kaliumkonzentration im Kulturmedium ausgelöste Depolarisation bewirkt, daß die katalytische Aktivität der TH ansteigt. Dieser Anstieg ist mit einer Zunahme der Zahl von TH-Molekülen verbunden (Dreyfus et al. 1986). Auch das catecholaminerge LC-System kann demnach – abhängig vom Ausmaß der Depolarisation – mehrere Zustände einnehmen. Wie sich inzwischen herausgestellt hat, steigt nicht nur die Zahl der Enzymmoleküle, sondern auch die Menge der TH-mRNA (Biguet et al. 1986). Der regulatorische Einfluß der Impulsaktivität auf die Genexpression ist also beim LC-System und bei peripheren Systemen, wo sie zuerst entdeckt wurden, offenbar ähnlich. Jetzt ist es wichtig festzustellen, ob NPY und Galanin ebenfalls auf die Impulsaktivität ansprechen, ob also LC-Zellen tatsächlich in multiplen kombinatorischen Transmitterzuständen vorliegen können.

Interpretationen und Implikationen

Kombinatorische Strategien innerhalb von Neuronen führen zu potentiellen kombinatorischen Strategien zwischen Neuronen; sie sind der rote Faden, der molekulare Symbole mit Neuronengruppen und -ensembles verbindet. Die chemische Kommunikation zwischen dem präsynaptischen Transmitterphänotyp und dem postsynaptischen Transmitterrezeptor bildet einen flexiblen chemischen Schaltkreis, der sich auf den Hintergrund der relativ festverdrahteten anatomischen Schaltung einprägt. Dieselben Transmittersymbole, die Informationen innerhalb der Nervenzelle verschlüsseln, dienen auch als Signale, um postsynaptische Zellen zu aktivieren. Durch die Verwendung zahlreicher Transmitter vergrößern Neuronen enorm ihr Potential zur Bildung räumlicher Muster in dem bereits anatomisch komplexen Nervensystem. Außerdem steigt auch die zeitliche Flexibilität mit der phänotypischen Plastizität der Zellen. Dies ermöglicht die von ihrer Nutzung abhängige Bildung oder Auflösung, die Stärkung oder Schwächung chemischer Schaltkreise.

Während der anatomische Schaltplan des Nervensystems hauptsächlich unter dem Einfluß ontogenetischer Mechanismen entsteht, die allen Organismen einer Art gemein sind, dürften entscheidende Aspekte der chemischen Verschaltung von den Erfahrungen des Individuums abhängen. Die Plastizität mehrerer colokalisierter Transmitter gestattet es einer anatomisch bereits festgelegten Schaltung, ihre Eigenschaften dennoch grundlegend zu verändern. Mit Blick auf Verhalten und Kognition ist es diese Plastizität, die – auf der Grundlage einzigartiger innerer wie äußerer Erfahrungen – Individualität verleiht trotz der Gemeinsamkeiten in der anatomischen Verschaltung. Eingebettet in ein mehr oder minder stark fixiertes, artspezifisches Schaltmuster liegt ein immenses Potential an chemisch codierten Mustern, die Form und Funktion des Schaltplans erfahrungsabhängig modifizieren können.

Welche Kommunikationsmuster lassen sich durch chemische Schaltungen erzeugen? Als Grundformen können wir topographische und kombinatorische Muster unterscheiden; beide schließen sich gegenseitig nicht aus. Eine Interaktion beruht im einfachsten Fall darauf, daß – ungeachtet der Gegenwart weiterer Transmitter und Rezeptoren – ein präsynaptischer Transmitter und der passende postsynaptische Rezeptor zusammentreffen. Die *einfache topographische Codierung* (Abbildung 5.7), bei der Afferenzen chemisch mit räumlich parallelen Efferenzen zusammenpassen, konserviert topographische Beziehungen und ist das chemische Gegenstück vieler motorischer und sensorischer Systeme (beispielsweise des Sehsystems oder der Körpersensorik). Bei jedem anatomisch einfachen topographischen System erlaubt die chemische Vielfalt jedoch eine Parallelverarbeitung in getrennten chemischen Bahnen und vergrößert auf diese Weise die Kapazität des Informationsflusses enorm. Beispielsweise besteht das Hinterwurzelganglion der Säugetiere aus Subpopulationen sich vermischender Neuronen, die unterschiedliche Peptidtransmitter enthalten und daher genau diese Form der Informationsverarbeitung erlauben. Je mehr Erkenntnisse wir gewinnen, desto eher werden wir eine chemische Topographie auch bei solchen anatomischen Systemen entdecken können, bei denen man sie aufgrund klassischer anatomischer Untersuchungen nicht erwartet hätte.

Die *iterative topographische Codierung* (Abbildung 5.7) ist eine komplexe Übergangsform zwischen einfacher topographischer und kombinatorischer Codierung. Wenn sie sich über mehrere Synapsen erstreckt, kann sie spezifische Muster von Umweltreizen verschlüsseln. Bei iterativen topographischen Mustern zieht ein Axon mit den Transmittern A und B durch linear ausgedehnte Gruppen von Dendriten (oder Zellkörpern), welche die passenden Rezeptoren A' und B' aufweisen; ähnliche Muster treten bei C und D und ihren Rezeptoren C' und D' auf. Die Weiterentwicklung eines solchen Musters führt möglicherweise zu nachgeschalteten (*upstream*) Zellen, die nur

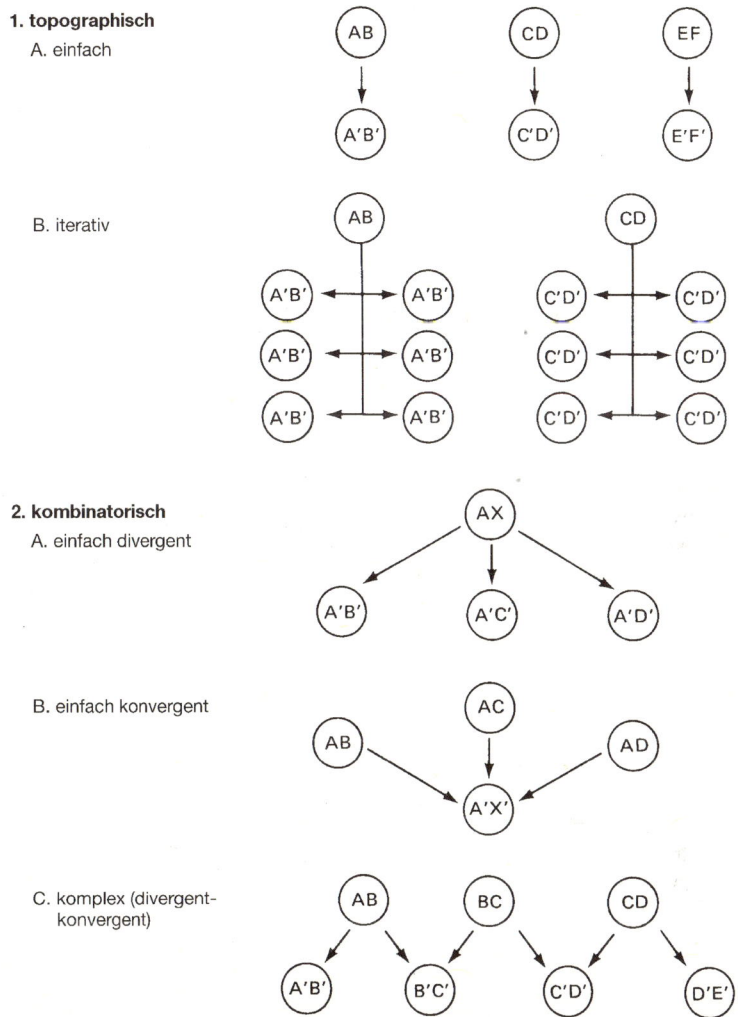

5.7 Die kombinatorische Codierung bei Schaltungen. Zur besseren Veranschaulichung lassen sich Schaltungen in topographische und kombinatorische Formen unterteilen. Einfache topographische Schaltungen dienen der Punkt-zu-Punkt-Kommunikation; dieses Prinzip ist beispielsweise bei einfachen sensorischen und motorischen Systemen verwirklicht. Bei topographischen Schaltungen korrespondieren präsynaptische Transmitter und postsynaptische Ansprechbarkeit. Iterative topographische Schaltungen, repräsentiert zum Beispiel durch die Kletterfasern des Kleinhirns, sind gekennzeichnet durch afferente Fasern, die eine räumlich ausgedehnte Gruppe rezeptiver Neuronen innervieren. Alle innervierten postsynaptischen Neuronen reagieren dabei auf die jeweiligen freigesetzten Transmitter. Bei kombinatorischen Systemen gibt es verschiedene präsynaptisch-postsynaptische Verknüpfungsformen. Im Fall einfacher divergenter Systeme kommuniziert einer der vielen präsynaptischen Transmitter mit entsprechenden Rezeptormolekülen mehrerer postsynaptischer Neuronen. Wenn umgekehrt zahlreiche präsynaptische Neuronen aufgrund ihres passenden präsynaptischen Transmitters mit nur einer postsynaptischen Population kommunizieren, spricht man von einfachen konvergenten Systemen. Komplexe Systeme vereinigen Merkmale divergenter und konvergenter Systeme in sich. Dabei können einzigartige Kombinationen von Schaltmustern entstehen.

auf die vollständige Kombination ABCD reagieren. Diese zentraleren Neuronen erkennen also komplexe externe Reizmuster, indem sie nur auf gleichzeitige Stimulation durch getrennte iterative Gruppen A′ B′ und C′ D′ ansprechen (Abbildung 5.7). Dabei werden selektive Merkmale eines Stimuluskomplexes „extrahiert". Allerdings trifft diese Argumentation nur für solche Systeme zu, in denen die Verarbeitung wirklich kombinatorisch erfolgt.

Eine *echte kombinatorische Informationsverarbeitung* ist in ihrer elementarsten Form auf der Ebene der einzelnen Schaltstation entweder divergent oder konvergent. Eine chemisch codierte *Konvergenz* erlaubt es dem nachgeschalteten Neuron auf Neuronen erster Ordnung zu reagieren, die räumlich verstreut sind und selbst möglicherweise von völlig verschiedenen Reizmerkmalen erregt werden (Abbildung 5.7). Diese Situation entspricht der im vorigen Absatz beschriebenen. Sie erlaubt es den „zentralen" Neuronen höherer Ordnung auf komplexe Stimuli anzusprechen. Die Elemente dieser Stimuli werden von den Symbolen der Neuronen erster Ordnung repräsentiert. Bei *einfacher Divergenz* (Abbildung 5.7) können die Symbole einer einzelnen Afferenz erster Ordnung an zahlreichen Repräsentationen in nachgeschalteten Neuronen höherer Ordnung mitwirken. *Komplexe kombinatorische* chemische Schaltungen kombinieren diese Eigenschaften: Ein einzelnes Neuron (oder eine Synapse) erster Ordnung partizipiert an multiplen Repräsentationen zweiter Ordnung und ist zugleich nur eines von zahlreichen Elementen, die auf andere Zellen zweiter Ordnung konvergieren; dadurch sind höhere Formen der Mustererkennung möglich. Neuronen zweiter Ordnung reagieren in komplexen Schaltmustern nur dann maximal, wenn sich konvergente und divergente Afferenzen gleichzeitig entladen. Damit ist die Grundlage für eine echte assoziative Verarbeitung geschaffen.

Bislang konzentrierten sich unsere Überlegungen auf die Doppelfunktion der Transmitter als Symbole und Signale, die an konventionellen, elektronenmikroskopisch erkennbaren anatomischen Synapsen übertragen werden. Unter bestimmten Umständen „befreit" sich die chemische Kommunikation allerdings von den Beschränkungen der festen Verdrahtung. Verschiedene Transmitter eines Neurons können Antworten in verschiedenen Zielneuronen auslösen; manche von diesen Zielzellen brauchen dabei noch nicht einmal mit dem stimulierenden afferenten Neuron konventionell synaptisch verbunden zu sein. Im sympathischen Ganglion des Ochsenfrosches, beispielsweise, innervieren bestimmte Nervenfasern eine Klasse von Neuronen und stimulieren sie durch die synaptische Freisetzung von Acetylcholin. Zusätzlich enthalten und sezernieren diese afferenten cholinergen Fasern ein LHRH-ähnliches Peptid. Das Peptid diffundiert viele Mikrometer weit, bevor es bei einer völlig anderen Klasse sympathischer Neuronen, denen LHRH-Synapsen fehlen, ein langsames erregendes postsynaptisches Potential (EPSP) auslösen (Übersicht bei Branton et al. 1986). In diesem Fall erfolgt die neuronale Kommunikation auf hormonellem statt auf dem typischen synaptischen Weg; sie hängt davon ab, wie stabil das freigesetzte Peptid und sein Rezeptor auf der Zielzelle sind. Physikochemische Eigenschaften des Transmittermoleküls bilden hier die Grundlage für „unkonventionelle" Formen des neuralen Informationsaustausches. Anatomische und chemische Schaltungen sind also nicht deckungsgleich: Die spezifische chemische Kommunikation im Nervensystem ist nicht an anatomische Verbindungen und Synapsen gebunden. Diese „Mißachtung" orthodoxer neuroanatomischer Prinzipien ist kein Einzelfall. Auch Sexualsteroidhormone und Glucocorticoide interagieren spezifisch mit neuronalen Rezeptoren und rufen physiologische Antworten hervor. Dennoch ist das verbreitete Phänomen der nichtsynaptischen Kommunikation im Nervensystem bislang eher unterbewertet worden.

Die Auswirkungen – so spekulativ sie derzeit noch sein mögen – sind bemerkenswert. Die Schaltungen in Abbildung 5.7 lassen sich als strukturell-anatomische und/ oder als chemische Muster betrachten. Offenbar sind Verbindungen in Zellensembles, Netzwerken und Matrices nur im Extremfall entweder rein anatomischer oder rein chemischer Natur. Zumindest aber dürften chemische Netzwerke und nichtsynaptische Kommunikation die anatomischen Schaltungen ergänzen und reichhaltige Möglichkeiten für assoziative Phänomene bieten.

Zusammen mit der bereits besprochenen Transmitterplastizität erlaubt der nicht an Synapsen gebundene chemische Informationstransfer, daß trotz des Fehlens von Neuritenelongation, zielgerichtetem Wachstum und Synapsenneubildung neue Netzwerke und Zellensembles entstehen können. Die Bildung oder Festigung chemischer Schaltungen braucht sich also nicht strukturell erkennbar zu manifestieren. Umgekehrt kann ein bestimmtes anatomisches Muster Grundlage für verschiedene chemische Kommunikationswege sein, die jeweils durch Änderungen externer Stimuli hervorgerufen werden. Zumindest sollten diese Überlegungen vor rein neuroanatomisch begründeten Schlußfolgerungen warnen und uns bewußt machen, daß wir die Realität neuraler Netzwerke noch längst nicht vollständig erfassen können.

6

Moleküle und Modularität der Hirnfunktion

AVP: Antidiuretikum, Vasopressor, Transmitter und Hormon • Die Polyprotein-strategie • POMC: ACTH, Endorphin, MSHs und Streßreaktionen • Opiatpep-tide • Genomische Organisation von Polyproteinen • Genstruktur bedingt Modu-larität • Polyproteinmodule von Invertebraten: ELH

Ausgedehnte Forschungsarbeiten im Bereich der Neurologie, Psychologie und Neuro-wissenschaften lassen vermuten, daß die Struktur und die Funktion des Gehirns in Modulen organisiert sind (Fodor 1983; Gazzaniga 1989; Pylyshyn 1980). Das bewuß-te Erleben, ein scheinbar einheitliches Phänomen, besteht aus zahlreichen Einzelkom-ponenten. Selbst an dem so einfach anmutenden Vorgang, sich etwas vor seinem geistigen Auge vorzustellen, sind verschiedenste Prozesse beteiligt, die bei dem Abru-fen bildhafter Informationen aus dem Gedächtnis und deren anschließender Manipula-tion mitwirken (Kosslyn 1988). Rückschlüsse aus psychologischen Untersuchungen werden durch neurowissenschaftliche Studien ergänzt. Eine Fülle von Beobachtungen deutet darauf hin, daß verschiedene Hirnregionen unterschiedlichen geistigen Funktio-nen dienen und daß eine Entkopplung (Diskonnektion) dieser Regionen die normale, ausgewogene Funktion des Geistes verhindert.

Auch die Verarbeitung von Sinnesreizen erfolgt parallel auf mehreren Wegen. Bei-spielsweise sind beim Sehsinn verschiedene Verarbeitungswege für die Wahrnehmung von Farben, Bewegung und Tiefe zuständig, und dennoch erscheint uns der Sehvor-gang einheitlich (Livingstone und Hubel 1988). Das Konzept der Modularität stützt sich auf psychologische Analysen und auf Erkenntnisse über die anatomisch-funktio-nelle Organisation des Gehirns. *Aber auch in einem diesbezüglich bislang nicht beach-teten Bereich ist das modulare Prinzip verwirklicht: bei der genomischen und bioche-mischen Organisation von Neuroeffektormolekülen.*

Neuronen synthetisieren Polyproteine, die zahlreiche biologisch aktive Moleküle enthalten. Ihre gemeinsamen Wirkungen bilden ein Modul aus verwandten Verhal-tensäußerungen (siehe zum Beispiel Abbildung 6.3). Polyproteine bestehen also aus einer Reihe verschiedener Peptide, die jeweils andere, jedoch miteinander verwandte

Verhaltensweisen verschlüsseln. Wird das Polyprotein von der Zelle enzymatisch gespalten, können seine Peptidbestandteile ihre charakteristischen verhaltensphysiologischen Wirkungen entfalten.

Derartige Polyproteine dienen folglich der effektiven Verschlüsselung verwandter Verhaltensformen. Die proteolytische Spaltung eines einzigen Moleküls setzt mehrere einzelne Neurohormone frei, die einen komplexen, aber stereotypen Verbund von Verhaltensäußerungen hervorrufen. Eine einzelne Neuronenpopulation kann demnach durch die Synthese nur eines Proteins mehrere zusammengehörende Verhaltensreaktionen vermitteln, die jeweils von einem anderen Transmitter gesteuert werden. Dieser Mechanismus garantiert, daß ein komplexes Verhaltensrepertoire als Ganzes ausgeführt wird.

An diesem Punkt drängen sich eine ganze Reihe von Fragen zur Polyproteinstrategie auf: Von welchen Polyproteinen ist bekannt, daß sie Verhaltensweisen steuern? Wie wird das Polyprotein in seine aktiven Peptidbestandteile umgewandelt? Wie sind die Polyproteine im Genom verschlüsselt? Können wir durch das Verständnis ihrer genomischen Organisation etwas über die Organisation des Verhaltens erfahren? Schafft das Polyproteinprinzip Mechanismen für Plastizität? Ist diese Strategie auf das Nervensystem beschränkt? Und schließlich: Wie weit ist sie stammesgeschichtlich verbreitet?

Untersuchen wir der Einfachheit halber vor den Polyproteinen zunächst ein einzelnes Neuroeffektormolekül, das mehrere physiologische Aktivitäten verschlüsselt. Auf diese Weise hoffen wir, die der Freisetzung vorausgehenden Umweltreize und den letztlich ausgelösten Verbund von Aktivitäten bestimmen zu können. Wenn an diesem einfachen Beispiel der Zusammenhang zwischen Molekül und Modularität deutlich gemacht ist, wenden wir uns den echten Polyproteinen zu. Dabei wird es unser Ziel sein, festzustellen, welchen Umweltreiz ein solches Molekül repräsentiert und in welche verhaltensphysiologischen Aktivitäten diese Information übersetzt wird.

Arginin-Vasopressin: Ein einfaches Modellmolekül

Das Arginin-Vasopressin-(AVP-)Molekül der Säugetiere – auch Adiuretin oder antidiuretisches Hormon, ADH, genannt – ist ein einfaches Octapeptid (es besteht aus acht Aminosäuren, wobei zwei über eine Disulfidbrücke verknüpfte Cysteinreste als ein Cystinrest gezählt werden) und spielt bei der Regulation des Flüssigkeitshaushalts eine entscheidende Rolle (Überblick bei Andreoli 1982). Das Neurohormon entfaltet viele physiologische Einzelwirkungen, wenn es vom Hypophysenhinterlappen freigesetzt wird (Abbildung 6.1). Auslöser der AVP-Sekretion sind Streß, Schmerz sowie die Folgeerscheinungen eines verringerten Gesamtwassergehalts des Körpers, beispielsweise die Abnahme des intravasculären (Blut-)Volumens oder die Erhöhung der Osmolalität des Blutplasmas. Die AVP-Ausschüttung zielt darauf ab, den Flüssigkeitshaushalt wieder ins Gleichgewicht zu bringen. Obwohl es nur ein einzelnes Molekül ist, ruft das AVP-Peptid zahlreiche physiologische Wirkungen hervor. Auf die Niere wirkt es antidiuretisch, indem es die Urinbildung und damit den Wasserverlust ein-

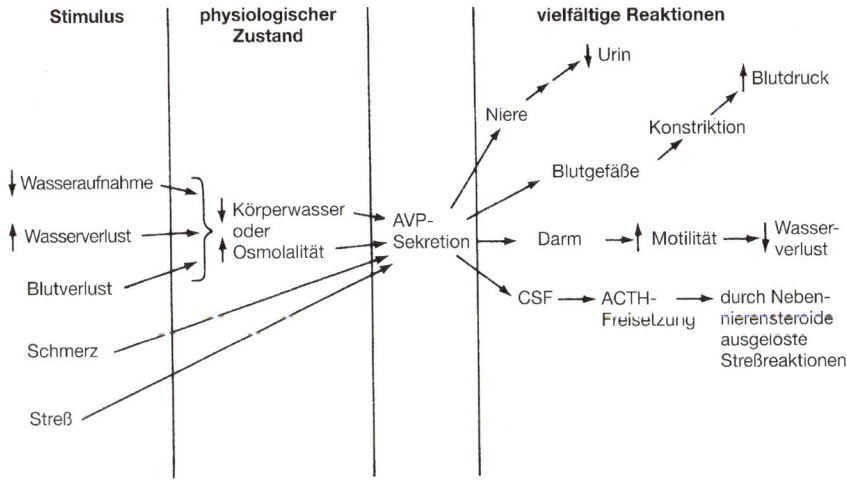

6.1 Der Informationsfluß bei dem multifunktionellen Signalpeptid Arginin-Vasopressin, AVP. Information fließt vom extrazellulären oder Umweltreiz über den physiologischen Zustand zur AVP-Sekretion. Diese ruft zahlreiche physiologische Reaktionen hervor.

schränkt. AVP verengt außerdem die Blutgefäße und hält dadurch auch bei verringertem Blutvolumen den Blutdruck konstant. Es stimuliert die Darmmotilität und verringert vermutlich den Flüssigkeitsverlust im Darm. Schließlich steigert in die Cerebrospinalflüssigkeit (CSF) sezerniertes AVP die Freisetzung von ACTH (adrenocorticotropem Hormon), das die Sekretion von Steroidhormonen durch die Nebennieren stimuliert und vielfältige physiologische Streßreaktionen auslöst. AVP spricht also auf die Folgen eines Wasserverlusts an und aktiviert ein Modul von Reaktionen, darunter Flüssigkeitsretention, Gefäßverengung und Blutdruckstabilisierung sowie Mechanismen der physiologischen Streßreaktion (Abbildung 6.1).

Eine nähere Betrachtung der Umweltreize, der neuralen Mechanismen und der diversen physiologischen Wirkungen dürfte Aufschluß über die präzise Bedeutung von AVP für den Informationsfluß geben. Wie in Abbildung 6.2 dargestellt, wird das Octapeptid in Neuronen des supraoptischen und des paraventrikulären Kerns des Hypothalamus synthetisiert. Sie projizieren zum Hypophysenhinterlappen, wo Faserendigungen AVP auf entsprechende Stimuli hin freisetzen. Die Ursachen für einen Wasserverlust des Organismus können sehr verschieden sein, beispielsweise Blutverlust, Lebererkrankungen oder passive Dehydratisierung (Entwässerung). Der Wasserverlust wiederum kann zu einem verringerten Blutvolumen und einer erhöhten Osmolalität des Plasmas führen, den unmittelbaren Ursachen einer AVP-Sekretion: Der mit dem abnehmenden Blutvolumen üblicherweise sinkende Blutdruck bewirkt eine Reizung von Niedrigdruckbarorezeptoren im cardiovasculären System. Die stimulierten Barorezeptoren im linken Atrium, Aortenbogen und an der Gabelung der Halsschlagader (im Carotissinus) senden Nervenimpulse über den Nervus glossopharyngeus und den cranialen Vagusnerven zum Hypothalamus. Bei einer gesteigerten Impulsaktivität schütten dann die Faserendigungen in der Hypophyse AVP aus.

Andererseits aktiviert eine erhöhte Plasmakonzentration (Osmolalität) Osmorezeptoren im Hypothalamus, und das löst letztlich ebenfalls eine AVP-Sekretion aus. Die

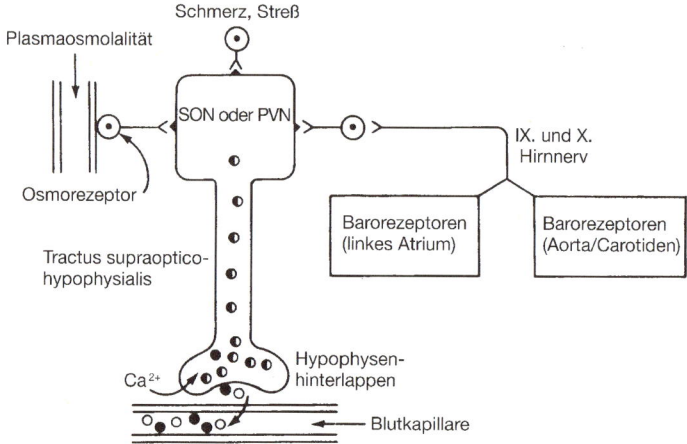

6.2 Die anatomische Grundlage der AVP-Sekretion. SON, Neuron des Nucleus supraopticus; PVN, Neuron des Nucleus paraventricularis. (Nach Andreoli 1982.)

Osmorezeptoren sind so empfindlich, daß schon eine Zunahme der Plasmaosmolalität um nur ein Prozent zur AVP-Ausschüttung führt. (Auch Schmerzen und Streß stimulieren die AVP-Freisetzung, die zugehörigen neuralen Übertragungswege und Mechanismen müssen jedoch erst aufgeklärt werden.)

Wir können zusammenfassend festhalten, daß eine Gruppe verwandter physiologischer Zustände über die Reizung hochspezialisierter Rezeptoren die Sekretion eines einzelnen Neuroeffektormoleküls hervorruft. Solche scheinbar verschiedenartigen Umstände wie ein akuter, starker Blutverlust, eine mit reduziertem Blutvolumen einhergehende Lebererkrankung oder eine durch Wasserentzug bedingte Dehydratisierung aktivieren ein Modul aus AVP-vermittelten physiologischen Reaktionen. Die Reizung von Baro- und Osmorezeptoren bewirken letztlich eine AVP-abhängige, konzertierte Stimulation von Niere, glatter Gefäßmuskulatur, Darm und Hypophyse. Information fließt vom physiologischen Zustand über spezielle neurale Rezeptoren zum kommunikativen Neuroeffektormolekül AVP und wieder zurück zum physiologischen Zustand.

AVP löst ein Bündel zusammenhängender Reaktionen aus, indem es direkt auf ganz verschiedene, im Körper weit verstreute Gewebe einwirkt. Es bindet an spezifische Rezeptoren auf Nierentubuluszellen, glatten Gefäßmuskelzellen, Hypophysenneuronen und Darmzellen. Das physiologische AVP-Modul ist das Ergebnis der Stimulation geographisch und funktionell verschiedener Zellpopulationen. Die Modulfunktion ist also nicht an einen einzigen Ort im Körper gebunden, sondern ergibt sich aus der gemeinsamen Tätigkeit von Zellen und Systemen, die über den ganzen Körper verteilt sind.

Allerdings zeigt AVP bei der Umwandlung von Umweltinformationen in das verhaltensphysiologische Modul eine gewisse Inflexibilität. Im typischen Falle löst nämlich bereits die Stimulation einer der beiden Rezeptorklassen sämtliche AVP-Reaktionen aus. So bewirkt beispielsweise die Reizung der Osmorezeptoren Veränderungen der Blutgefäße und der Nierenfunktion sowie eine Ausschüttung von ACTH. Dies bedeutet, daß abnorme Werte der von der Niere eingestellten Plasmaosmolalität ohne zu differenzieren sowohl cardiovasculäre als auch endokrine und Nierenreaktionen auslösen. Die Stimulation von Baro-, Osmo- und Schmerzrezeptoren ruft demnach jeweils die ganze Palette der AVP-Reaktionen hervor. Eben weil alle diese Effekte gewissermaßen in ein und demselben Molekül verschlüsselt sind, fehlt eine Möglichkeit, die Einzelwirkungen getrennt zu kontrollieren. Andererseits erlaubt es gerade diese feste Verknüpfung von Struktur und Funktion dem neuroendokrinen System, ein einziges Reizfragment mit dem kompletten Satz aus verschiedensten integrierten physiologischen Reaktionen zu beantworten. In diesem und vergleichbaren Fällen ist das biologische System so konstruiert, daß es ein komplexes moduläres Repertoire auch auf fragmentarische Reize hin ausführen kann. Die echten Polyproteine haben die Fähigkeit, spezifische Reize präzise und modellierbar in spezifische Reaktionen umzuwandeln.

Wenngleich die verschiedenen Zielzellen auf AVP ganz unterschiedlich reagieren, ergibt sich daraus doch eine einheitliche physiologische Antwort auf der Ebene des gesamten Organismus. Anders formuliert: *Die Einheit des Moduls kommt auf der Ebene der Systemintegration zum Vorschein.* Zum Beispiel sprechen Epithelzellen verschiedener Tubulusabschnitte der Niere ganz unterschiedlich auf AVP an: Im Sammelrohr erhöht AVP die Permabilität der Zellen für Wasser, während es in den Tubuli des Nierenmarkes den aktiven Natriumtransport verstärkt. Das Ergebnis dieser unterschiedlichen Reaktionen auf der zellulären Ebene ist jedoch eine einheitliche Reaktion der Niere insgesamt: die Retention des Körperwassers durch Konzentrierung des Urins. Auf einer höheren Integrationsebene ergänzen sich die AVP-Wirkungen auf Niere und Blutgefäße; das Ziel ist die Stabilisierung des Wassergehalts und der cardiovasculären Hydrodynamik bei (drohendem) Wasserverlust. *Selbst bei einem so einfachen Effektormolekül wie AVP begegnen wir also verschiedenen Funktionsebenen, dem Phänomen der funktionellen Integration, und der Entstehung „neuer" Funktionen auf übergeordneten Ebenen.* Das AVP-Modul ist untergliedert in eine Multisystem-, System-, Organ-, Zell- und Molekülebene, die alle jeweils wieder aus Komponenten bestehen. Die Mechanismen der verschiedenen Ebenen interagieren miteinander, so daß Information gleichzeitig in viele Richtungen fließt – ein Phänomen, das wir in den folgenden Kapiteln untersuchen werden.

Nach dieser einführenden Betrachtung wenden wir uns nun echten Polyproteinen zu. Diese setzen sich aus mehreren Effektormolekülen zusammen, die jeweils eigene Wirkungen verschlüsseln.

Polyproteine und Opiatpeptide: POMC

Das verhaltensphysiologische Repertoire eines Polyproteins ist noch komplizierter als das eines einzelnen Effektormoleküls. Proopiomelanocortin (POMC) ist ein Beispiel unter den bereits bekannten Polyproteinen (Abbildung 6.3; Überblick bei Akil et al. 1984). Bei Umweltstreß setzt der Hypophysenvorderlappen aus dem POMC-Polypro-

A: POMC

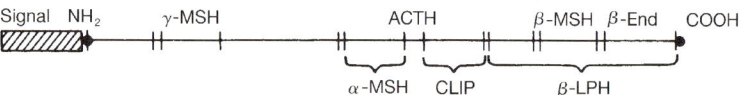

B: Proenkephalin

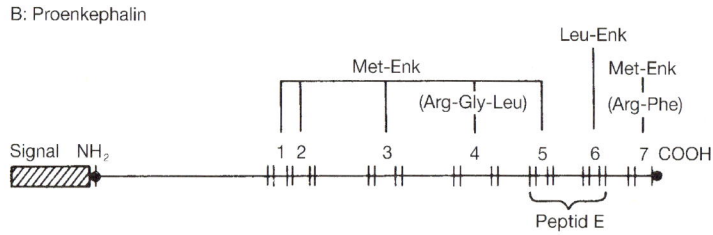

C: Prodynorphin

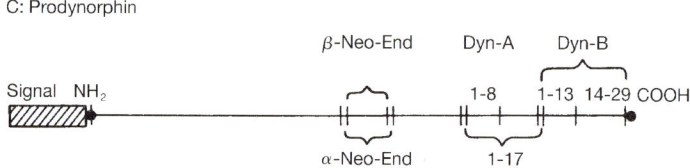

6.3 Schematische Darstellung der drei Polyproteinvorläufer aus der Opiatpeptidfamilie. Vertikale Doppelstriche stehen für proteolytische Spaltstellen mit zwei benachbarten basischen Aminosäuren. (Nach Akil et al. 1984.)

tein die Effektormoleküle ACTH, Endorphin und verschiedene Melanocyten-stimulierende Hormone (MSHs) frei. Wie bei AVP findet auch in diesem Fall die Synthese nicht in der Hypophyse statt, sondern im Nucleus arcuatus des mediobasalen Hypothalamus und im Nucleus tractus solitarii. Die verschiedenen Wirkungen jedes einzelnen Peptids zusammengenommen bilden auch hier ein verhaltensphysiologisches Modul.

ACTH steigert bei Nebennierenrindenzellen die Synthese und Freisetzung von Glucocorticoidhormonen. Diese Steroidhormone lösen vielfältige Wirkungen aus, darunter eine Erhöhung des Blutzuckerspiegels und die Induktion verschiedener Enzyme, die bei Streßreaktionen den Stoffwechsel mobilisieren. Glucocorticoide induzieren beispielsweise die CA-Syntheseenzyme Tyrosinhydroxylase (TH), Dopamin-β-Hydroxylase (DBH) und Phenylethanolamin-N-Methyltransferase (PNMT). Daraufhin bilden der Sympathicus und die Nebennieren mehr Adrenalin und Noradrenalin. Das aus dem Vorläufer POMC abgespaltene ACTH stimuliert also, als ein Aspekt des POMC-Moduls, indirekt verschiedene Körpergewebe und die Sympathicus-Nebennieren-Achse. Wie bereits mehrfach angesprochen, ist diese Achse wesentlich an der

Vorbereitung von Kampf- und oder Fluchtreaktionen beteiligt. γ-MSH, das sich aus dem N-terminalen Bereich des POMC-Moleküls ableitet, potenziert die steroidogenen Wirkungen von ACTH (Übersicht bei Herbert et al. 1984).

Die unter anderem aus dem POMC-Molekül abgespaltenen Endorphine (endogene Opiate) scheinen die streßinduzierte Unempfindlichkeit beziehungsweise Toleranz gegenüber Schmerzen zu vermitteln (Übersicht bei Akil et al. 1984). Wie längst bekannt ist, verändern besondere Ereignisse in der Umwelt, etwa lebensbedrohliche Situationen, radikal die Schmerzwahrnehmung. Die Reizschwelle peripherer Schmerzrezeptoren ist dann angehoben. Gleichzeitig läßt die Empfindlichkeit der zentralnervösen Schmerzwahrnehmung nach. Endorphine ermöglichen also dem Individuum auch angesichts einer eigentlich behindernden Verletzung, seine Kräfte für den Kampf, die Verteidigung oder die Flucht zu mobilisieren. Heldenhafte Rettungen trotz der Gefahren eines Brandes beruhen ebenfalls auf Endorphinwirkungen. Durch eine Modulation der Schmerzrezeption und -wahrnehmung ermöglichen die Endorphine, daß die ACTH-bedingte Mobilisierung des Stoffwechsels in ein entsprechendes, vielleicht lebensrettendes Verhalten umgesetzt werden kann.

Die Untersuchung der Schmerzmodifikation hat Aufschluß über komplexe Beziehungen zwischen den verschiedenen Polyproteinbestandteilen gegeben. Die POMC-Produkte wirken bei der Schmerzkontrolle synergistisch. ACTH ruft über bestimmte Rezeptoren – andere als die der Opiate – in der zentralen grauen Substanz Schmerzunempfindlichkeit hervor (Walker et al. 1980a, 1980b). Außerdem wirken ACTH-ähnliche Substanzen und Endorphin additiv-analgetisch; und γ-MSH, das alleine inaktiv ist, potenziert den analgetischen Effekt von ACTH. Über die jeweilige Wirkung der einzelnen Polyproteinprodukte hinaus nehmen diese also auch an kooperativen, sich gegenseitig verstärkenden Aktivitäten teil. Bemerkenswerterweise modulieren die Peptide die Schmerzwahrnehmung durch unterschiedliche wie auch gemeinsame physiologische Mechanismen. ACTH und Endorphin aktivieren zum Beispiel unterschiedliche Rezeptoren und neurale Systeme, um denselben sensorischen Komplex zu beeinflussen – den Schmerz. Das Vorläuferprotein verschlüsselt eine faszinierende Logik, die offenbar den Kern dieser modularen Organisation bildet.

Ferner regulieren Opiatpeptide über verschiedene Prozesse auch die cardiovasculäre Funktion, speziell den Blutdruck (Übersicht bei Akil 1984). Über ihre Wirkung ist jedoch noch keine klare und einheitliche Aussage möglich: Opiate können je nach Bedingungen und Art der Verabreichung blutdrucksteigernd oder -senkend wirken.

Zusammenfassend können wir sagen, daß die Spaltprodukte der POMC als Reaktion auf Streßsituationen ein komplexes, selbstverstärkendes und stereotypes Bündel von Aktivitäten induzieren. Diese ergänzen die bereits beschriebenen flexiblen Transmitteränderungen der Sympathicus-Nebennieren-Achse und des zentralen LC-Systems bei dem Auslösen adaptiver Verhaltensreaktionen.

Andere Opiatpolyproteine

POMC ist nur eines von drei körpereigenen Opiatpolyproteinen. Die anderen beiden – das Proenkephalin (Comb et al. 1982; Gubler et al. 1981; Hughes et al. 1975; Kimura et al. 1980; Mizuno et al. 1980; Noda et al. 1982a, 1982b) und das Prodynorphin (Fischli et al. 1982; Goldstein et al. 1979, 1981; Kakidani et al. 1982; Kangawa et al. 1981) – werden ebenfalls als Vorläufermoleküle synthetisiert, die durch *Processing* mehrere bioaktive Bestandteile freisetzen (Abbildung 6.4). Diese Polyproteine weisen jeweils eigene, charakteristische Verteilungsmuster im Gehirn auf. Man findet sie in einer Vielzahl von Neuronenpopulationen, und funktionelle Zusammenhänge zwischen ihnen müssen erst aufgeklärt werden. Dennoch ist ihr Potential an Diversität und Komplexität bereits erkennbar. So hängt beispielsweise das Spektrum der von jeder einzelnen Neuronenpopulation hervorgebrachten Peptidprodukte von der zellulären Steuerung der Enzyme ab, die den Vorläufer und die Produkte weiterverarbeiten. Der gesamte Vorgang ist zellspezifisch: Das Vorläuferpolyprotein wird in verschiedenen Zellpopulationen jeweils anders gespalten, und daraus resultieren einzigartige biologische Wirkungen. Auch das posttranslationale Processing, bei dem Proteine gleich nach ihrer Translation chemisch modifiziert werden, ist je nach Neuronentyp verschieden. Die Spaltprodukte werden also zelltypspezifisch acetyliert, amidiert, phosphoryliert, glykosyliert und methyliert. Jede dieser Modifikationen verändert die biologische Aktivität und die Mengenverhältnisse der Peptidprodukte. Die freigesetzten Peptide interagieren nun wiederum mit unterschiedlichen Rezeptoren und lösen so spezifische biologische Wirkungen aus. Es ist völlig klar, daß ein polyproteinaktiviertes Modul, das bestimmte physiologische Reaktionen und Verhaltensweisen umfaßt, nicht einfach durch den genetischen Bauplan des Vorläufermoleküls definiert ist. Die Bedeutung der Umwelt und extrazellulärer, epigenetischer Faktoren für die Regulation des Polyprotein-Processing und die Modifikation des Moduls ist Gegenstand intensiver Forschungen.

Trotz dieser verwirrenden Mannigfaltigkeit lassen sich bei den Opiatpolyproteinen strukturelle und funktionelle Gemeinsamkeiten erkennen. Opiatwirkungen sind grundsätzlich von der Struktur der Enkephaline abhängig; im Fall des Proenkephalinpolyproteins sind das Met-Enkephalin und Leu-Enkephalin (Abbildung 6.3 und 6.4). Alle weiteren Opiatpeptide sind einfach Verlängerungen dieser beiden Enkephaline. Beispielsweise ist β-Endorphin ein C-terminal um 26 Aminosäuren verlängertes Met-Enkephalin (Übersicht bei Herbert et al. 1984) und Dynorphin ein um 12 Aminosäuren erweitertes Leu-Enkephalin. Entsprechend beruhen die Wirkungen aller bekannten endogenen Opiate – ob bei der Schmerzmodulation oder der Kreislaufregulation – auf einer gemeinsamen chemischen Struktur, ungeachtet ihres jeweiligen Vorläuferpolyproteins oder der Lage des neuralen Systems, das sie produziert. Diese Struktur ist im Genom verschlüsselt. Wenn wir also die Ursprünge der zugehörigen Verhaltensformen, die Ursprünge der Modularität, aufspüren wollen, müssen wir die genomische Organisation kennenlernen, die der Polyproteinsynthese zugrunde liegt.

β-Endorphin (31 Aminosäuren): Tyr · Gly · Gly · Phe · Met · Thr · Ser · Glu · Lys · Ser · Gln · Gln · Thr · Pro · Leu · Val · Thr · Leu · Phe · Lys · Ana · Ala · Ile · Ile · Lys

Peptid E: Tyr · Gly · Gly · Phe · Met · Arg · Arg · Val · Gly · Arg · Pro · Glu · Trp · Trp · Met · Asp · Tyr · Gln · Lys · Arg · [Tyr · Gly · Gly · Phe · Leu]

Met-Enk · Arg · Phe: Tyr · Gly · Gly · Phe · Met · Arg · Phe

Met-Enkephalin: Tyr · Gly · Gly · Phe · Met

Leu-Enkephalin: Tyr · Gly · Gly · Phe · Leu

Dynorphin 1–17: Tyr · Gly · Gly · Phe · Leu · Arg · Arg · Ile · Arg · Pro · Lys · Leu · Lys · Trp · Asp · Asn · Gln

Neo-Endorphin: Tyr · Gly · Gly · Phe · Leu · Arg · Lys · Tyr · Pro

6.4 Die Aminosäuresequenzen der Opiatpeptide im Vergleich. Allen gemeinsam sind die eingerahmten funktionellen Enkephalinsequenzen. Von den insgesamt 31 Aminosäuren des β-Endorphinmoleküls sind nur 25 gezeigt. (Aus Herbert et al. 1984.)

Die genomische Organisation von Polyproteingenen

Wie sind Polyproteine und die mit ihnen assoziierten Verhaltensformen auf der Ebene des Genoms verschlüsselt? Sind Verhaltensmodule überhaupt in Genen repräsentiert? Bestimmt die genomische Organisation, in welcher Form Verhaltensmodule exprimiert werden? Definiert die Genstruktur, welche Umweltreize ein Verhaltensrepertoire auslösen? Kurz, legt die genomische Organisation Beziehungen zwischen Umwelt und Verhalten fest, bedingt sie die Existenz der Modularität?

Mindestens drei verschiedene Gene steuern die Synthese von Opiatpolyproteinen (Abbildung 6.3). Eines codiert Proenkephalin, das sechs Met-Enkephalin- und eine Leu-Enkephalinsequenz enthält (Übersichten bei Herbert et al. 1984 und Akil et al. 1984). Ein anderes Gen codiert POMC, das β-Endorphin, ACTH sowie α-, β- und γ-MSH enthält. Ein drittes codiert Prodynorphin, den Vorläufer des Dynorphins und der Neodynorphine. Da jedes Polyprotein eine andere Kombination neuroaktiver Peptide enthält und zahlreiche Opiatrezeptorsubtypen unterschiedliche physiologische Wirkungen und Verhaltensreaktionen vermitteln, verschlüsseln die verschiedenen Gene jeweils eigene, wenngleich funktionell oft überlappende Verhaltensmodule.

Bringt die Kenntnis der Genstrukturen uns Einsicht in die molekularen Grundlagen des Verhaltens, gibt sie uns Hinweise darauf, wie etwa die Verhaltensausprägung gesteuert wird? Finden wir Merkmale des Genoms, die entscheidend sind für die Umwandlung (Transduktion) von Umwelt in Verhalten, von Erfahrung in Biologie? Opiate sind mit euphorischen Zuständen, einem akuten Rückgang der Schmerzempfindung sowie mit Suchtverhalten in Verbindung gebracht worden. Können wir bestimmte genomische Strukturen und Prozesse identifizieren, die diesen psychischen Zuständen zugrunde liegen? Selbst wenn dies anfangs nur ansatzweise gelänge, wäre es für unser Verständnis von Geist, Gefühl und Kognition von größter Bedeutung.

Konzentrieren wir uns zunächst auf allgemeine Merkmale der Organisation von Opiatpolyproteingenen. Ist Modularität genetisch verschlüsselt? Lassen sich zwischen ähnlichen hypothetischen Verhaltensmodulen stammesgeschichtliche Verwandtschaftsbeziehungen nachweisen? Tatsächlich legt die strukturelle Ähnlichkeit der Opiatpolyproteine nahe, daß die darin enthaltenen Peptide stammesgeschichtlich eng verwandt sind. Dies sollte auch am Aufbau der zugehörigen Gene erkennbar sein.

Eukaryotische Gene enthalten codierende Abschnitte, sogenannte Exons, die durch nichtcodierende Introns getrennt sind. Die Anordnung dieser Abschnitte könnte Aufschluß über die Genregulation und die Organisation von Verhalten geben. In der Tat hat man zwischen dem POMC- und dem Proenkephalingen bereits auffallende Übereinstimmungen entdeckt. Alle bislang bekannten biologisch aktiven Peptide, die aus dem Proenkephalin- und dem POMC-Molekül hervorgehen, werden von einem einzigen großen Exon codiert (Übersicht bei Herbert et al. 1984). Genauergesagt enthalten beide Gene ein langes Exon mit der Bauanleitung für mehr als 80 Prozent des Proteins (Abbildung 6.5). Ein langes Intron trennt dieses Exon vom nächsten, das die sogenannte Signalsequenz jedes Polyproteins codiert. Wir erkennen in diesen Merkmalen Gemeinsamkeiten in der Organisation von Genen, die die Organisation des Verhaltens bestimmen. Verschiedene Opiatpolyproteingene, die Gruppen verwandter Verhaltensäußerungen verschlüsseln, sind ähnlich strukturiert. Offenbar sind aber Module aus

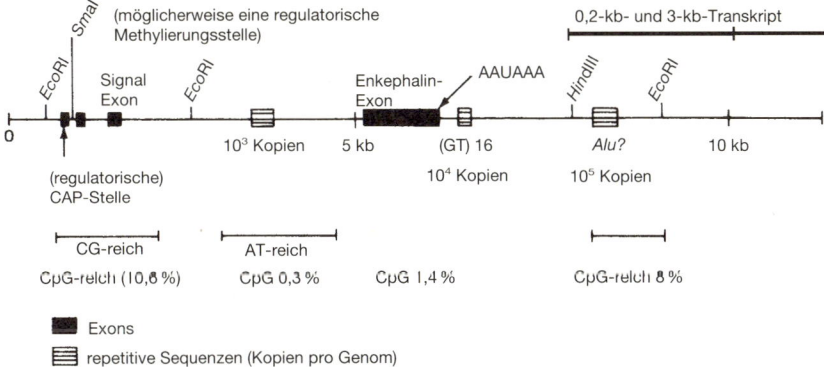

6.5 Der Aufbau des menschlichen Proenkephalingens. Links befindet sich das 5'-Ende. Exons sind durch Kästen symbolisiert. Auch die Spaltstellen für die Restriktionsendonucleasen *Eco*RI, *Sma*I und *Hin*dIII sind gekennzeichnet. (Aus Herbert et al. 1984.)

assoziierten Verhaltensweisen im Genom codiert, und die Modularität von Neuro-effektormechanismen ist erblich. *Aus der Verknüpfung bioaktiver Sequenzen in einem einzigen Gen resultiert zwingend die Verknüpfung der verschlüsselten Verhaltensaspekte und damit die Existenz der Modularität.*

Dies impliziert phylogenetische Beziehungen. Die strukturellen Ähnlichkeiten zwischen den Opiatproteingenen weisen auf eine enge Verwandtschaft der Gene und des jeweils von ihnen vermittelten Verhaltens hin (Herbert et al. 1984). Offensichtlich leiten sich das POMC- und das Proenkephalingen von einem gemeinsamen Vorläufergen ab, das sich unterschiedlich weiterentwickelte. Möglicherweise verdoppelten sich bestimmte DNA-Sequenzen, die durch anschließende Punktmutationen oder partielle Translokationen individuelle Züge annahmen. Ungeachtet des genauen Geschehens ist es offenkundig, daß sich die Evolution von Modulen, die an Analgesie und Euphorie beteiligt sind, gleichzeitig auf molekularer Ebene und Verhaltensebene erforschen läßt. Auf dieser Basis können wir nun die für die Taxonomie verwandter Verhaltensformen verantwortlichen molekularen Mechanismen beschreiben. Wir können auch die Stammesgeschichte dieser Verhaltensformen und der zugrundeliegenden Mechanismen nachvollziehen. Die Entstehung verwandter Verhaltensmodule, die sich aus der Aktivität verwandter Gene, etwa des POMC- und des Proenkephalingens, ableiten, läßt sich genau erforschen.

Genstrukturuntersuchungen können auch dazu beitragen, die Beziehung zwischen Umwelt und Verhalten aufzuklären, denn sie geben Aufschluß über mögliche Ansatzstellen einer Regulation durch extrazelluläre Stimuli. DNA-Analysen (sogenannte Southern-blot-Analysen) ergaben, daß der Mensch nur ein einziges Proenkephalingen besitzt (Comb et al. 1983). Die Erforschung der Struktur des Gens und seiner Nachbarregionen enthüllte eine besonders auffallende Eigenschaft, die Hinweise auf die Regulation der Genexpression – und folglich auch des Verhaltens – liefern könnte: Sowohl das POMC- als auch das Proenkephalingen zeigen eine ausgeprägt unregelmäßige Verteilung von Guanin- (G-) und Cytosin-(C-)Bausteinen (Herbert et al 1984). CpG-Sequenzen treten gehäuft in den 5'- und 3'-nichttranslatierten Regionen der beiden Gene auf. Was diese Beobachtung so interessant macht ist die Tatsache, daß sich die

Methylierung der Cytosinbase in CpG-Sequenzen mit der Regulation der entsprechenden Gene während der Ontogenese in Zusammenhang bringen läßt: Die Transkriptionsrate eines Gens scheint niedriger zu sein, je häufiger das Cytosin in CpG-Sequenzen methyliert ist (Felsenfeld und McGhee 1982). Nun ist zu überprüfen, ob Methylierung und Demethylierung tatsächlich die Expression dieser Polyproteingene und damit auch die zugehörigen Verhaltensmodule steuern. Die Methylierungsreaktion bietet sich als Angriffspunkt für eine Regulation durch die Umwelt geradezu an. Spezifische Umweltreize könnten beispielsweise die Transmethylasen beeinflussen und auf diese Weise das Gen gezielt methylieren oder demethylieren. Im Prinzip wird es durch unsere Überlegungen möglich, Umweltreiz, Genexpression und Verhaltensrepertoire direkt und kausal miteinander zu verknüpfen.

Welche Bedeutung die Methylierung für Polyproteingene hat, läßt sich feststellen, indem man Proenkephalingene aus verschiedenen Geweben untersucht. Da sie gewebespezifisch exprimiert werden, könnte das Ausmaß der Cytosinmethylierung möglicherweise mit der jeweiligen Expressionsrate korrelieren. Man hat also die DNA aus zahlreichen menschlichen Gewebetypen isoliert, die zum Teil Enkephaline exprimieren (etwa die Nebennieren) zum Teil jedoch nicht. Wie sich herausstellte, enthält DNA aus Nebennieren schwächer methylierte spezifische CpG-Stellen, während DNA aus Geweben oder Zellen, welche die Genprodukte nicht synthetisieren, etwa Leukocyten, höhere Methylierungsraten aufweisen (Herbert et al. 1984).

Mit der DNA-Rekombinationstechnik wollte man nun feststellen, ob die demethylierten DNA-Stellen tatsächlich an der Genregulation beteiligt sind. Einen ersten Anhaltspunkt dafür könnte die Position dieser Stellen geben. Wie die Untersuchungen zeigten, liegt eine der demethylierten CpG-Stellen in 3'-Richtung unmittelbar neben der sogenannten Cap-Stelle, dem Initiationsort der Transkription (Herbert et al. 1984). Es ist also sehr wahrscheinlich, daß die Demethylierung dieser Stelle die Genexpression reguliert. In aktuellen Experimenten soll die Struktur der Methylierungsstellen direkt verändert werden, um Auswirkungen auf die Expressionsrate zu ermitteln (Einzelheiten bei Herbert et al. 1984). Wir können also untersuchen, ob Umweltreize oder Signale die Methylierung des Gens spezifisch verändern und so die Expression des Verhaltensmoduls regulieren.

Das Polyproteinmodul bei Invertebraten

Das Verhalten und die zugrundeliegenden molekularen und elektrophysiologischen Prozesse werden auch an verschiedenen primitiven Tieren erforscht. Kandel und seine Mitarbeiter wählten zum Beispiel eine Meeresschnecke als Untersuchungsobjekt (Kandel und Schwartz 1982). Ihre Ergebnisse tragen dazu bei, Verhaltensphänomene wie Gewöhnung (Habituation), Entwöhnung und Sensibilisierung auf eine solide molekulare Grundlage zu stellen (Kandel 1976). Experimente mit Meeresschnecken ergaben auch, daß selbst diese einfachen Organismen die Polyproteinstrategie zur Verhaltenssteuerung einsetzen.

Die Eiablage der Meeresschnecke *Aplysia* ist ein stereotyp ablaufendes und dennoch komplexes Verhaltensmodul, das von einer Familie von Neuropeptiden reguliert wird (Übersicht bei Scheller et al. 1983). Die Atriumdrüse, ein Organ des Geschlechtsapparates, sezerniert die Peptide A und B; beide Substanzen depolarisieren zwei Gruppen elektrisch gekoppelter Neuronen des Eingeweideganglions, die sogenannten Beutelzellen. Diese entladen sich daraufhin elektrisch und setzen zahlreiche Peptide frei, darunter das wichtige Eilegehormon (*egg-laying hormone*, ELH). Die Peptide gelangen in die das Ganglion umgebende, stark vascularisierte Hülle und werden von dort zu nahgelegenen und fernen Zielen transportiert, wo sie zahlreiche Wirkungen entfalten: Sie verändern die elektrische Erregbarkeit zentraler Neuronen und stimulieren gleichzeitig über den Blutkreislauf entfernte Gewebe, darunter die zwittrig angelegten Geschlechtsorgane. Das umfangreiche Verhaltensmodul der Eiablage ergibt sich aus der synchronisierten Aktivität dieser Neuropeptide als Transmitter, Hormone und Modulatoren. Können wir die genetische Basis dieses Verhaltenskomplexes aufklären und feststellen, ob es hinsichtlich der Regulation Gemeinsamkeiten mit der gerade besprochenen Opiatpeptidfamilie gibt?

Eine vergleichsweise kleine Genfamilie codiert die Neuropeptide, welche die Eiablage und die damit einhergehenden physiologischen Veränderungen hervorrufen (Scheller et al. 1982, 1983a, 1983b). Es handelt sich dabei um die homologen Gene für ELH und das B-Peptid – sie sind miteinander verknüpft – sowie für das A-Peptid. Exprimiert wird die Genfamilie von den Beutelzellen, der Atriumdrüse und einem Netz von Interneuronen, das sich über weite Teile des ZNS erstreckt. Verschiedene Gewebe exprimieren allerdings jeweils andere Mitglieder der Familie: So bilden Beutelzellen zum Beispiel hauptsächlich ELH, während die Atriumdrüse das A- und das B-Peptid enthält.

Die drei verwandten Gene der Familie codieren verschiedene Polyproteine: Diese bestehen aus den neuroaktiven Peptiden, die von proteolytischen Spaltstellen flankiert sind. Durch Spaltung an diesen Stellen werden die biologisch aktiven Peptide freigesetzt. Der Grad der Sequenzübereinstimmung (Homologie) zwischen den Genen beträgt über 90 Prozent. Die geringfügigen Sequenzabweichungen führen jedoch zu signifikanten Unterschieden bei bestimmten Aminosäuresequenzen, welche die Weiterverarbeitung des Polyproteins regulieren. Obwohl also alle Polyproteine Sequenzen für ELH, A- und B-Peptid enthalten, entsteht durch das Processing aus jedem Vorläufer ein anderes Peptid. So können aus hochgradig homologen Polyproteinen, die von entsprechend engverwandten Genen codiert werden, völlig verschiedene Peptidprodukte freigesetzt werden. Diese biologische Strategie entspricht jener, die wir schon am Beispiel der Opiatpeptide beschrieben haben: Unterschiedliche Verhaltensmodule sind in nahverwandten Genen verschlüsselt. Ein solches differentielles posttranslationales Processing (der Polyproteinprodukte) kann zu einer bemerkenswerten Vielfalt an Molekülen und Verhaltensformen führen.

Anhand von cDNA- und genomischen Klonen konnte man durch Restriktionskartierung, Gensequenzierung und Hybridisierungsexperimente die Organisation des prototypischen ELH-Gens aufklären (Mahon et al. 1985). Viele Strukturmerkmale des ELH-Gens sind für eukaryotische Gene typisch; verhaltenssteuernde Gene sind also nicht grundsätzlich anders als solche, die andere Zellfunktionen kontrollieren. Das ELH-Gen besteht aus drei Exons, die durch ein einzelnes Intron getrennt werden. Consensussequenzen, die bei Eukaryoten die Transkription initiieren – die sogenannten TATA- und CAAT-Boxen – liegen auch beim ELH-Gen in typischer Weise stromaufwärts vom ersten Exon. Weitere Sequenzen, die bei sämtlichen Eukaryoten das Processing der mRNAs steuern, sind inzwischen ebenfalls entdeckt worden. Die Sequenzhomologie zwischen den Genen der ELH-Familie nimmt stromaufwärts von den Initiationssequenzen – dort wo bei anderen Systemen die gewebespezifische Regulation der Expression angreift – deutlich ab. Veränderungen dieser DNA-Sequenzen, wie sie von der Wachstumshormon-Genfamilie bekannt sind, dürften entscheidend für die Herausbildung einer gewebespezifischen Genexpression sein.

Das sich abzeichnende Bild der ELH-Familie zeigt Flexibilität trotz der genomischen Codierung des Verhaltens. Durch das von speziellen Umweltreizen gesteuerte, gewebespezifische Polyprotein-Processing ist eine flexible Form und Ausprägung des Verhaltensmoduls gewährleistet. Das Sexualverhalten der Meeresschnecke besitzt also zugleich ein Potential an Flexibilität und an Stereotypie. Nun gilt es, die Grundlagen eines solchen Potentials auch bei Säugern auf molekularer, zellulärer und Systemebene zu erforschen.

Einige allgemeine Überlegungen

Wir haben nun zwei hervorstechende Beispiele für die Polyproteinstrategie kennengelernt und einige prinzipielle Schlüsse gezogen. Grundsätzlich ist es möglich, Gene und ihre mRNAs, Proteinprodukte und Verhaltensformen in einen umfassenden ursächlichen Zusammenhang zu bringen, wenngleich unzählige mechanistische Details noch ungeklärt sind. Ob beim Vasopressin, den Opiatpeptiden oder beim ELH – die Kontinuität vom Molekül zum physiologischen Effekt und zum Verhalten ist unverkennbar. Auch wenn dies nach unserer eingehenden Diskussion beinahe offensichtlich und trivial erscheint, kann die Bedeutung der theoretischen und praktischen Auswirkungen kaum hoch genug eingeschätzt werden. Praktisch gesehen fordern die neu gewonnenen Erkenntnisse experimentelle Strategien, welche die molekulare und die Verhaltensebene integrieren. Verhaltensstörungen und Krankheiten lassen sich in Zukunft an jedem Punkt der Abfolge Gen → molekulares Signal → Verhalten untersuchen. Dies ermöglicht eine genauere Beschreibung der Pathogenese und eröffnet neue Ansätze für die therapeutische Forschung.

Aus theoretischer Sicht liefert unsere Erörterung präzise umrissene Symbole des Gehirn-Geist-Systems und beschreibt eindeutig erste Zusammenhänge und Wechselwirkungen. Wir brauchen nicht die Existenz völlig verschiedener Domänen zu fordern, wenn wir Verhalten und Geist erklären wollen. Auch wenn sich die Funktionen schon recht gut beschreiben lassen, ist es doch offenkundig, daß zwischen Biologie und Verhalten keine bequeme, scharfe Trennlinie existiert. Verhalten (oder mentaler Zustand) stellt eine Vielzahl molekular-physiologischer Interaktionen in und zwischen neuralen Subsystemen dar. Diese nüchterne Betrachtung widerlegt jegliche furchterregende Komplexität. Die Komplexität liegt nämlich in den Funktionen und Beziehungen selbst, die wir aufgeschlüsselt haben. Aber haben wir die Bedeutung der Netzwerktheorie und -verarbeitung nicht einfach ignoriert? Im Gegenteil: Wir definieren die Basiseinheiten, also gewissermaßen das Fundament, auf das sich die Netzwerke und die Informationsverarbeitung in lokalen Systemen stützen. Eine Netzwerktheorie, welche die Beschränkungen auf der Ebene des Verhaltens und der Moleküle *nicht* berücksichtigt, kann nicht umfassend sein.

Der entscheidende Punkt ist, daß sich die Neurobiologie der mentalen Funktion aus der Zellbiologie selbst ableitet. Wenn wir die zellbiologischen Mechanismen aufklären, erkennen wir auch die Einheiten der kognitiven Funktion, die Wurzeln des Denkens. Zu diesem Thema werden wir später zurückkehren.

Anhand der Polyproteinstrategie läßt sich die molekulare Grundlage der modulären Organisation des Verhaltens nachweisen. Ist die Modularität der menschlichen Gehirnfunktion ebenfalls molekular zu erklären? Leisten die molekulare, die zelluläre und die Systemdomäne einen Beitrag zur Modularität menschlicher Kognition, und wenn ja, welchen?

7

Moleküle und Systeme:
Trophische Wechselwirkungen

Systeme im Zusammenhang • Trophische Moleküle und Systeme • Nervenwachstumsfaktor (NGF), periphere Systeme und Funktion • NGF und Systembeziehungen • Das NGF-Molekül • Trophische Wechselwirkungen im Gehirn • NGF, ACh und Gedächtnis

Die Organisation der molekularen Signale trägt zur Modularität der Hirnfunktion bei; eine andere, komplementäre Vorbedingung ist die Unterteilung des Gehirns in Systeme. Während Signale Organisationseinheiten innerhalb einer Domäne darstellen, sind neurale Subsysteme die größeren Funktionseinheiten, innerhalb derer die Moleküle wirken. Die Kompartimentierung in Subsysteme mit jeweils eigenen verhaltensphysiologischen Funktionen versieht Verhalten, Emotionalität und Kognition mit charakteristischen Eigenschaften. Welche Mechanismen sind für die besonderen Muster der Gehirnorganisation verantwortlich? Wie entstehen Systeme, und wie werden sie erhalten? Tragen spezielle zelluläre und sogar molekulare Prozesse zur Bildung, Funktion und Organisation von Systemen bei? Bilden und erhalten molekulare Signale genau jene Systeme, in denen sie selbst wirken?

Es mehren sich die Hinweise, daß zahlreiche Molekülklassen zur Systemorganisation beitragen. Beispielsweise unterstützen *Zelladhäsions-* und *Substratadhäsionsmoleküle* wachsende Nervenfortsätze bei der Zielfindung und beim Aufbau funktioneller Verbindungen (Übersicht bei Rutishauser und Jessell 1988; Edelman 1988). Auf der anderen Seite scheinen trophische (nährende) Faktoren eine zentrale systemspezifische Rolle bei der Entstehung, Erhaltung und Funktion von Subsystemen zu spielen (Übersicht bei Purves 1988). Wir benutzen trophische Funktionen als ein Modell, anhand dessen wir Zusammenhänge zwischen Signal und System sowie die Natur der Systemorganisation verstehen wollen.

Trophische Moleküle regulieren vielfältige Prozesse, die für die Entwicklung, die Erhaltung und die normale Funktion bestimmter, auf sie ansprechender Bahnen sorgen. Das Überleben von sich entwickelnden empfänglichen (rezeptiven) Neuronen hängt davon ab, daß sie einem geeigneten trophischen Faktor (oder mehreren) begeg-

127

nen. *In vitro*-Untersuchungen lassen außerdem vermuten, daß trophische Faktoren den wachsenden Nervenfortsätzen helfen, zu ihren Zielen zu finden („tropische Funktion") und daß sie dabei das Knüpfen spezifischer synaptischer Verbindungen fördern. Trophische Moleküle regulieren offenbar das Verknüpfungsmuster als solches, denn die Zielorgane synthetisieren jeweils genau jenen Faktor, den die innervierenden Neuronen benötigen. Auch für die Aufrechterhaltung und die normale Funktion der Verbindungswege im ausgereiften Zustand müssen die Faktoren ständig gegenwärtig sein. Sie stimulieren zudem in rezeptiven Neuronen die Transmitterfunktion; das erlaubt den Schluß, daß möglicherweise auch die Signalübertragung trophisch kontrolliert wird. Schließlich können verschiedene Zellpopulationen, die dasselbe Zielgebiet versorgen, um gemeinsame trophische Faktoren konkurrieren. Solche coinnervierenden Populationen dürften daher auf unkonventionelle Weise miteinander kommunizieren.

Nach der klassischen Lehrmeinung konkurrieren Neuronen also um trophische Moleküle, die von den Zielzellen selbst gebildet werden (Abbildung 7.1). Erfolgreiche Nervenzellen, die tatsächlich Kontakte zum Zielgebiet herstellen, werden von diesem kontinuierlich mit den Faktoren versorgt, so daß ihr Überleben und Funktionieren gesichert ist. Neuronen, denen es nicht gelingt, geeignete Verbindungen zu knüpfen, sterben wegen der fehlenden Versorgung mit trophischen Molekülen ab. Die fortwährende Bereitstellung der Faktoren während des gesamten Lebens ist notwendig, damit das System normal arbeitet. Aus dieser Zusammenfassung geht hervor, daß trophische Moleküle für die Existenz neuraler Subsysteme mit verantwortlich sind und zu ihrer Organisation beitragen. Als prototypischen trophischen Faktor untersuchen wir den

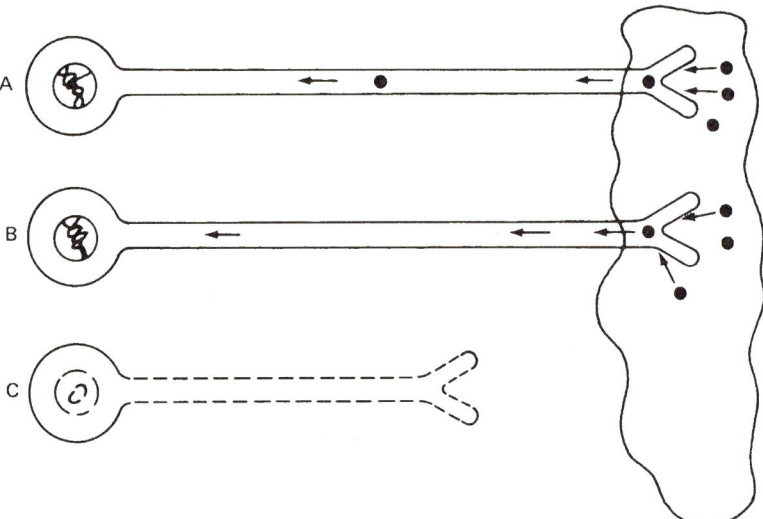

7.1 Das traditionelle Modell trophischer Wechselwirkungen. Das Zielgewebe synthetisiert und sezerniert einen trophischen Faktor. Dieser tritt mit jenen Neuronen in Wechselwirkung, die ihr Ziel erfolgreich innerviert haben, und sichert dadurch ihr Überleben. Das untere Neuron hat keine Verbindung mit dem Zielgewebe herstellen können. Ihm fehlt daher die kontinuierliche Versorgung mit dem trophischen Molekül, und es geht zugrunde.

Nervenwachstumsfaktor (*nerve growth factor*, NGF). Zunächst wollen wir am Beispiel des überschaubaren peripheren Nervensystems (PNS) die Beziehungen zwischen trophischem Molekül, System und verhaltensphysiologischer Funktion kennenlernen.

NGF, periphere Systeme und Funktion

NGF ist der am besten erforschte trophische Faktor. Schon frühe Arbeiten von Levi-Montalcini, Hamburger und ihren Kollegen wiesen darauf hin, daß sympathische und sensorische Neuronen von Vögeln und Säugetieren NGF zum Überleben und für ihre Entwicklung benötigen (Abbildung 7.2; historische Übersichten bei Levi-Montalcini und Angeletti 1968; Hamburger et al. 1949, 1981; Bradshaw 1978). Nach jahrzehntelanger intensiver Forschung deutet immer mehr darauf hin, daß diese trophische Sub-

7.2 Schematische Darstellung eines der beiden Monomere der β-Untereinheit des Nervenwachstumsfaktors NGF. Diese Untereinheit ist biologisch aktiv. (Aus Angeletti und Bradshaw 1971.)

stanz für die Funktion von Hirnsystemen unverzichtbar ist. Ich werde kurz einige im PNS gewonnenen Ergebnisse zusammenfassen, um die vielfältige Bedeutung trophischer Wechselwirkungen für die Entwicklung, Erhaltung und Funktion von Verknüpfungen zu veranschaulichen.

Wie die meisten Organe produziert auch das Nervensystem in der frühen Embryonalentwicklung einen riesigen Überschuß an Zellen, von denen schließlich bei manchen Zellpopulationen bis zu 80 Prozent wieder absterben (Glucksman 1951; Cowan et al. 1984). Mit NGF behandelte Tiere zeigen eine deutlich erhöhte Überlebensrate sensorischer und sympathischer Nervenzellen; die Injektion eines Antiserums gegen NGF verhindert diesen Effekt, weil es den Zellen NGF entzieht (Levi-Montalcini und Angeletti 1968). Inzwischen hat man spezifische hoch- und niedrigaffine Rezeptoren in den Zellmembranen rezeptiver Neuronenpopulationen entdeckt (Sutter et al. 1984). Der Faktor wird in sensorisch oder sympathisch innervierten Zielzellen in der Peripherie synthetisiert (Hendry et al. 1974a, 1974b; Korsching und Thoenen 1983; Ebendal et al. 1983; Shelton und Reichardt 1984). Daher garantiert die Innervierung des passenden Zielgebiets durch sensorische oder sympathische Neuronen, daß diese mit der trophischen Substanz versorgt werden und dauerhaft überleben; die entsprechende Nervenbahn wird also angelegt und bleibt im ausgewachsenen Tier erhalten. Nervenzellfortsätze mit NGF-Rezeptoren nehmen den von den Zielzellen synthetisierten und freigesetzten Faktor auf und transportieren ihn retrograd zum Zellkörper (Abbildung 7.1; Hendry et al. 1974a, 1974b; Stockel et al. 1975a, 1975b; Hendry 1977; Johnson et al. 1978; Brunso-Bechtold und Hamburger 1979). Der genaue Angriffsort von NGF in der Nervenzelle muß allerdings noch identifiziert werden.

Zusammenfassend ist zu sagen, daß sensorische und sympathische Neuronen während der Embryonalentwicklung im Überschuß gebildet werden und die Konkurrenz um NGF darüber entscheidet, welche Zellen überleben und welche an NGF-Mangel zugrunde gehen. Aus diesem Wettbewerb gehen die neuralen Systeme hervor, deren Verknüpfungsmuster die Kommunikationswege festlegt.

Der Name NGF ist nicht sehr treffend, weil der Faktor auch beim adulten Tier aktiv ist und die Verbindungen zwischen den NGF-produzierenden Zielzellen und den rezeptiven Neuronen stabilisiert. Unterbricht man bei ausgewachsenen Tieren den retrograden Transport der Substanz, oder behandelt man die Tiere mit einem Antiserum gegen NGF, dann entwickeln sie eine Funktionsstörung des Sympathicus, und die Kommunikation zwischen Sympathicus und innerviertem Zielgewebe ist gestört (Bjerre et al. 1975a, 1975b; Kessler und Black 1979). Folglich hält die trophische Funktion die Gesamtstruktur ausgereifter neuraler Systeme intakt; NGF ist offenbar das gesamte Leben hindurch für das normale Funktionieren neuraler Systeme erforderlich.

Über die Erhaltungsfunktion hinaus scheint NGF die Systemfunktion auch dynamisch zu regulieren. Beispielsweise erhöht der Faktor die Transmittermengen rezeptiver Neuronen und verstärkt auf diese Weise vermutlich die Signalübertragung (Bjerre et al. 1975a). Er steigert beim Sympathicus die Menge der CA-Syntheseenzyme und die NA-Menge (Thoenen et al. 1971) und bei sensorischen Neuronen die Menge des Peptidtransmitters Substanz P (Kessler und Black 1980). Neben der Verschaltungsstruktur reguliert NGF also auch die Synthese des präsynaptischen Transmitters und damit die Kommunikation selbst. Trophische Moleküle, Verknüpfungsmuster, Transmitter sowie die Gesamtstruktur und -funktion neuraler Systeme hängen demnach eng zusammen.

Durch die spezifische Regulation einzelner neuraler Systeme, die bestimmte Verhaltensfunktionen kontrollieren, ist der Nervenwachstumsfaktor indirekt auch an Verhaltensmustern beteiligt. Zum Beispiel ist er zweifellos für die Entwicklung und die normale Funktion des Systems notwendig, das den Organismus auf Kampf- oder Fluchtreaktionen vorbereitet. Trophische Moleküle tragen also zur molekularen Organisation des Verhaltens sowie zur Entwicklung und Funktion von Systemen bei, die an der modulären Organisation mitwirken.

NGF und die Beziehungen zwischen Systemen

Über die Bedeutung für die Kommunikation innerhalb eines Systems hinaus hat NGF auch einen eher subtilen, indirekten Einfluß auf die Wechselwirkungen zwischen Systemen. Da Entwicklung und Funktion des sympathischen und sensorischen Systems NGF-abhängig sind und beide Systeme oftmals die gleichen Ziele innervieren, ist ein Wettbewerb zwischen ihnen zu erwarten (Abbildung 7.1). Nach neueren Experimenten konkurrieren coinnervierende sympathische und sensorische Neuronen tatsächlich um den vom Zielgebiet gebildeten NGF (Kessler et al. 1983b). Reduziert man zum Beispiel chirurgisch die sympathische Innervierung eines Zielgewebes, so nimmt die sensorische entsprechend zu. Diese Zunahme läßt sich durch Einpflanzung sympathischen Gewebes wieder rückgängig machen. Auch die Verabreichung von NGF wirkt sich wie die Verringerung der sympathischen Innervierung fördernd auf die sensorische Versorgung des Zielgebietes aus. Umgekehrt wird die sensorische Innervierung nach lokaler Gabe von Antiserum gegen NGF reduziert. Schließlich spricht auch die Tatsache, daß eine Antiserumbehandlung die Wirkung einer Entfernung sympathischen Gewebes rückgängig macht, für einen Wettbewerb sympathischer und sensorischer Faserendigungen um NGF.

Aus dem bisher Gesagten geht hervor, daß funktionell und anatomisch unterschiedliche Neuronenpopulationen, die ein gemeinsames Zielgebiet innervieren, um den dort gebildeten trophischen Faktor konkurrieren. Vom Ausgang dieses Wettbewerbs hängen die Anzahl überlebender Neuronen, die relative Größe der versorgenden Nerven und die Verknüpfungsmuster ab. Da die innervierenden Neuronen NGF ein Leben lang brauchen, dürfte der Wettbewerb auch nach abgeschlossener Entwicklung die nervöse Versorgung dauerhaft regulieren. In gewissem Sinne stellt die Konkurrenz coinnervierender Neuronen um einen gemeinsamen trophischen Faktor eine Form von indirekter Kommunikation dar. NGF reguliert also nicht nur einzelne Systeme sondern beeinflußt auch das Muster der Beziehungen zwischen Systemen.

Eigenschaften des NGF-Moleküls

Welche Mechanismen erlauben trophischen Molekülen, funktionelle Systeme aufzu-
bauen? Wie wird die Information des NGF-Moleküls in ein funktionierendes sympathisches System, das Kampf- und Fluchtbereitschaft fördert, oder in ein sensorisches
System, das Schmerz- und Berührungsreize verarbeitet, umgesetzt? Welche Kennzeichen des NGF-Moleküls sind für seine biologische Aktivität verantwortlich? Wie wird
seine Synthese gesteuert? Wie verläuft anschließend die Weiterverarbeitung des
Translationsprodukts? Welche Eigenschaften verleihen den Systemen Spezifität, so
daß nur bestimmte Systeme auf die Substanz ansprechen? Unsere Erkenntnisse sind
zwar noch vorläufig, doch die Grundzüge beginnen sich abzuzeichnen.

Nach der heute allgemein anerkannten Vorstellung besteht die sogenannte kleinste
trophische Einheit aus dem *postsynaptischen Ziel*, dem von ihm gebildeten *trophischen Faktor*, den *präsynaptischen Neuronen* und deren *Rezeptoren*, mit denen der
Faktor interagiert (Abbildung 7.1; Übersicht bei Purves 1988). Die Wechselwirkung
mit dem biologisch aktiven Rezeptor bewirkt, daß der Rezeptor-NGF-Komplex in die
präsynaptische Zelle aufgenommen und retrograd zum Zellkörper transportiert wird;
dort entfaltet er ein breites Spektrum von Wirkungen, welche die Zelle am Leben
erhalten, bei der Bildung des Systems helfen und die Signalübertragung regulieren.
Wie sind das NGF-Molekül und sein Rezeptor genau aufgebaut?

Die biologische Aktivität von NGF ist mit der β-Untereinheit assoziiert, einem
Dimer aus kovalent gebundenen, identischen Polypeptidketten. Deren Sequenz aus
jeweils 118 Aminosäuren ist bekannt (Abbildung 7.2; Greene und Shooter 1980;
Angeletti und Bradshaw 1971; Angeletti et al. 1973a, 1973b; Bradshaw 1978). Die β-
Untereinheit gehört zu einem Speicherkomplex, dem sogenannten 7S-NGF. Er besteht
aus zwei α-, einer β- und zwei γ-Untereinheiten und wird durch Zinkionen stabilisiert.
Es ist anzunehmen, daß das Molekül seine biologische Aktivität nur nach Freisetzung
der β-Untereinheit aus dem Komplex erhält. Wie wird dies bewerkstelligt?

Die γ-Untereinheit ist eine Arginin-Esteropeptidase. Sie setzt die aktive β-Unterein-
heit frei und ermöglicht so die Interaktion mit dem Rezeptor und die Entfaltung der
biologischen Wirkungen von NGF. Die α-Untereinheit ist ein saures Protein. Wechselwirkungen zwischen den Untereinheiten und Zinkionen stabilisieren den 7S-Kom-
plex, die genauen Vorgänge bei der Stabilisierung beziehungsweise Freisetzung der β-
Untereinheit sind allerdings noch nicht aufgeklärt. Beispielsweise ist noch unklar, ob
die Verarbeitung des 7S-Komplexes vielleicht einen wichtigen Angriffspunkt für regu-
latorisch wirkende Umwelteinflüsse darstellt. Auch darüber, wie die Synthese der β-
Untereinheit kontrolliert wird, ist kaum etwas bekannt.

In den Zielzellen korreliert die Menge an NGF-mRNA mit der Dichte der Innervierung durch spezifische NGF-rezeptive Neuronen (Shelton und Reichardt 1984). Ob
bestimmte epigenetische Faktoren die NGF-Synthese gezielt regulieren ist jedoch
unklar. Die innervierenden Neuronen scheinen die NGF-Bildung nicht zu steuern.
Tatsächlich setzen auch denervierte Zielzellen die Produktion und Ausschüttung des
Faktors fort (Ebendal et al. 1980). Über Einflüsse, welche die Expression der NGF-
Gene initiieren, fehlen ebenfalls Informationen.

Etwas mehr weiß man über die Faktoren, die für die Spezifität der NGF-Reaktivität
verantwortlich sind. Daß sie auf NGF ansprechen können, verdanken Neuronen spezi-

fischen Rezeptoren. Man kennt zwei Formen dieser Rezeptoren: eine mit niedriger ($K_D = 10^{-9}$ M) und eine mit hoher Affinität ($K_D = 10^{-11}$ M; Übersicht bei Greene und Shooter 1980). NGF scheint seine biologische Aktivität durch Bindung an den hochaffinen Rezeptor zu entfalten. Die Beziehung zwischen beiden Rezeptorformen ist immer noch undurchsichtig. Es existiert nur ein NGF-Rezeptor-Gen, und bislang konnte auch nur eine einzige mRNA isoliert werden (Chao et al. 1986). Beide Rezeptortypen sind also offenbar Produkte desselben Gens. Daß sie sich – vermittelt durch noch völlig unbekannte epigenetische Faktoren – ineinander umwandeln, wird für möglich gehalten. Kenntnisse über die Regulation einer solchen hypothetischen Umwandlung würden uns das Verständnis erleichtern, wie NGF beim Aufbau von Systemen hilft. Bislang kennen wir auch die intrinsischen oder äußeren Einflüsse nicht, die in bestimmten Neuronenpopulationen die NGF-Synthese induzieren.

Trophische Wechselwirkungen im Gehirn

Im PNS ist der Nervenwachstumsfaktor an der Entwicklung und Funktion von Systemen beteiligt, die Flucht- oder Kampfbereitschaft erzeugen beziehungsweise Sinnesreize aufnehmen. Trophische Interaktionen im PNS sind also wichtige Determinanten bei der Organisation wohlbekannter Verhaltensmuster. Neuere Untersuchungen zeigten, daß NGF im Gehirn ähnlich wirkt. Bis man zu dieser Erkenntnis gelangte, vergingen jedoch Jahrzehnte voller Fehlstarts und verwirrender Hinweise. Tatsächlich herrschte noch vor bis kurzem die Ansicht, daß NGF für die Hirnfunktion bedeutungslos sei. Diese falsche Schlußfolgerung zog man aus Arbeiten, die auf einer stillen und ungerechtfertigten Annahme beruhten. Vielleicht sollte wir diese Annahme in einem kurzem Exkurs genauer analysieren, denn aufgrund ihrer Komplexität zieht die Hirnforschung Irrtümer wie diesen geradezu an.

NGF reguliert nicht nur das Wachstum sympathischer Neuronen und die Bildung neuronaler Verbindungen; es löst bei diesen Zellen zusätzlich auffallende Steigerungen der NA-Menge aus. Nach dieser überraschenden Entdeckung untersuchten Wissenschaftler weltweit, ob NGF auch die Funktion catecholaminerger Hirnneuronen reguliert. Nach zahllosen widersprüchlichen Ergebnissen und verwirrenden Hypothesen kamen die Forscher übereinstimmend zu dem Schluß, daß zentrale NA-Neuronen nicht auf NGF ansprechen und daß weder ihr Überleben und ihre Entwicklung noch die Bildung von Verknüpfungen von dem trophischen Faktor abhängen. NGF schien also für das ZNS insgesamt bedeutungslos zu sein. Rückblickend gibt es aber keinen Grund anzunehmen, daß NGF als trophische Substanz ausschließlich für catecholaminerge Neuronen in Betracht kam. Als die ersten Peptidtransmitter in sensorischen und sympathischen Neuronenpopulationen entdeckt wurden, erkannte man bald, daß auch ihre Konzentrationen unter NGF-Einfluß anstiegen. Dennoch hatte die stille Vermutung, NGF sei spezifisch für „klassische Transmitter", noch lange Bestand. Ohne derartige „innere Scheuklappen" können wir jetzt untersuchen, welche Rolle NGF bei der Regulation *nicht*catecholaminerger Systeme im Gehirn spielt.

Viele Vorgänge bei der Bildung peripherer Systeme treten im Gehirn ebenfalls auf. Beispielsweise wird auch im ZNS ein großer Überschuß von Nervenzellen produziert, und zentralnervöse Neuronen und Systeme konkurrieren um synaptische Kontakte. Außerdem mehren sich die Hinweise, daß zentrale Neuronen, die mit passenden Zielzellen in Verbindung treten, überleben, während erfolglose Zellen ohne solche Kontakte absterben (Übersicht bei Cowan et al. 1984). Diese Befunde lassen vermuten, daß der Entstehung zentralnervöser Muster ebenfalls trophische Wechselwirkungen zugrundeliegen. Welche Systeme mit ihren entsprechenden Verhaltensformen werden möglicherweise vom Nervenwachstumsfaktor reguliert?

Im Mittelpunkt des Interesses stehen in jüngster Zeit Ansammlungen cholinerger Neuronen im basalen Vorderhirn, deren Fasern die Großhirnrinde weitläufig durchziehen (Abbildung 7.3; Mesulam 1989; Mesulam und Geula 1988; Mesulam et al. 1984, 1986). Sie vermitteln wichtige kognitive Funktionen und degenerieren bei der Alzheimer-Krankheit (Whitehouse et al. 1982). Neuronen dieser Population sprechen tatsächlich auf NGF an. Möglicherweise benötigen sie den Faktor, um sich normal entwickeln und funktionieren zu können (Übersicht bei Whittemore und Seiger 1987). Wie wir sehen werden, lassen sich Zusammenhänge zwischen bestimmten kognitiven Funktionen, trophischem Faktor und Systemfunktionen anhand dieses Netzwerkes im basalen Vorderhirn und im Cortex erfolgreich untersuchen.

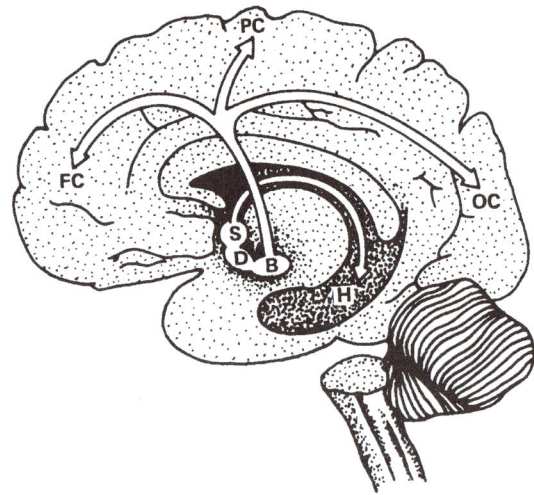

7.3 Schema des cholinergen Systems im basalen Vorderhirn und im Cortex. Die cholinergen Zellkörper des basalen Vorderhirns liegen im Nucleus basalis Meynert (B), im diagonalen Band von Broca (D) und im medialen Septumkern (S). Alle Neuronen projizieren in die Großhirnrinde, und zwar in frontale (FC), parietale (PC) und okzipitale (OC) Bereiche sowie in die Hippocampusformation (H). (Aus Coyle et al. 1983.)

Wir konzentrieren uns besonders auf einen Teil dieses Netzwerkes, das sogenannte *septohippocampale System*. Es besteht aus Neuronen, deren Fasern aus dem Septumbereich des basalen Vorderhirns in den Hippocampus ziehen (Abbildung 7.3). Dieses System ist für das Speichern räumlicher Beziehungen (*contextual-spatial memory*, sinngemäß übersetzt etwa „Raum-Positions-Gedächtnis") von entscheidender Bedeutung. Aus eingehenden Untersuchungen von Wissenschaftlern wie O'Keefe und Nadel, Olton und Mitarbeitern, McNaughton und Mitarbeitern, Eichenbaum und anderen geht eindeutig hervor, daß der Hippocampus bei Ratten räumliche Informationen verschlüsselt (zum Beispiel O'Keefe und Nadel 1978; Berger und Thompson 1978; Olton et al. 1979; Eichenbaum und Cohen 1988; Eichenbaum et al. 1989; Olton 1989). Darüber hinaus vermittelt der Hippocampus bei subhumanen Primaten komplexe Gedächtnisleistungen, wie Mishkin und seine Mitarbeiter mit eleganten Experimenten nachwiesen (Übersicht bei Mishkin 1982). Daß er beim Menschen für Gedächtnisfunktionen unverzichtbar ist, zeigen die älteren Arbeiten von Milner (1970) und neuere Beobachtungen von Squire (1986).

Die Ratte als Tiermodell ist besonders umfassend erforscht worden und zur Analyse trophischer Interaktionen besonders geeignet, weil an dieser Spezies auch die meisten Untersuchungen zum Thema NGF durchgeführt worden sind. Läsionen des Hippocampus beeinträchtigen extrem die Fähigkeit der Ratte, Informationen über räumliche Beziehungen in der Umwelt zu speichern. Ein solcherart geschädigtes Tier kann beispielsweise Aufgaben in einem Labyrinth mit sternförmig angeordneten Armen nicht mehr normal bewältigen; so fällt es ihm schwer, Futter zu finden, das man ihm nach einer Trainingsperiode in unterschiedlichen Armen anbietet (Olton et al. 1979). Septohippocampale Läsionen rufen ähnliche Verhaltensdefizite hervor. Der Hippocampus verarbeitet darüber hinaus Beziehungen in der Umwelt, deren Komplexität die der rein räumlichen Relationen noch übertreffen. Beispielsweise beeinflussen die Bewegungsrichtung, die Haltung des Kopfes relativ zur Körperebene und die Bewegungsabfolge sämtlich das Antwortverhalten von Hippocampusneuronen. Nach der vorherrschenden Meinung verschlüsselt der Hippocampus räumliche Zusammenhänge in der Außenwelt unter Einbeziehung der Erfahrungen und motorischen Aktivität des Organismus (Eichenbaum et al. 1989). Dieses komplexe Verhaltensrepertoire setzt eine normale Funktion des septohippocampalen Systems voraus. Neuere Studien lassen vermuten, daß die basalen Vorderhirnneuronen und ihre Projektionen in den Hippocampus auf NGF ansprechen und den trophischen Faktor benötigen, um normal funktionieren zu können. Eine kurze Zusammenfassung dieser neuen, sich mehrenden Hinweise soll Beziehungen zwischen Verhalten, neuralem System, trophischem Faktor und Transmitter zu erkennen helfen.

Untersuchungen *in vivo* und *in vitro* ergänzen sich und zeigen, daß NGF für das septohippocampale System von entscheidender Bedeutung ist. Das NGF-Protein und und die NGF-mRNA lassen sich im Hippocampus der Ratte nachweisen; der Faktor wird demnach offenbar von diesem Zielgebiet der Basalvorderhirnneuronen synthetisiert (Large et al. 1986; Shelton und Reichardt 1986; Korsching et al. 1985). Es gelang sogar, die NGF-mRNA in den eigentlichen Zielzellen, den hippocampalen Pyramiden- und Körnerzellen, direkt aufzuspüren (Ayer-LeLievre et al. 1988). Präsynaptisch hat man auf den cholinergen Neuronen im basalen Vorderhirn hochaffine NGF-Rezeptoren und im Cytoplasma die zugehörige mRNA gefunden – die Population ist also potentiell NGF-rezeptiv (Bernd et al. 1988; Buck et al. 1987). Wie vermutet, gelangt NGF tatsächlich auf retrogradem Transportweg von den Endigungen im Cortex zu den Zellkörpern im basalen Vorderhirn (Schwab et al. 1979). Dort ruft der Faktor *in vivo* nachweislich zahlreiche Aktivitäten hervor (Mobley et al. 1986). Unter anderem steigert er die Menge des ACh-bildenden Enzyms Cholinacetyltransferase (CAT), das spezifisch in diesen Neuronen vorkommt (Gnahn et al. 1983; Hefti et al. 1985; Martinez et al. 1987). Die Verabreichung von exogenem NGF verhindert zudem eine Nekrose dieser Zellen infolge septohippocampaler (Fimbria-Fornix-)Läsionen (Hefti et al. 1986; Kromer et al. 1987; Williams et al. 1986). Besonders bemerkenswert ist jedoch, daß NGF Defizite des räumlichen Gedächtnisses bei alternden Ratten rückgängig macht (Gage et al. 1986).

Aus *in vitro*-Untersuchungen geht hervor, daß NGF offenbar direkt auf die Neuronen des basalen Vorderhirns einwirkt und nicht indirekt über Veränderungen anderer Zellen. Auch die Zellen in der Gewebekultur weisen hochaffine Rezeptoren für NGF auf, dessen Zugabe die Mengen an CAT und Acetylcholinesterase, zweier spezifischer Parameter der cholinergen Funktion, ansteigen läßt (Bernd et al. 1988; Martinez et al. 1987). Darüber hinaus erhöht NGF drastisch die Zahl CAT-positiver Neuronen in den Zellkulturen; ein direkter Einfluß des Faktors auf das Überleben der cholinergen Nervenzellen erscheint also möglich. Schließlich exprimieren die Neuronen des basalen Vorderhirns *in vitro* das NGF-Rezeptor-Gen; sie sind demnach prinzipiell imstande, spezifische Rezeptoren zu synthetisieren (Lu et al. 1989).

Sind die NGF-Wirkungen spezifisch und für das cholinerge Basalvorderhirn-Cortex-System selektiv? Für die Spezifität spricht, daß ein Antiserum gegen NGF dessen Wirkungen auf Vorderhirnneuronen blockiert (Martinez et al. 1987). Auch können Moleküle, die NGF strukturell ähnlich sind, die Effekte des Faktors nicht hervorrufen. Daß NGF andere Basalvorderhirnneuronen, etwa Somatostatin- oder Substanz-P-haltige Zellen, nicht beeinflußt, unterstreicht die Selektivität der NGF-Wirkungen auf die cholinerge Zellpopulation. (Dennoch zeigen neuere Arbeiten, daß manche nichtcholinerge Basalvorderhirnzellen möglicherweise doch auf NGF ansprechen können [Dreyfus et al. 1989].) NGF reguliert also sowohl im ZNS als auch im PNS auf spezifische und selektive Weise exakt umrissene Systeme, die mit jeweils eigenen Verhaltensmodulen assoziiert sind.

Fassen wir die Ergebnisse von Untersuchungen zur NGF-Wirkung im PNS und ZNS zu einem provisorischen Modell zusammen. Während der Embryonalentwicklung knüpft die von den Neuronen des basalen Vorderhirns ausgehende Septumbahn synaptische Kontakte mit Hippocampusneuronen. Möglicherweise übernimmt NGF hierbei eine Zielführungsfunktion, wie man es auch im Fall peripherer Fasern vermutet, und dirigiert die wachsenden Fasern direkt oder indirekt zum Hippocampus. Der von den Zielzellen synthetisierte Faktor stellt vermutlich sicher, daß jene Vorderhirnneuronen überleben, die korrekte Verbindungen knüpfen; ihre Fasern bilden die fertige Septumbahn. Es ist anzunehmen, daß NGF auch im adulten Zustand – ähnlich wie in der Peripherie – für die Erhaltung dieser Bahn notwendig ist. Ohne die trophische Funktion des Nervenwachstumsfaktors kann also der ausgereifte Organismus räumliche Informationen nicht speichern. Die Kommunikation zwischen trophischen Molekülen, aufgezeigt am Beispiel der Wechselwirkungen zwischen NGF und seinem Rezeptor, schafft und erhält die Fähigkeit zu räumlichem Gedächtnis. Die Ausführung dieser Fähigkeit beruht allerdings auf der Aktivität der Transmitter. Die Leistungen des räumlichen Gedächtnisses sind spezifisch mit dem cholinergen System assoziiert; offenbar sieht also die Organisation des Gehirns auf Systemebene Grundeinheiten mit bestimmten Transmittern und trophischen Molekülen vor.

NGF, ACh und Gedächtnis

Aus verschiedenen Forschungsbereichen kommen Hinweise, daß cholinerge Mechanismen, insbesondere im septohippocampalen System, beim Gedächtnis eine Rolle spielen. Nach Verabreichung des cholinergen Antagonisten Scopolamin treten beim Menschen Gedächtnisstörungen auf (zum Beispiel Drachman und Leavitt 1974). Umgekehrt wird die Gedächtnisleistung durch Physostigmin, einen cholinergen Agonisten, gesteigert. Bei parallel an Affen durchgeführten Untersuchungen verbessern cholinerge Agonisten das Gedächtnis, während Antagonisten es einschränken (Bartus und Johnson 1976; Bartus 1978). Die Gabe cholinerger Antagonisten ruft bei Ratten ebenso Störungen des räumlichen Gedächtnisses hervor wie chirurgische septohippocampale Läsionen (Fukuchi et al. 1987; Meyers und Domino 1964; Douglas und Truncer 1976; Okaichi und Jarrard 1982; Wirsching et al. 1984; Westlind et al. 1981). Nach solchen Läsionen kann die Gedächtnisleistung durch cholinerge Substanzen beeinflußt werden. (Eckermann et al. 1980; Ksir et al. 1974). Bei der Alzheimer-Krankheit, die vor allem durch starke Beeinträchtigungen des Gedächtnisses gekennzeichnet ist, sinkt die CAT-Aktivität im Hippocampus deutlich ab (Kuhar 1976; Bowen et al. 1981). Darüber hinaus geht die Krankheit mit einer ausgeprägten Degeneration cholinerger Neuronen des basalen Vorderhirns einher (Whitehouse et al. 1981, 1982; Coyle et al. 1983). Verschiedene Untersuchungen lassen vermuten, daß auch das beim normalen Alterungsprozeß beobachtete Nachlassen des Erinnerungsvermögens mit einer Abnahme der CAT-Menge im Cortex verbunden ist; diese Ergebnisse werden allerdings noch heftig diskutiert (Übersicht bei Bartus et al. 1982).

Die Schlußfolgerung, daß die Einheit aus NGF und ACh für das Raum-Positions-Gedächtnis von entscheidender Bedeutung ist, klingt plausibel. Dabei gestaltet und erhält NGF die Systeme, in denen ACh Gedächtnisleistungen vermittelt. Es ergibt sich das Bild einer kontinuierlichen Verbindung vom trophischen Molekül über Systemorganisation und mentales Modul hin zum Gedächtnis. Die Regeln, nach denen die NGF-Synthese und -Freisetzung erfolgt, die Kinetik der Rezeptorbindung und die biochemischen Reaktionen der *second messenger*-Systeme in rezeptiven Basalvorderhirnzellen bilden beispielhaft einen Satz von Prinzipien, nach denen das Gehirn organisiert ist. Trophische Moleküle wie NGF wirken also an der Realisierung des Bauplanes mit, dem Verhalten und Geist zugrunde liegt. Die „septohippocampale NGF/ACh-Hardware" ist nicht von der Software des räumlichen Gedächtnisses zu trennen. Die Merkmale des „Raum-Positions-Gedächtnisses" sind Ausdruck von Struktur und Funktion der genannten Moleküle, Systeme und Verknüpfungen. Hardware und Software sind nicht unterscheidbar.

NGF und ACh stehen im septohippocampalen System als Architekt und operierendes Symbol indirekt miteinander in Verbindung. Vielleicht existiert darüber hinaus noch ein direkter Zusammenhang zwischen beiden, denn NGF steigert in rezeptiven Neuronen des basalen Vorderhirns die cholinerge Funktion in Form der CAT-Aktivität und der Acetylcholinesterasemenge; unter bestimmten Bedingungen nimmt auch die Größe der cholinergen Zellen zu. Demnach verstärkt der Faktor die cholinerge Übertragung, die Grundlage der Gedächtnisfunktion. Das Gedächtnis ist der Zustand der biologischen Grundeinheit, die sich aus Transmitter-, System- und trophischen Komponenten zusammensetzt, die untrennbar miteinander verbunden sind.

NGF und andere Hirnsysteme

Es mehren sich die Anzeichen, daß NGF noch weitere Hirnsysteme beeinflußt. Beispielsweise exprimieren cholinerge Interneuronen des Streifenkörpers (Corpus striatum oder kurz Striatum) NGF-Rezeptoren und reagieren *in vitro* und *in vivo* auf den Faktor mit einer erhöhten CAT-Aktivität (Martinez et al. 1985; Mobley et al. 1985). Die Gene für NGF und seine Rezeptoren werden außer im Vorderhirn-Cortex-System noch in anderen, weit verstreuten Hirngebieten exprimiert, unter anderem im Bulbus olfactorius (Riechkolben), Cerebellum und Striatum (Buck et al. 1987, 1988; Lu et al. 1989). Gegenwärtig ist es noch zu früh, um Genaueres über die Wirkungen von NGF und ihre Konsequenzen für das Verhalten auszusagen. Dennoch ist schon jetzt klar, daß NGF potentiell zahlreiche Systeme im Gehirn beeinflussen kann. Als nächstes stellt sich die Frage, ob es weitere Faktoren mit ähnlicher Funktion gibt.

Andere trophische Faktoren des Gehirns

NGF hat lange Zeit im Mittelpunkt des Interesses der Hirnforscher gestanden und ist deshalb der am besten erforschte trophische Faktor. Immer mehr Untersuchungen zeigen nun jedoch, daß es ähnliche Substanzen geben muß, die ebenfalls den Erhalt und die Funktion neuraler Systeme sichern. Die Liste potentieller Faktoren ist zu lang, als daß wir sie im Rahmen unserer Diskussion komplett aufführen könnten. Doch gehe ich auf einzelne Beispiele ein, um die Vielfalt an Möglichkeiten anzudeuten, die Entwicklung und Funktion von Systemen zu regulieren.

Aktuelle Forschungsarbeiten weisen darauf hin, daß der *Fibroblastenwachstumsfaktor* (*fibroblast growth factor*, FGF) *in vitro* das Überleben von Striatum- und Cortexneuronen fördert (Walicke et al. 1986; Walicke 1988; Walicke und Baird 1988; Morrison et al. 1986). Diese Substanz entfaltet pleiotrope Aktivitäten und induziert unter anderem offenbar die Angiogenese sowie die Proliferation von Gliazellen. Die Spezifität und Selektivität von FGF und mögliche Wechselwirkungen mit anderen trophischen und Wachstumsfaktoren müssen noch erforscht werden.

Auch der *Epidermiswachstumsfaktor* (*epidermal growth factor*, EGF) zeigt trophische Effekte auf verschiedene zentralnervöse Zellpopulationen (Morrison et al. 1986); seine normale physiologische Bedeutung ist jedoch noch ungeklärt. Dies sind nur zwei Beispiele aus einer Reihe von Molekülen, die zwar nicht im Nervensystem entdeckt und charakterisiert worden sind, dort aber nach neueren Erkenntnissen bestimmte Wirkungen entfalten. Es ist wahrscheinlich, daß sich die Zahl jener bereits bekannten peripheren Signalstoffe, die zusätzlich auch Hirnsysteme regulieren, weiter erhöhen wird.

Neben der Entdeckung völlig neuer Wirkungen von bekannten Molekülen sind im Nervensystem auch „neue" Moleküle aufgespürt und charakterisiert worden. Der *neurotrophische Ciliarfaktor* (*ciliary neurotrophic factor*, CNTF) wurde zunächst in

Strukturen des Auges entdeckt; er fördert das Überleben parasympathischer Neuronen des Ciliarganglions, die das Auge innervieren (Varon et al. 1979; Barbin et al. 1984; Manthorpe und Varon 1985). Wie die Analyse des Moleküls ergab, handelt es sich um ein saures Protein mit einem Molekulargewicht von 22 Kilodalton, das sich eindeutig vom NGF, EGF und FGF unterscheidet (Manthorpe et al. 1986). Da CNTF inzwischen in reiner Form verfügbar ist läßt sich das Spektrum seiner biologischen Effekte bestimmen. So sprechen aktuelle Untersuchungen dafür, daß CNTF über seine Wirkungen auf Neuronen des Ciliarganglions hinaus die Vermehrung und den Transmitterphänotyp sympathischer Neuronen reguliert (Ernsberger et al. 1989). Demzufolge dürfte das Molekül bei unterschiedlichen Zellpopulationen trophisch (überlebensfördernd), mitogen (zellteilungsfördernd) und/oder transmitterregulierend (differenzierend) wirken.

Der *neurotrophische Hirnfaktor* (*brain-derived neurotrophic factor*, BDNF), er wurde zunächst aus Schweinehirn isoliert, fördert das Überleben von Subpopulationen sympathischer und sensorischer Neuronen (Leibrock et al. 1989). Trotz seiner Homologien mit NGF ist BDNF ein eigenständiges Molekül, wie die Analyse seiner Aminosäuresequenz beweist. Zukünftige Arbeiten werden zeigen, ob NGF einer ganzen Familie verwandter trophischer Faktoren angehört. Noch ist ungeklärt, ob mehrere Genfamilien Gruppen von trophischen Faktoren codieren, welche die Entwicklung und Tätigkeit von Hirnsystemen steuern.

Kein Zweifel besteht jedoch darüber, daß die traditionelle Unterscheidung zwischen trophischen Faktoren, Wachstumsfaktoren und Transmittern überholt ist. Verschiedene Moleküle wirken akut (im Millisekundenbereich) wie ein Transmitter, regulieren daneben aber auch Langzeitfunktionen von Nervenzellen. Beispielsweise beeinflussen die klassischen Transmitter Serotonin und ACh das Auswachsen von Neuriten (Nervenzellfortsätzen) sowie das Überleben neuronaler Zellpopulationen in Kultur. Insulin und die Familie der insulinartigen Wachstumsfaktoren wirken als Transmitter und regulieren darüber hinaus die Neuritenbildung und die Teilungsaktivität von Neuronen (DiCicco-Bloom und Black 1988). Auch das *Calcitonin-Gen-verwandte Peptid* (*calcitonin gene-related peptide*, CGRP) ist als Transmitter aktiv und kontrolliert außerdem die Ausprägung des Transmitterphänotyps (Mudge 1989; Denis-Donini 1989). Der Peptidtransmitter VIP, das vasoaktive intestinale Peptid, reguliert Mitosetätigkeit und Neuritenbildung von Nervenzellen sowie das Überleben sympathischer Neuronenpopulationen (Pincus et al. 1990).

Diese wenigen Beispiele aus der rapide anwachsenden neurowissenschaftlichen Literatur legen die Vermutung nahe, daß die herkömmliche Unterscheidung von Signalübertragung, Wachstum, Systementwicklung und Funktion auf einer falschen Vorstellung beruht. Der Gebrauch eines Systems und die damit einhergehende synaptische Transmission kann sein Überleben und Wachstum fördern sowie sein Verschaltungsmuster und seine zukünftige Funktion beeinflussen. Vermittelt durch die genannten molekularen Signale, die gleichzeitig an Signalübertragung, Wachstum und Überleben beteiligt sind, können Erfahrungen die neurale Funktion verändern. Auf diesem Weg beeinflussen Informationen aus der Umwelt die Organisation der Systeme und der von ihnen hervorgebrachten Verhaltensformen und mentalen Zustände. Die langanhaltende Veränderung der Systemfunktion durch Erfahrung, mit ihren Folgen auf Verhalten und mentale Zustände, läßt sich auf diese polyfunktionellen Moleküle zurückführen. Dynamische Beziehungen zwischen Umwelt, molekularen Signalen, Systemen und Verhalten dürften auch Grundlage für Lernen und Gedächtnis sein.

8

Modularität und Hirnfunktion: Psychologische, anatomische und molekulare Domänen

Split-Brain-Patienten • Diskonnektionssyndrome • Diskonnektion und Modularität bei der Parkinson-Krankheit • Modularität bei subhumanen Primaten: Beziehungen zwischen molekularer und organismischer Ebene • Unbewußtes Lernen • Psychologische Module als trophische Einheiten?

Unsere Diskussion hat gezeigt, daß die Modularität des Verhaltens – die Integration unabhängiger Einzelfunktionen des Gehirns zu einem einheitlichen Repertoire – bereits auf der elementarsten neuralen Ebene, auf der genomischen, ersichtlich ist. Wie sich bei der Betrachtung des Aufbaus und der Funktion von Polyproteinen und von trophischen Systemen andeutete, ist Modularität ein Kennzeichen vieler Funktionsebenen des Nervensystems. Zahlreiche modulär organisierte Niveaus lassen sich ohne weiteres identifizieren. Aus der genomischen Modularität folgen die molekulare Modularität und kompartimentierte biochemische und metabolische Funktionen. Zum Beispiel führt der moduläre Aufbau der Polyproteine zu komplexen verhaltensphysiologischen Zuständen, die sich aus verschiedenen Komponenten zusammensetzen. Umgekehrt stellt die Gliederung des Gehirns in Systeme das Substrat dar, auf das die modulären Moleküle einwirken, und daraus resultiert moduläres Verhalten.

Modularität ist auf zahlreichen phylogenetischen und funktionellen „Ebenen" offenkundig. Sie kennzeichnet nicht nur das komplexe Nervensystem der Vertebraten, sondern auch das vergleichsweise überschaubare der Invertebraten, wie uns das Verhalten der Meeresschnecke bei der Eiablage verdeutlichte. Moduläre Gene führen zu Gruppen aus Transmittern und trophischen Produkten, die auf verschiedenen phylogenetischen Komplexitätsebenen Verhaltensmodule auslösen.

Wie manifestiert sich Modularität auf der wohl komplexesten Ebene, im Gehirn subhumaner Primaten und des Menschen? Zieht sich das Phänomen wirklich wie ein roter Faden vom „primitivsten" bis zum „höchsten" Niveau der neuralen Organisation? Tatsächlich sind viele der in der Einleitung dieses Buches erwähnten klinischen Syndrome mit der modulären Organisation des menschlichen Gehirns zu erklären. Auffällige Dissoziationen des Verhaltens und des Geistes sind Ausdruck einer gestörten Modularität. Wir werden versuchen, dem modulären Charakter der menschlichen Kognition auf den Grund zu gehen und derartige Funktionsstörungen eingehend analysieren. Unser Ziel ist es, zu überprüfen, ob (einheitlich erscheinende) Hirnzustände des Menschen sich tatsächlich in eigenständige Einzelfunktionen untergliedern lassen.

Zunächst nähern wir uns der modulären Eigenschaft des menschlichen Verhaltens und Denkens auf der Ebene neuraler System an. Wir analysieren Beobachtungen bei sogenannten Split-Brain-Patienten mit Blick auf die Systemfunktion und die Lateralisierung der Hirnfunktion. Dies führt uns unweigerlich zu den Diskonnektionssyndromen, klinischen Störungen infolge einer Entkopplung und Isolierung einzelner Systeme. Die besonderen Merkmale des Verhaltens und Denkens betroffener Patienten veranschaulichen indirekt das Wesen der normalen Modulintegration. Anschließend wenden wir uns experimentellen Untersuchungen an subhumanen Primaten zu, bei denen assoziatives Lernen und Gedächtnis sowie die ihnen zugrundeliegenden Systeme im Mittelpunkt stehen. Anhand dieser Befunde soll die Modularität höherer kognitiver Funktionen in den Kontext von Systemen, Transmittern und trophischen Substanzen gestellt werden. Letztendlich wollen wir verstehen, wie molekulare Wechselwirkungen in Verbindung mit der Organisation der Systeme die Modularität des Verhaltens und Denkens hervorbringen.

Modularität bei Split-Brain-Patienten

Die Ergebnisse der Erforschung verschiedener klinischer Störungen mit unterschiedlichen experimentellen Strategien stützen die Hypothese, daß Verhalten und die zugrundeliegenden Hirnfunktionen modulär organisiert sind. Ausführliche Untersuchungen sogenannter Split-Brain-Patienten durch Gazzaniga und seine Mitarbeiter haben uns die wesentlichen Merkmale der Modularität beim Menschen und ihre tiefgreifenden praktischen und theoretischen Konsequenzen deutlich vor Augen geführt (Überblick bei Gazzaniga 1970, 1989; Gazzaniga und LeDoux 1978). Einige Jahrzehnte lang behandelte man Patienten mit schwerer Epilepsie, bei denen sich lokal die Hirnaktivität anfallartig aufschaukelt und von einer Hemisphäre auf die andere übergreift, indem man beide Hirnhälften chirurgisch trennte. Genauer gesagt durchtrennte man die Faserverbindungen zwischen den Großhirnhemisphären, das Corpus callosum (den Balken) und die Commissura anterior, um die Ausbreitung des Anfalls zu verhindern (Abbildung 8.1). Gazzaniga machte sich bei seinen Untersuchungen die Tatsache zunutze, daß Informationen aus der linken (rechten) Gesichtsfeldhälfte nur in die gegenüberliegende, rechte (linke) Hemisphäre gelangen, wie Abbildung 8.2 veranschaulicht. Die chirurgische Entkopplung verhindert also, daß beide Großhirnhälften direkt miteinander kommunizieren. Folglich haben sie auch keinen Zugriff mehr auf Informationen über visuelle Reize, die man der jeweils anderen Hemisphäre präsentiert. Diese Situation lud gewissermaßen dazu ein, einige faszinierende Fragen zu stellen.

Projiziert man eine Szene oder ein Wort nur die rechte oder die linke Gesichtsfeldhälfte, dann kann man selektiv nur die „verbale" linke Hemisphäre (sie enthält übli-

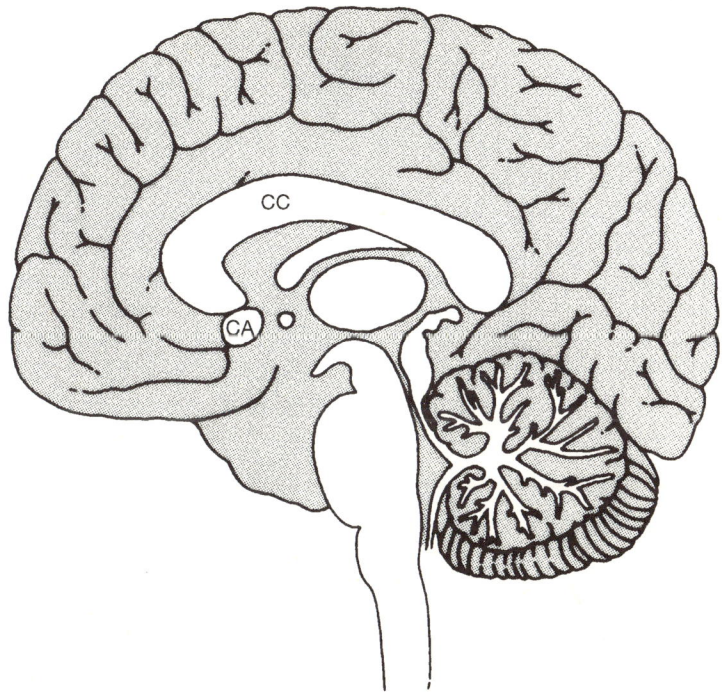

8.1 Schnitt entlang der Mittelebene des menschlichen Gehirns durch das Corpus callosum (CC) und die Commissura anterior (CA). Diese beiden Faserstränge werden bei anderweitig nicht behandelbarer schwerer Epilepsie aus therapeutischen Gründen chirurgisch durchtrennt. Es entsteht – so die vereinfachende Bezeichnung – ein „gespaltenes Gehirn" (*split brain*). (Nach Gazzaniga 1970.)

cherweise die Sprachzentren) oder nur die „stumme" rechte Hemisphäre aktivieren. Wie zu erwarten ist, erkennt die linke Hemisphäre ihr dargebotene Szenen oder geschriebene Botschaften sehr leicht und kann sie detailliert beschreiben. Umgekehrt kann die rechte Hemisphäre eine Szene zwar „beobachten" und auch auf sie reagieren, ihr fehlt jedoch der Apparat, sie verbal zu beschreiben. Da nun bei Split-Brain-Patienten beide Hirnhälften entkoppelt sind, ist die rechte außerstande, mit der linken zu kommunizieren und sich deren Fähigkeiten zunutze zu machen.

Gazzaniga interessierte nun, wie sich ein solcher Patient verhält, wenn im Experiment Informationen nur in seine rechte Hemisphäre gelangen. Dabei entdeckte er ein bemerkenswertes Phänomen. In einem mittlerweile klassischen Experiment projizierte er eine extrem bedrohliche Szene mit einem brennenden Haus und vom Feuertod bedrohten Bewohnern in die linke Gesichtsfeldhälfte des Patienten (in sein rechtes Gehirn). Der Patient war zwar nicht imstande, das Gesehene zu verbalisieren, wirkte jedoch sehr unruhig und ängstlich. Als Gazzaniga die Versuchsperson nach dem Grund für sein verstörtes Verhalten fragte, geschah etwas sehr Verblüffendes: Das sprachvermittelnde linke Gehirn, das die Szene gar nicht beobachtet hatte, erfand einfach eine Geschichte. Der Patient sagte, einer der anwesenden Wissenschaftler sei dafür verantwortlich, daß er so nervös und ängstlich sei. Das linke Gehirn hatte sich also eine Theorie ausgedacht, um die körperlichen Veränderungen zu erklären, die

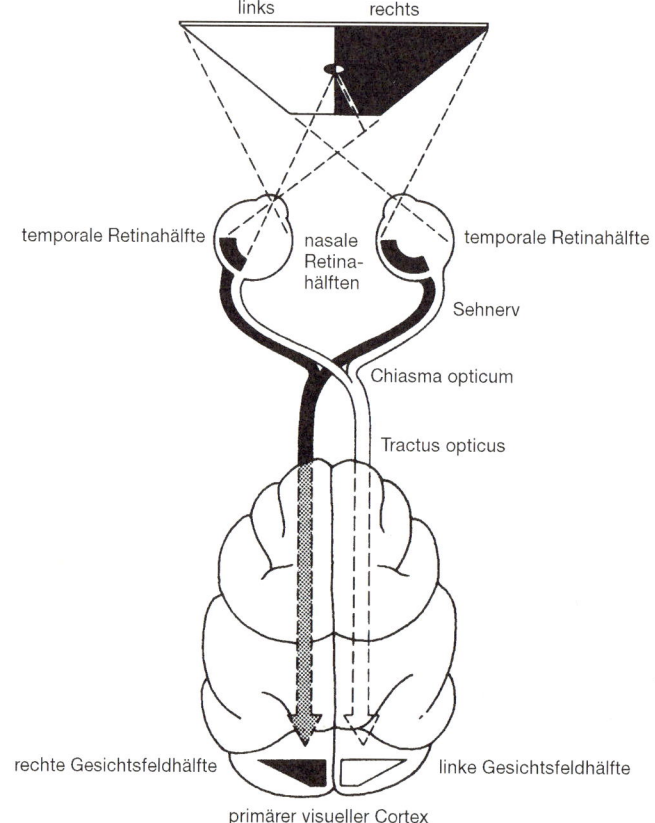

8.2 Die Repräsentation des Gesichtsfeldes in der Sehrinde. Sehinformationen gelangen zu etwa gleichen Teilen in beide Hemisphären. Aus dem Innervierungsmuster der Retina und dem Verlauf der Sehbahnen folgt, daß visuelle Informationen aus einer Hälfte des Gesichtsfeldes jeweils ausschließlich in der gegenüberliegenden Hemisphäre „gesammelt" werden. (Aus Gazzaniga 1970.)

eine nur vom rechten Gehirn wahrgenommene Szene ausgelöst hatte. Bei jedem neuen Versuch und jeder neuen Szene spielte sich das gleiche ab. Das verbale linke Gehirn erfand jedesmal irgendwelche Theorien und Erklärungen für Aktivitäten und Reaktionen, die ihren Ursprung in dem ihm unzugänglichen, stummen rechten Gehirn hatten.

Mit der Zeit fügten sich die Erkenntnisse zu einem deutlichen Bild zusammen: Eine psychologische Funktion der linken Hemisphäre versucht fortwährend, sich aus der verwirrenden und oftmals nicht nachvollziehbaren Wirklichkeit gewissermaßen einen Reim zu machen. Irgendetwas in der dominanten (linken) Hirnhälfte toleriert die scheinbaren Widersprüche und Diskontinuitäten in unserem Erleben nicht, und daher formuliert es ständig Theorien, um eine kohärente, schlüssige innere Wirklichkeit zu schaffen (Gazzaniga 1970, 1985, 1989).

Daraus lassen sich zahlreiche Schlußfolgerungen ziehen. Wir werden uns jedoch auf die für unser Thema relevanten beschränken. Zunächst spricht die offenkundige Asymmetrie der Hemisphären selbst dafür, daß bestimmte Verhaltenssysteme im Ge-

144

hirn an unterschiedlichen Orten lokalisiert sind. Zweitens befindet sich in der dominanten Hemisphäre ein spezielles psychologisches Modul, das Gazzaniga den *Interpretierer* nennt. Dieser hat bei Split-Brain-Patienten keinen Zugriff auf Systeme der rechten Hemisphäre. Der Interpretierer ist eine „übergeordnete" Funktion, die wegen der bruchstückhaften Wahrnehmung der äußeren Realität und der modulären Hirnorganisation versucht, unserem bewußten Erleben Kontinuität zu verleihen. Normalerweise gelingt ihm das auch. Dann erfahren wir unser Denken und Fühlen als Einheit.

Die Konsequenzen unserer Überlegungen beschränken sich wohl kaum auf Split-Brain-Patienten. Es gibt keinen Grund anzunehmen, daß Diskonnektionen nur chirurgisch erzeugt werden können. Bis zu einem gewissen Grad sind wir alle „entkoppelt". In jedem Menschen sind zahlreiche neurale Prozesse oder Module dem Zugriff des Sprachsystems und des Interpretierers entzogen. Bestimmten Verhaltensweisen oder mentalen Zuständen, denen solche unzugänglichen Prozesse zugrunde liegen, schreibt der Interpretierer falsche Ursachen zu. Beispielsweise gilt dies für Stimmungsschwankungen, die durch unbekannte Mechanismen erzeugt werden: Oft werden sie auf falsche Umstände zurückgeführt. Gazzaniga vermutet sogar, daß Phobien durch die Deutung extremer emotionaler Zustände, etwa stoffwechselbedingter Panikattacken, entstehen. Die Speicherung der Interpretation im Gedächtnis kann – lange nachdem die Panikattacken medizinisch erfolgreich behandelt wurden – zu Phobiereaktionen führen (Gazzaniga 1989).

Wir halten fest, daß die chirurgische Trennung der Hemisphären Einsichten in die moduläre Organisation des Gehirns gebracht hat, die den gesunden wie den gestörten Geist prägt. Als nächstes untersuchen wir Organisation und Beziehungen von Subsystemen des Gehirns, die für besondere und manchmal seltsame Eigenschaften des Geistes verantwortlich sind.

Modularität und Diskonnektionssyndrome

Verschiedene neuropsychiatrische Syndrome sind die Folge einer krankheitsbedingten Entkopplung bestimmter Module. Auf die zentrale Bedeutung des sensorischen Sprachzentrums oder Wernicke-Areals, jenes Hirngebiets also, in das Sprachinformationen einlaufen, hat in diesem Zusammenhang Geschwind besonders eindringlich hingewiesen (Abbildung 8.3; Geschwind 1965; Galaburda et al. 1978). Die funktionelle Trennung des Wernicke-Areals von anderen primären Sinnesfeldern des Gehirns führt zu einer Gruppe eigentümlicher Störungen, die man Diskonnektionssyndrome nennt. Ihre Eigenart sei an einem Beispiel verdeutlicht.

Es geht um Patienten, die an *Alexie ohne Agraphie* leiden: Sie können zwar perfekt schreiben, sind aber unfähig zu lesen. (Der in der Einleitung erwähnte Englisch-Professor zeigte dieses Syndrom.) Wie ist eine solche Störung zu erklären? Die betroffenen Patienten weisen eine Kombination zweier Hirnschädigungen auf, die verhindert, daß visuelle Informationen in das sensorische Sprachzentrum gelangen. Üblicher-

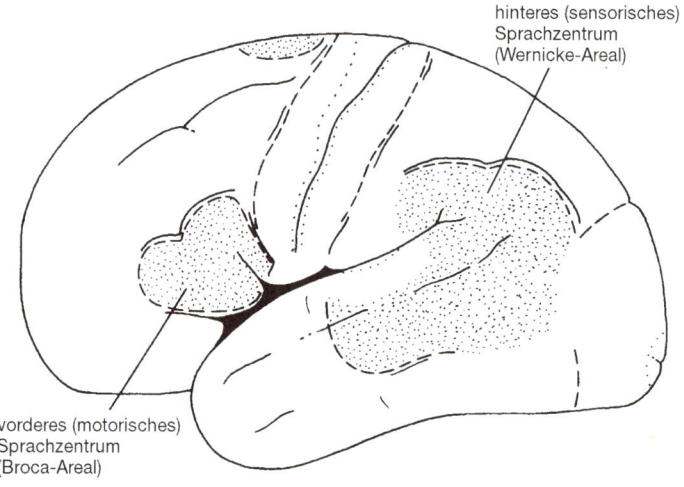

hinteres (sensorisches)
Sprachzentrum
(Wernicke-Areal)

vorderes (motorisches)
Sprachzentrum
(Broca-Areal)

8.3 Die corticalen Sprachzentren. (Nach Haymaker 1969.)

weise haben die Patienten eine corticale Läsion im linken Okzipital- oder Hinterhauptbereich, der Informationen aus der rechten Gesichtsfeldhälfte erhält. Gelesene Informationen aus diesem Bereich werden also bei ihnen nicht an das Sprachfeld weitergeleitet. Zusätzlich ist bei den Betroffenen auch der hintere Abschnitt des Balkens (das Splenium) geschädigt. Das Splenium übermittelt Informationen aus der linken Gesichtsfeldhälfte in das Sprachzentrum (Abbildung 8.4). Das sensorische Sprachfeld ist also vollständig von Sehinformationen abgeschnitten – daher die Alexie. Da für die Ausführung von Sprachfunktionen wie Sprechen und Schreiben eine andere Region zuständig ist – das motorische Sprachzentrum oder Broca-Areal –, kann der Patient unbeeinträchtigt schreiben. Mit unseren Einblicken in die moduläre neuroanatomische Organisation läßt sich das Syndrom der Alexie ohne Agraphie also durchaus verstehen (Übersicht bei Geschwind 1965).

Diese kurze Beschreibung ermöglicht bereits die Voraussage, daß die Entkopplung des Wernicke-Areals von anderen Sinnesmodalitäten zu weiteren skurrilen Syndromen führt. Das trifft tatsächlich zu. *Reine Worttaubheit* (man spricht auch von subcorticaler sensorischer Aphasie) – die Unfähigkeit, bei intaktem Hörsinn und normaler Lese- und Schreibfähigkeit gesprochene Wörter zu verstehen – tritt auf, wenn eine Hirnschädigung das sensorische Sprachzentrum von auditorischen Informationen völlig abschneidet. Erhält das gleiche Areal keinerlei körpersensiblen Input mehr, so spricht man von *taktiler Aphasie*, der Unfähigkeit, Ertastetes zu benennen (Geschwind 1965).

Den genannten *sensorischen Aphasien* liegt also die besondere Organisation einzelner Hirnsysteme zugrunde. Das sensorische Sprachzentrum ist Teil des inferioren Parietal- oder Scheitellappens. Es gehört zu den sogenannten Assoziationsfeldern und erscheint erstmals bei Primaten an der Verbindung der Rindenfelder für das Sehen, Hören und die Körpersensibilität. Der Parietallappen bringt *rein nichtlimbische, intermodale Assoziationen* (beispielsweise visuell-taktile) hervor – eine für Primaten einzigartige Fähigkeit. Bei allen anderen Tieren sind nur limbisch-limbische und limbisch-nichtlimbische Assoziationen bekannt. Beispiele für derartige primitivere Ver-

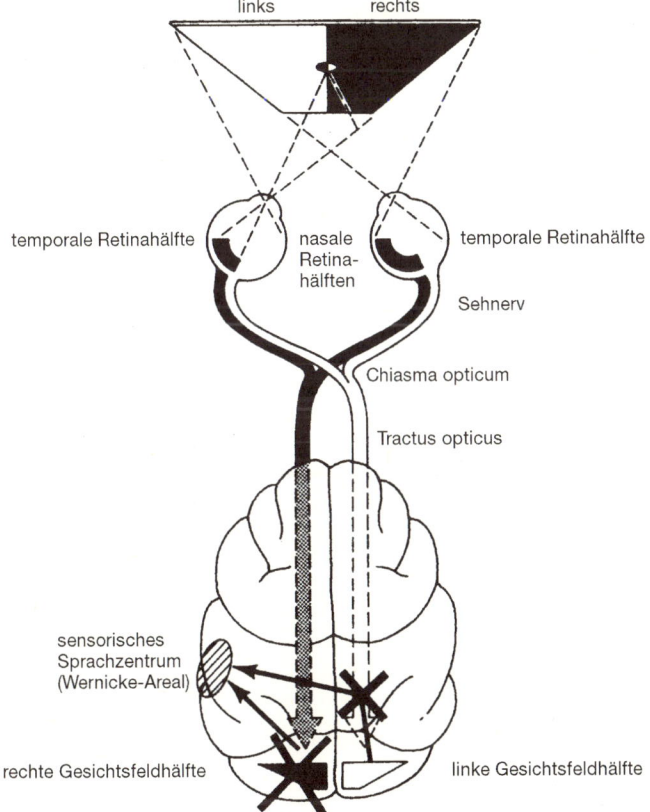

8.4 Die anatomischen Grundlagen einer Alexie ohne Agraphie. Die betroffenen Patienten können nicht lesen, weil Sehinformationen aus beiden Hemisphären nicht in das sensorische Sprachzentrum in der linken („verbalen") Großhirnhälfte übermittelt werden. Dennoch können die Patienten schreiben, denn ihr motorisches Sprachzentrum arbeitet normal. (Nach Gazzaniga 1970.)

knüpfungen sind sexuell-motorische Assoziationen sowie solche von Angst und Aggression. Nach Geschwind (1965) war der inferiore Parietallappen Voraussetzung für die Entwicklung von Sprache, eben weil er nichtlimbische Assoziationen bildet. Wird das Wernicke-Areal von anderen primären Sinnesfeldern getrennt, treten Diskonnektionssyndrome auf. Eine solche Entkopplung macht die sprachliche Verarbeitung des sensorischen Inputs unmöglich.

Die hier vorgestellten Diskonnektionssyndrome sind nur wenige Beispiele aus einer Fülle unterschiedlicher geistiger Störungen, die alle auf der modulären Organisation des Gehirns beruhen. Erwähnt seien außerdem die *Apraxien*, bizarre Verhaltensanomalien bei Entkopplung des Wernicke-Areals von motorischen Zentren. Andere Diskonnektionen führen zu sogenannten *Agnosien*, Störungen des Erkennens bei intakter Wahrnehmung. Bestimmte Agnosiepatienten können zum Beispiel Farben sortieren und einander zuordnen, sind aber nicht imstande, diese zu benennen. Die spezielle Symptomatik der Diskonnektionssyndrome hat sehr dazu beigetragen, daß wir die neuroanatomischen Beziehungen und damit das Phänomen der Modularität verstehen (allgemeine Diskussion bei Geschwind 1965).

So groß die Bedeutung der Modularität für die Entstehung derartiger klinischer Störungen ist – noch stärker sind die Auswirkungen auf die normale Hirnfunktion. Die Sprachzentren haben beispielsweise nur begrenzten Zugriff auf andere Hirnsysteme. Es überrascht daher nicht, wenn die meisten Menschen nur vage über ihr körperliches und emotionales Befinden Auskunft geben können. Dabei hält der Interpretierer stets vermeintliche Erklärungen bereit, um die unzugängliche innere Wirklichkeit doch begreiflich zu machen. Modularität und Interpretierer dürften die Grundlage für die beispiellose Kreativität und Phantasie, aber auch für die Selbsttäuschungen des Menschen bilden.

Mit dem Übergang von experimentellen Tiermodellen zum Menschen haben wir gleichzeitig unsere Betrachtungsweise von einer molekularen zu einer systembezogenen verändert. In seltenen mustergültigen Fällen sind aber auch bei Krankheiten des Menschen sowohl die systembezogenen als auch die molekularen Grundlagen modulärer Störungen erkennbar. Am Beispiel der Parkinson-Krankheit möchte ich zeigen, wie die Organisation von Systemen und Transmittern die Modularität des Bewegungsverhaltens bedingt.

Diskonnektion und Modularität bei der Parkinson-Krankheit

Geschwind bezeichnete speziell solche Störungen als Diskonnektionssyndrome, die auf eine Entkopplung sensorischer Felder vom Wernicke-Areal, dem sensorischen Sprachzentrum, zurückgehen. Wir hatten jedoch bereits ein „motorisches Diskonnektionssyndrom" kennengelernt, bei dem der Informationsfluß von der Substantia nigra zum Striatum unterbrochen ist: die Parkinson-Krankheit. Tatsächlich besitzt diese Erkrankung zahlreiche allgemeine Kennzeichen herkömmlicher Diskonnektionssyndrome (Übersicht bei Fahn 1982), und deshalb werde ich an dieser Stelle näher auf sie eingehen.

Bei der Parkinson-Krankheit tritt ein Bündel motorischer Symptome auf, das stark an die paradox anmutenden echten (sensorischen) Diskonnektionssyndrome erinnert. Parkinson-Patienten zeigen verlangsamte Bewegungen (Bradykinesie), wirken starr und zittern leicht; sie haben Schwierigkeiten, Willkürbewegungen einzuleiten. Paradoxerweise gilt dies nicht für unwillkürliche Bewegungen: Betroffene können beispielsweise in Notsituationen durchaus komplexe Handlungen initiieren, etwa aus einem brennenden Haus fliehen, wie der in der Einleitung beschriebene bettlägerige Patient. Die motorischen Defekte sind bei der Parkinson-Krankheit scharf umrissen; sie treten unabhängig von Lähmungen, echter Schwäche und Spastik auf. Anomalien bei der Ausführung willkürlicher „motorischer Programme" gehen also nicht mit Dysfunktionen anderer motorischer Module einher. Modularitätsstörungen führen in diesem Fall zu eigenartigen motorischen Dissoziationen, die den von Geschwind beschriebenen sensorisch-sprachlichen Dissoziationen analog sind.

Die molekularen Grundlagen der Entkopplung des sensorischen Sprachzentrums sind noch ungeklärt. Bei der Parkinson-Krankheit hingegen kennen wir einzelne Ursachen: Für die Symptome ist hauptsächlich eine Erschöpfung der nigrostriatalen Dopaminvorräte verantwortlich. Als Ursache der dopaminergen Dysfunktion kommen zahlreiche molekulare Anomalien in Frage, etwa eine Hemmung der Dopaminsynthese, der vesikulären Speicherung, der synaptischen Ausschüttung oder eine verringerte Zahl oder Affinität der Dopaminrezeptoren. Unterschiedliche Transmitter entfalten antagonistische motorische Wirkungen. Beispielsweise vermittelt Dopamin eine Hyperkinesie, es verbessert die Parkinson-Symptome, während für cholinerge Substanzen das Gegenteil gilt: Sie verschlimmern die Symptomatik und rufen eine Hypokinesie hervor. Die Ausführung eines bestimmten motorischen Moduls wird also von unterschiedlichen Transmittern differentiell reguliert. Damit es normal funktioniert, müssen sich dopaminerge und cholinerge Prozesse exakt die Waage halten. Dopamin in der nigrostriatalen Bahn wirkt den Mangelerscheinungen der Parkinson-Patienten entgegen, Acetylcholin in Interneuronen des Striatums verstärkt dagegen die Fehlfunktion. Die allgemeine Bedeutung dieser antagonistischen Transmitterbeziehung weist nun aber weit über eine einzelne Krankheit hinaus.

Am Beispiel des nigrostriatalen Systems läßt sich die Funktion eines Verhaltensmoduls gleichzeitig auf molekularer und auf Systemebene beschreiben. Dopamin wirkt bei diesem System hyperkinetisch. Ein Anstieg der dopaminergen Funktion verstärkt in zunehmendem Maß die motorische Aktivität, so daß schließlich abnorme Zusatzbewegungen auftreten, die auch für Chorea, Athetose und verwandte Krankheiten charakteristisch sind (Abbildung 4.4). Umgekehrt schränkt eine gesteigerte cholinerge Funktion die Motorik ein; im Extremfall führt dies zu Immobilität und erstarrter Haltung. Das Bewegungsmodul ist gewissermaßen in das neurale System eingebaut; seine Ausführung hängt von der Ausgewogenheit bekannter Transmittermoleküle ab. Die der Modularität des Verhaltens zugrundeliegenden neuralen Systeme und molekularen Signale lassen sich also genau beschreiben. Auf ähnliche Weise wollen wir uns nun den Phänomenen Lernen und Gedächtnis bei subhumanen Primaten zuwenden, um auch bei kognitiven Funktionen die Modularität und ihre molekularen und systembezogenen Grundlagen zu verstehen.

Modularität bei subhumanen Primaten: Zusammenhänge zwischen Systemen und Molekülen

Mishkin und seine Mitarbeiter sind Pioniere bei der Erforschung von Gedächtnisleistungen subhumaner Primaten gewesen (Übersicht bei Mishkin 1982). Ihre Arbeiten sprechen dafür, daß psychische Funktionen von Affen modulär organisiert sind und beschreiben zugleich entscheidende zugehörige Transmitterfunktionen. Die Wissenschaftler konzentrierten sich auf das Gedächtnis für die visuelle Wiedererkennung (Rekognition). Wie sie feststellten, gehen von der Sehrinde im Okzipitallappen zwei getrennte Informationswege aus (Mishkin et al. 1984; Abbildung 8.5). Die ventrale

Bahn zieht in den Temporal- oder Schläfenlappen und von dort in das limbische System; sie dient der Mustererkennung („Was für ein Objekt?"). Die dorsale Bahn projiziert zu Relaisstationen im Parietal- und Frontallappen und ist mit der räumlichen Einordnung befaßt („Wo ist das Objekt?"). Beide Bahnen ziehen schließlich zur Amygdala und zum Hippocampus – Strukturen, die bei der Bildung visueller Gedächtnisinhalte eine Schlüsselrolle spielen (Abbildung 8.5).

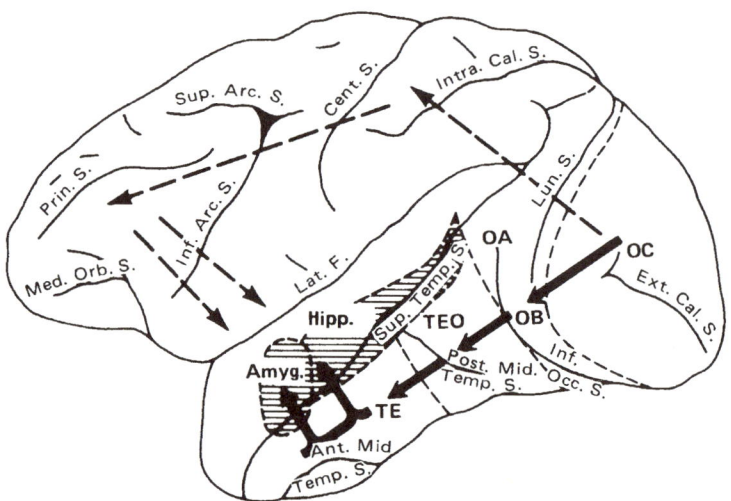

8.5 Übersicht der Bahnen, auf denen beim Affen Sehinformationen übermittelt und verarbeitet werden. (Die Bezeichnungen der diversen Sulci sind nicht übersetzt.) Von der primären Sehrinde im Okzipitalbereich des Cortex (OC) fließen Sehinformationen entlang zweier Hauptbahnen. Die ventrale Bahn verläuft über die Rindenareale OB, OA und TEO in den am weitesten distal gelegenen Bereich des Temporallappens (TE). Von TE aus gelangen die Informationen zur Amygdala (Amyg.). Die dorsale Bahn ist mit durchbrochenen Linien dargestellt. Auch sie übermittelt die Informationen schließlich in Teile des limbischen Systems. (Verändert nach Mishkin 1982.)

Eine kombinierte Amygdalektomie und Hippocampektomie führt zu einer tiefen und umfassenden *Amnesie*, das heißt zu einem Gedächtnisverlust, bezüglich der visuellen Objekterkennung. In der ventralen Bahn scheint die Verarbeitung visueller Informationen (*sensory processing*) auf einer orthograden Aktivierung zu beruhen, während die Gedächtnisbildung (*memory processing*) durch retrograde Aktivierung erfolgt (Abbildung 8.6). Die vorwärtsgerichtete sensorische Bahn bringt die Impulsaktivität also vom Okzipitallappen zum Temporallappen und von dort zum limbischen System und in das basale Vorderhirn. Rückwärts (retrograd) wandernde Impulse, so nimmt man an, aktivieren die gespeicherten Repräsentationen, die zusammen das Gedächtnis bilden.

Auch die Bahnen anderer Sinnesmodalitäten münden in der Amygdala und dem Hippocampus. Somatosensorische, auditorische, gustatorische und taktile Informationen werden ebenfalls in diese limbischen Hirnstrukturen geleitet. Amygdala und Hippocampus dienen der Bildung multimodaler Assoziationen aus Informationen, die jedoch nicht direkt bewußt sind. Diese beiden Bestandteile des limbischen Systems

durch Läsionen verursachte Gedächtnisdefizite

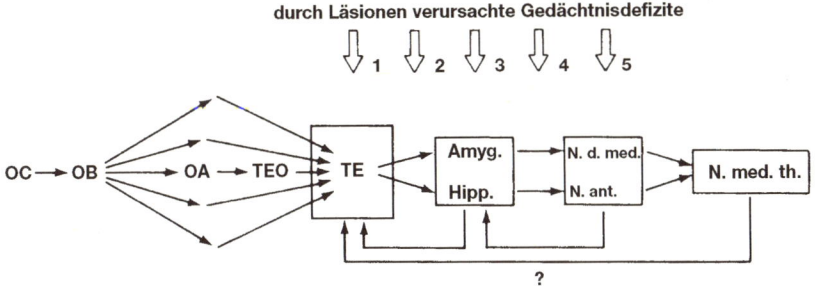

8.6 Schematische Darstellung des Flusses visueller Informationen und der am Wiedererkennungsgedächtnis beteiligten Hirnstrukturen. Entsprechende Informationen fließen ausgehend vom primären visuellen Cortex (OC) über die Rindenareale OB, OA und TEO in den Temporallappen (TE). Dort werden sie zur Amygdala (Amyg.) und zum Hippocampus (Hipp.) weitergeleitet. Anschließend gelangen sie in Strukturen des Thalamus: in den magnocellulären Bereich des Nucleus dorsalis medialis (N. d. med.) und in die anterioren Nuclei (N. ant.). Schließlich fließen die Informationen zum Nucleus medialis thalami (N. med. th.). Bis hierhin verläuft der Informationsfluß in orthograder Richtung. Die rückwärts gerichteten Pfeile stehen für retrograde Prozesse und repräsentieren möglicherweise eine Gedächtnisaktivierung. (Aus Mishkin 1982.)

befreien uns gewissermaßen aus einer Welt des ewigen Jetzt, der unmittelbaren Wahrnehmung. Erst durch sie werden wir zu Individuen mit eigener Geschichte und Identität (Mishkin 1982; Mishkin et al. 1984).

Derartige Vorgänge des Wiedererkennens unter Einsatz des assoziativen Gedächtnisses sind die Grundlage des Denkens. Amygdala und Hippocampus dienen dem Erlernen von Repräsentationen und Informationen. In diesem Zusammenhang begegnen wir einem der bestechendsten Fälle von Dissoziationen, die auf der modulären Organisation beruhen: Die gemeinsame Zerstörung von Amygdala und Hippocampus zerstört zwar das assoziative Denken, beeinträchtigt jedoch nicht die Bildung von Gewohnheiten (sogenannten *habits*), die klassische und instrumentelle Konditionierung sowie das prozedurale Lernen (das Erlernen von Bewegungsabläufen wie Radfahren). Der Mensch „lernt" Reiz-Reaktions-Beziehungen automatisch und unbewußt, das heißt *nichtkognitiv*. Nach Mishkin ist dieser Fall von Modularität dazu geeignet, die scheinbar widersprüchlichen Theorien zur Realität von Behavioristen und Kognitivisten zu versöhnen (Mishkin 1982; Mishkin et al. 1984). Die Behavioristen berufen sich auf die corticostriatale und cerebelläre Informationsverarbeitung, wie sie Thompson und seine Mitarbeiter (1986) elegant nachgewiesen haben, die Kognitivisten hingegen auf die amygdaloiden und hippocampalen Prozesse. Dies ist nur ein Beispiel, wie die moduläre Natur des Geistes unterschiedliche und scheinbar widersprüchliche Erklärungen der Realität begründet (zusätzliche Übersicht bei Squire 1986).

Der moduläre Charakter geistiger Leistungen und speziell die Unterscheidung zwischen Repräsentationsgedächtnis (*representational memory*) und Reiz-Reaktions-Verknüpfungen betrifft nicht nur die Systemebene, sondern erstreckt sich bis hinunter auf die Ebene der Moleküle. Um dies erkennen und verstehen zu können, müssen wir die beteiligten Bahnen im Gehirn noch näher analysieren.

Amygdala und Hippocampus projizieren zu den großen Populationen cholinerger Neuronen an der Vorderhirnbasis: zum Nucleus basalis magnocellularis, dem medialen Septumkern und dem Nucleus des diagonalen Bandes von Broca (Abbildung 8.6;

siehe auch Kapitel 7). Die Schädigung dieser cholinergen Neuronen führt nun ebenso zur Amnesie wie die pharmakologische Behandlung mit Scopolamin, einem cholinergen Antagonisten. Cholinerge Antagonisten beeinflussen allerdings nicht die Bildung von Reiz-Reaktions-Verknüpfungen. Es sind also offenbar verschiedene Transmitter, die diese beiden Gedächtnisformen vermitteln.

Kommen wir als nächstes zurück zu der Bedeutung der in Kapitel 7 eingeführten Einheit aus trophischem Faktor und Transmitter. Wie wir gerade gesehen haben, wirken cholinerge Neuronen der Vorderhirnbasis außer an dem „Raum-Positions-Gedächtnis" auch an verschiedenen anderen Gedächtnisformen mit. Folglich vermitteln NGF und ACh potentiell ein ganzes Spektrum von Lernvorgängen (representational learning). Wir können daher die Formulierung vom Ende des letzten Kapitels noch vorsichtig erweitern und sagen, daß NGF an der Entstehung und Erhaltung eines Hirnsystems beteiligt ist, das für das assoziative Repräsentationsgedächtnis, nicht aber für das Reiz-Reaktions-Gedächtnis zuständig ist.

Die Neuronen dieses Hirnsystems, oder Funktionsmoduls, exprimieren spezifisch und selektiv all jene Moleküle, die sie für NGF empfänglich machen; das Modul benötigt NGF außerdem, um normal funktionieren zu können. Modularität der Funktion geht also in diesem Fall nicht nur mit einem gemeinsamen Transmitterphänotyp einher, sondern auch mit dem Bedarf an einem gemeinsamen trophischen Faktor. Modularität spiegelt sich demzufolge auf molekularer, trophischer, Transmitter- und (anatomischer) Systemebene wieder. Wir sind dank dieser Erkenntnisse imstande, die Aktivität von Transmittern und trophischen Faktoren mit der Funktion von Systemen und geistigen Leistungen zu verknüpfen. Wenn wir diese Zusammenhänge erst einmal verstehen, können wir auch geistige Störungen analysieren und erklären.

Die Neuronen des basalen Vorderhirns mit ihren cholinergen Projektionen in die Großhirnrinde sind für die Bildung assoziativer Gedächtnisinhalte notwendig. Die Intaktheit des cholinergen Systems hängt wiederum davon ab, daß der Cortex NGF bildet. Kennzeichen dieses assoziativen Gedächtnismoduls sind also Cholinergizität, NGF-Rezeptivität und offensichtliche NGF-Abhängigkeit sowie corticale Innervation.

Diese Merkmale gaben Anlaß zu Spekulationen über mögliche Mechanismen der Pathogenese bestimmter geistiger Störungen. Denn das Modul umfaßt eine der hervorstechenden Zellgruppen, die bei Alzheimer-Patienten degenerieren. Es überrascht daher nicht, daß es Gedächtnisstörungen sind (eine präsenile Demenz), die das Frühstadium der Alzheimer-Krankheit prägen. Vielfältige Hinweise, auf die wir bereits in Kapitel 7 eingegangen sind, lassen den Schluß zu, daß Abnormitäten der Synthese oder des Abbaus von NGF, NGF-Rezeptoren oder eine gestörte intrazelluläre Transduktion des NGF-Signals zu der auffälligen Degeneration der cholinergen Neuronen im basalen Vorderhirn beitragen könnten. Die daraus resultierenden cholinergen Defizite wären dann mitverantwortlich für die ausgeprägte Amnesie bei Alzheimer-Patienten. Auch wenn es sich hierbei um hypothetische Überlegungen handelt, können sie für die Entwicklung therapeutischer Ansätze durchaus sinnvoll sein.

Eine NGF-Behandlung könnte das Absterben der cholinergen Nervenzellen eventuell einschränken oder ganz verhindern, auch wenn der Alzheimer-Krankheit kein Mangel an dem trophischen Faktor zugrunde liegt. Der Frage, ob NGF den zerstörerischen Folgen einer Exotoxinbehandlung, von Bestrahlungen oder von elektrolytischen Läsionen – Methoden, mit denen Wissenschaftler Tiermodelle der Krankheit erzeugen wollen – entgegenwirkt, wird daher großes Interesse beigemessen. Mit anderen Worten: Es ist denkbar, daß sich NGF auch dann nützlich einsetzen läßt, wenn es nicht ursächlich am Krankheitsgeschehen beteiligt ist. Vielleicht eignen sich NGF und die Alzheimer-Krankheit als Modell, mit dem wir unser Verständnis zahlreicher, scheinbar verschiedener neurologischer Degenerationskrankheiten des Alters erweitern können. Sind beispielsweise die Lou-Gehrig-Krankheit (bei der Motoneuronen degenerieren), die Pick- und die Parkinson-Krankheit sowie die olivopontocerebelläre Atrophie auf Störungen trophischer Wechselwirkungen oder einen Mangel an trophischen Faktoren zurückzuführen? Führen umgekehrt Störungen einer bestimmten trophischen Interaktion in verschiedenen Lebensphasen zu – wie es scheint – eigenständigen Krankheiten? Anders gesagt: Führt der gleiche molekulare Defekt in der Entwicklungsphase zur Werdnig-Hoffman-Krankheit (Absterben der Motoneuronen beim Kind), während man von einer „degenerativen" Motoneuronerkrankung spricht, wenn er erst im Alter auftritt? So schwierig diese Fragen auch erscheinen, sie lassen sich alle experimentell erforschen, sei es an Tiermodellen oder postmortal beim Menschen.

Die Aufklärung der molekularen Grundlagen der Modularität dürfte Einsichten in klinisch-pathologische und neurobiologische Mechanismen vermitteln. Auch wenn unsere Kenntnisse noch vorläufig und bruchstückhaft sind, so läßt die derzeitige rasche Entwicklung doch weitreichende Fortschritte auf diesem Gebiet erhoffen.

Schlußfolgerungen

Wie unsere Ausführungen zeigen, besitzt die Modularität des Verhaltens – ein Konzept, das aus Untersuchungen am Menschen und an Affen erwuchs – im Gehirn eine materielle Grundlage. Module lassen sich anatomisch genau umreißen, etwa das sensorische Sprachzentrum (Wernicke-Areal) oder die Kerne des basalen Vorderhirns. Im letzteren Fall besteht das Modul aus Nervenzellen, die einen gemeinsamen Transmitter, das Acetylcholin, verwenden. Dieses anatomisch und physiologisch (durch ACh) definierte Verhaltensmodul spricht außerdem selektiv auf eine trophische Substanz an, den Nervenwachstumsfaktor NGF. Die Kenntnis der anatomischen Grundlagen der zunächst psychologisch definierten Modularität erlaubt es uns nun, molekulare Mechanismen, zum Beispiel die NGF-Produktion, mit der cholinergen Stimulation, der Funktion des Systems und dem assoziativen Gedächtnis zu verknüpfen. Die weitere Erforschung der zugrundeliegenden molekularen Prozesse dürfte Aufschluß darüber geben, wie Modularität ontogenetisch und phylogenetisch entsteht, und wie die funktionelle Intaktheit im ausgereiften Zustand erhalten wird.

9

Symbole und biologische Regulation

Biologische Funktion als Kontext • Nahrungssuche bei *E. coli* • *Tetrahymena* und *Euglena* • Effektormoleküle von primitiven Vielzellern • Kommunikation bei Schleimpilzen • Parazoa (Schwämme) und „neurale Funktion" • Verhalten ohne Nervensystem • Trophische Funktion bei *Hydra* • Einheit von Verhalten und Stoffwechsel

Um die Funktion des Gehirns zu verstehen, haben wir unsere Aufmerksamkeit auf die vielschichtige hierarchische Organisation von Gehirn und Geist gerichtet. An ihrer Basis haben wir eine Ebene sich gegenseitig beeinflussender Moleküle identifiziert. Sie umfaßt einige der Grundeinheiten höherer nervöser Funktionen. In gewöhnlichen Nervensystemen verdecken jedoch die Vielzahl der Ebenen und ihre Vernetzung untereinander viele elementare Merkmale molekularer Abläufe. Daher wenden wir uns nun einfacheren Organsystemen und dem Extremfall der Einzelzelle zu. Lassen sich auch bei einzelligen Organismen Effektormoleküle identifizieren, und erfüllen sie selbst bei derart einfachen Lebensformen eine sensomotorische Funktion? Die Antworten auf diese Fragen könnten dazu beitragen, molekulare Informationsträger in größeren Lebenszusammenhängen zu betrachten und Einsichten in die Ursprünge der Funktion des Nervensystems bringen.

Die Neurotransmission ist Teil des übergeordneten Informationstransfers und der Funktionsänderung biologischer Systeme. Vermutlich ist es für alle Zellen lebenswichtig, Informationen empfangen, verarbeiten, speichern und austauschen zu können. Dies gilt für Einzeller ebenso wie für komplexe Vielzeller. Ist der Versuch aufschlußreich, die neurale Funktion in den größeren Zusammenhang der biologischen Regulation zu stellen? Oder genauer gefragt, lassen sich Effektormoleküle und Symbole auch in nichtneuralen Zellen identifizieren? Durch eingehende Betrachtung einfacher Lebensformen können wir die wesentlichen Merkmale der molekularen Transduktion erfassen, befreit von der verwirrenden Komplexität höherer Nervensysteme. Dabei hoffen wir, die Antwort auf die folgenden zwei Fragen zu erlangen: Sorgen regulatorische Moleküle bei einfachen einzelligen Organismen für die Transduktion der Anforderungen der Umgebung in Änderungen von Metabolismus oder Verhalten?

Und existieren neurale Funktionen auch unabhängig von herkömmlichen Nervensystemen?

Wenden wir uns der Einfachheit halber zunächst einem Organismus zu, der ganzen Generationen von Wissenschaftlern gute Dienste geleistet hat: dem Darmbakterium *Escherichia coli*. Proteinmangel führt bei diesem Einzeller zu einem Anstieg der intrazellulären Konzentration von cAMP (das gelegentlich als mutmaßlicher „adenosinerger" Transmitter höherer Lebewesen angesehen wird). cAMP kurbelt die Produktion von Flagellin (dem Proteinbaustein der Bakteriengeißel) an, erhöht die Zellmotilität und ruft Nahrungssuchverhalten hervor (Abbildung 9.1; Yokota und Gots 1970). Sogar bei einem primitiven Prokaryoten läßt sich folglich ein lebenswichtiges Regulatormolekül identifizieren. Wenngleich also Bakterien kein Nervensystem im üblichen Sinne besitzen, so spielen doch molekulare regulatorische Symbole schon bei der Überlebensstrategie dieser einfachen Organismen eine Rolle.

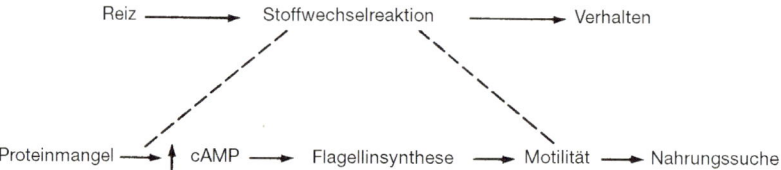

9.1 Eine verhaltensphysiologische Kette bei *E. coli*.

Können wir die zyklischen Nukleotide bei verschiedenen Einzellern verfolgen, in der Hoffnung, daß dabei eine Parallele oder gar eine Verwandtschaft zu Geist-Hirn-Molekülen höherer Organismen erkennbar wird? Tatsächlich enthält der photoheterotrophe Einzeller *Euglena* (das „Augentierchen") den molekularen Apparat zur Umsetzung von Phosphonucleotiden: Sowohl die Adenylatcyclase und das cAMP als auch die Phosphodiesterase und die Phosphokinase sind bei ihm identifiziert worden (Keirns et al. 1973). Von besonderem Interesse ist dabei, daß – obwohl Catecholamine bei *Euglena* nicht nachweisbar sind – die Adenylatcyclase durch exogene Catecholamine aktiviert werden kann (Keirns et al. 1973). Diese und ähnliche Beobachtungen lassen es möglich erscheinen, daß sich Moleküle wie cAMP und die zugehörigen Enzyme bei den Einzellern als Effektoren herausbildeten und schon sehr frühzeitig auf potentielle Transmitter, die Catecholamine, ansprachen. Das steht mit dem Befund in Einklang, daß der Einzeller *Tetrahymena pyriformis* mit Hilfe der Adenylatcyclase cAMP bildet, und dies durch die vom Organismus selbst produzierten Amine Adrenalin und Serotonin, induziert werden kann (Rosensweig und Kindler 1972; Janakidevi et al. 1966). Die Aminosäuremetaboliten scheinen bei *Tetrahymena* Zellwachstum und Glucosestoffwechsel zu regulieren (Blum 1970). Dopamin und Adrenalin aktivieren die Adenylatcyclase von *Phycomyces sporangiophore*, einem riesigen, einzelligen Pilz; cAMP steuert anscheinend das lichtinduzierte Wachstum dieses Organismus (Cohen et al. 1980). Schließlich hat man die Adenylatcyclase in so unterschiedlichen Organismen wie *Brevibacterium liquifaciens*, *Saccharomyces fragilis*, *Neurospora crassa* und *Acanthomeba palestensis* nachgewiesen (Hirata und Hayaishi 1967; Sy und Richter 1972; Flawia und Torres 1972; Chlatkowski und Butcher 1973).

Zusammenfassend läßt sich feststellen, daß die genannten Befunde auf eine entscheidende Rolle von Effektormolekülen wie cAMP oder Adenylatcyclase auch im Leben einfacher Organismen hindeuten. Diese besteht darin, Bedürfnisse der Zelle und Anforderungen der Umgebung an die Zelle in Verhaltensänderungen umzuwandeln. Darüber hinaus scheint die Adenylatcyclase sogar in vergleichsweise primitiven Organismen auf Catecholamine anzusprechen, die in diesen Lebewesen natürlicherweise gar nicht vorkommen. Wir dürfen annehmen, daß – phylogenetisch gesehen – die Adenylatcyclase bereits auf Catecholamine ansprechen konnte, noch bevor diese in der Evolution überhaupt auftauchten. Relativ geringfügige chemische Abwandlungen überführten die natürlich auftretenden Aminosäuren Tyrosin und Tryptophan in Catecholamine beziehungsweise Indolamine. Solche Vorgänge haben möglicherweise jenen Zellen einen Selektionsvorteil verliehen, in denen sie sich ursprünglich ereigneten. Monoamine könnten die Regulation des Zellstoffwechsels durch die Umgebung spezifischer und selektiver gemacht haben. Selbst bei den Monera (Einzellern ohne abgrenzbaren Zellkern) und anderen Protisten wirken sensomotorische Moleküle als Symbole (Tomkins 1975): Sie verschlüsseln bestimmte Bedingungen der Umgebung der Zelle oder ihres Inneren und setzen diese Information in metabolische Prozesse und Verhaltensabläufe um. Eine derartige abstrakte biochemische Logik ist der Kern der komplizierten Stoffwechselregulation und bildet die Grundlage für nervöse und endokrine Funktionen.

Effektormoleküle und neurale Funktion bei Vielzellern

Im Gegensatz zu ihren einzelligen Vorfahren stehen die Vielzeller vor dem Problem, die Lebensvorgänge der einzelnen Zellen eines Organismus zeitlich aufeinander abzustimmen. Dies geschieht dadurch, daß die Zellen miteinander kommunizieren. Die einfache interzelluläre Signalübermittlung bedient sich im wesentlichen genau der bereits genannten Effektormoleküle und könnte ein Vorläufer des konventionellen Nervensystems sein. Interzelluläre Wechselwirkungen bei dem Schleimpilz *Dictyostelium* stellen eine primitive Entwicklungsstufe einer derartigen Kommunikation dar: Bei Nahrungsmangel setzen einzelne Myxamöben cAMP frei, das die Aggregation der Zellen fördert. Daraufhin entsteht eine vielzellige Kolonie und es werden Sporen gebildet (Überblick bei Devreotes 1989). In diesem Fall wirkt ein wichtiger intrazellulärer Regulator als interzelluläre Botschaft. Daß sich Einzelzellen zu Kolonien verbinden, ist keine Besonderheit von Schleimpilzen; bei den Bakterien ist dies sogar die Regel. Auch hier wird die Aggregation teilweise durch interzelluläre Signale vermittelt, die man allerdings überwiegend noch nicht identifiziert hat. Normale intrazelluläre Botenstoffe auch für den interzellulären Signalaustausch einzusetzen ist eine ausgesprochen sparsame und konservierte biologische Strategie.

Die interzelluläre Kommunikation bei *Dictyostelium* erinnert auffallend an die in stammesgeschichtlich höherentwickelten echten Nervensystemen. Das interzelluläre

Signal cAMP löst Chemotaxis, Morphogenese und die selektive Expression von Genen aus, indem es mit spezifischen Rezeptoren auf der Zellmembran in Wechselwirkung tritt (Devreotes 1989). Darüber hinaus sind die Rezeptoren dem β-adrenergen CA-Rezeptor bemerkenswert ähnlich: Auch sie besitzen sieben potentielle Transmembrandomänen und einen serin- und threoninreichen C-Terminus. Die Rezeptoren sind – wie die catecholaminergen Rezeptoren im Nervensystem der Säuger – mit G-Proteinen und der Adenylatcyclase gekoppelt. Offenbar sind die für die neurale Funktion charakteristischen Grundprinzipien der Signal-Rezeptor-Organisation also bereits bei dem relativ einfachen Organismus *Dictyostelium* realisiert.

Wir halten fest, daß molekulare Signale schon bei prokaryotischen Einzellern und beim Schleimpilz als Transduktionsmoleküle dienen. Bei den angesprochenen Beispielen ruft ein Umweltreiz oder -zustand die Bildung und Sekretion eines spezifischen Signals hervor, welches das Verhalten von Empfängerzellen verändert. Ohne die den Blick verstellende Komplexität und die Vielzahl von Funktionsebenen werden die Rudimente der neuralen Kommunikation erkennbar. Eingebettet in die Struktur einiger der einfachsten Lebensformen regulieren Effektormoleküle das Verhalten. Die Tatsache, daß cAMP als der Prototyp eines intrazellulären neurohumoralen *second messenger* bei der interzellulären Kommunikation ursprünglicher Lebensformen eine wichtige Rolle spielt, verdient besondere Aufmerksamkeit. Möglicherweise sind solche Effektoren also sehr früh in der Evolution, noch vor den echten Transmittermolekülen, entstanden, und stellen sozusagen die Vorläufer herkömmlicher Nervensysteme dar.

Komplexe Metazoen

Die Vielzeller oder Metazoen können taxonomisch unterschiedlich klassifiziert werden (Whittaker 1969; Mayr 1981). Für unsere Frage hinsichtlich der Rolle von Transduktionsmolekülen bei verschiedenen Lebensformen ist die Art der Ernährung besonders wichtig. Photosynthetisierende Pflanzen, absorbierende Pilze und nahrungssuchende Tiere sind dabei Kategorien (Whittaker 1969; Mayr 1981), die uns für unser Anliegen speziell interessieren. Die Ernährungsweise der Tiere setzt die Evolution einer mobilen Lebensweise für die Futtersuche voraus. Mobilität könnte ihrerseits zur Selektion sensomotorischer Mechanismen beigetragen haben, die zur Wahrnehmung von und zur Reaktion auf Futter befähigen. Eine tierische Ernährungsform stellt höchste Anforderungen an die interzelluläre Synchronisation und Kommunikation; vielleicht war sie die entscheidende treibende Kraft bei der Entstehung konventioneller neuraler Mechanismen. Umgekehrt dürfte bei Pflanzen und Pilzen mit ihrer autotrophen beziehungsweise absorbierenden Ernährungsweise der Nutzen neuraler Mechanismen begrenzt gewesen sein.

Bei den Regulatormolekülen gibt es eine Gruppe, die sich dank ihrer besonderen Eigenschaften speziell für den Einsatz bei der neuralen Kommunikation eignet: Diese Moleküle entfalten *schnelle* Wirkungen und haben eine *kurze* Lebensdauer (sie sind „metabolisch labil"). Eine schnelle Wirkung als Grundvoraussetzung für bestimmte

Aspekte der Kommunikation ist einleuchtend, weniger offensichtlich ist jedoch die Bedeutung der Instabilität. Diese gewährleistet, daß die Signale vergänglich sind; nur so ist es möglich, in kurzen Zeitspannen große Informationsmengen zu übertragen. Gleichzeitig setzt die Kurzlebigkeit jedoch auch Grenzen und stellt gewisse Anforderungen an das Nervensystem. Sie schränkt die Entfernungen ein, über die Neuronen mit Empfängerzellen kommunizieren können und begünstigt Punkt-zu-Punkt-Wechselwirkungen. Eine Lösung für diese Beschränkung auf nachbarschaftliche Interaktionen ist bei den im Lauf der Evolution immer größer werdenden Tierarten die Bildung langer Zellfortsätze, der Axone. Die Fortentwicklung dieses Prinzips führt zu einem System von beispielloser Komplexität, in dem interzelluläre Verbindungen hinsichtlich der Erzeugung von Spezifität beim Informationsaustausch eine entscheidende Bedeutung erlangen.

Instabilität und Schnelligkeit der Wirkung sind nicht einfach intrinsische Eigenschaften der Transmittermoleküle; sie hängen auch von zellulären Mechanismen ab, die dafür sorgen, daß die Signale schnell freigesetzt, beantwortet und inaktiviert werden. Dementsprechend sind die Mechanismen der Biosynthese, Speicherung, Freisetzung, Inaktivierung und Beantwortung für die neurale Funktion von zentraler Bedeutung. Sie alle stellen mögliche Angriffspunkte für eine Regulation durch Effektormoleküle dar. Damit haben wir eine Art Entwurf für die Organisation von Neurotransmittermechanismen formuliert. Läßt sich die Entstehung des Nervensystems bei Metazoen nachvollziehen, um die Plausibilität dieser Behauptungen zu überprüfen?

Haben Schwämme ein Nervensystem?

Wenn echte Transmitter tatsächlich in primitiven Monera und Protozoen entstanden sind, also noch vor den ersten Nervenzellen, dann sollten Transmittermoleküle und mit ihnen verbundene Mechanismen auch bei den einfachsten Vielzellern nachweisbar sein – ob sie bereits Neuronen besitzen oder nicht. Die Schwämme (Porifera) bilden den primitivsten Stamm heute noch lebender Vielzeller; sie sind nicht einmal Vorfahren der Eumetazoen. Schwämme zeigen im Gegensatz zu den Eumetazoa (echte Vielzeller) keine stabile histochemische Differenzierung; sie stellen vielmehr eine lose Verbindung von ektomesenchymalen Zellen dar (De Ceccatty 1974). Nach der gängigen Lehrmeinung besitzen Schwämme weder Neuronen noch neurale Mechanismen (Lentz 1966). Wie schon Parker 1919 in seiner klassischen Arbeit beschrieb, enthalten sie epitheliomuskuläre Zellen an der Pore und Osculumsphinkteren, die durch ihre Kontraktion den Wasserstrom durch die Kanäle des Schwammes regulieren. Parker schlug vor, daß derartige Effektorzellen den Nervenzellen und dem Nervensystem vorausgingen. Andere Wissenschaftler bestätigten später die Ansicht, daß Schwämme präneural sind (De Ceccatty 1974).

Stimmt dies tatsächlich, oder hat sich in den primitivsten Metazoen doch bereits ein einfaches Nervensystem entwickelt? Konzentrieren wir uns auf zwei besonders interessante Zellen: die spindelförmigen Mesenchymzellen in der Nachbarschaft der Pinakocyten und Choanocyten (Hisada 1957; Franquinet und Martelly 1981) sowie die großen multipolaren Zellen, die zahlreich im Kragen unterhalb des Osculum vorkommen (Lentz 1966, 1968, Seiten 52–68). Beide Zelltypen enthalten zahlreiche potentielle Transmittermoleküle, darunter Noradrenalin, Adrenalin, Serotonin und die sogenannte „neurosekretorische Substanz" (Abbildung 9.2; Lentz 1966, 1968). Auch die transmitterabbauenden Enzyme Acetylcholinesterase und Monoaminoxidase lassen sich in beiden Zelltypen nachweisen. Möglicherweise werden also Transmitter verarbeitet. Schließlich findet man in beiden Zelltypen kleine granuläre Vesikel mit einem Durchmesser von 100 bis 170 Nanometer, die eventuelle Transmitter speichern könnten (Lentz 1966). Demnach weisen Zellen der angeblich „präneuralen" Schwämme Transmittermoleküle, zugehörige Enzyme und spezialisierte Speichervesikel auf.

Gleichermaßen interessant ist das Auftreten *spezialisierter interzellulärer Verbindungsstrukturen* (*junctions*) zwischen Zellen des Mesenchyms. Bei den einfachsten Formen sind die Zellmembranen in einem Abstand von 10 bis 15 Nanometer parallel

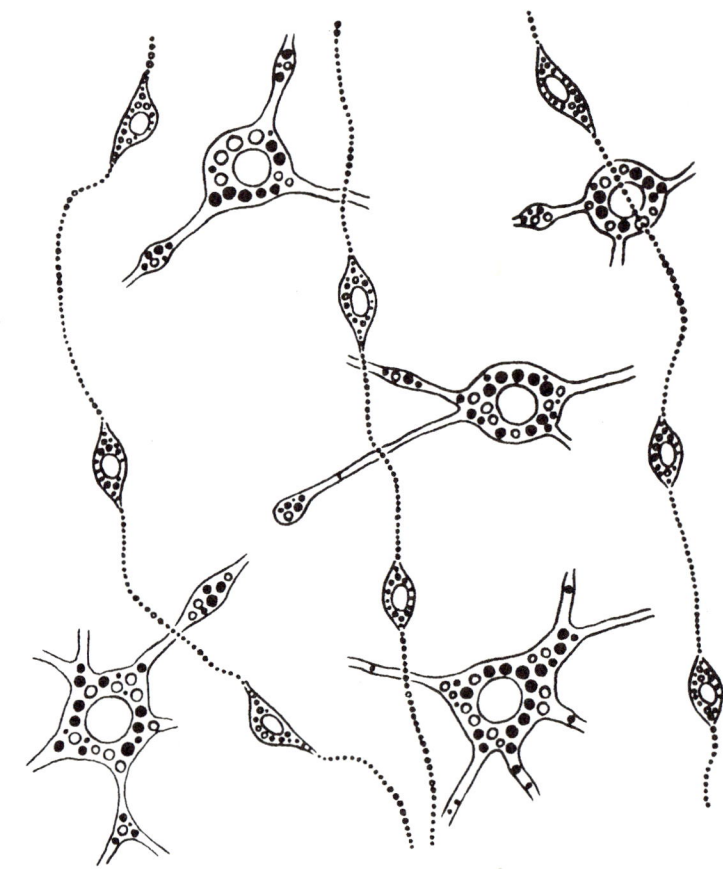

9.2 Transmitterspeicherung in Zellen des Schwammes. Die Vesikel, hier dargestellt als Kugeln innerhalb der Zellen, sind durch adrenalin- und noradrenalinspezifische Färbung sichtbar gemacht. Zwei Zelltypen werden dabei angefärbt: große multipolare und kleine bipolare Zellen. (Aus Lentz 1968.)

ausgerichtet. Manchmal beobachtet man neben der Membran in einer von zwei benachbarten Zellen dichte Körner, wobei der Abstand zwischen den Zellen 10 bis 12,5 Nanometer beträgt (Lentz 1968, Seiten 34–45). Bei anderen Verbindungsstrukturen ist zwischen den Zellmembranen elektronendichtes Material eingelagert (Lentz 1968, Seiten 34–35). Diese Verknüpfungen erinnern stark an primitive Synapsen.

Zusammenfassend können wir festhalten, daß „präneurale" Schwämme für Neuronen charakteristische intrazelluläre Substanzen und Speichervesikel enthalten sowie interzelluläre Verknüpfungen mit synapsentypischen Merkmalen ausbilden. Diese Beobachtungen legen nahe, daß Schwämme nicht einen „präneuralen", sondern einen Übergangszustand repräsentieren, bei dem neurale Züge und Mechanismen zur interzellulären Kommunikation *in statu nascendi* vorliegen. Das bedeutet, daß selbst bei den primitivsten rezenten Metazoen neurale Merkmale erkennbar sind. Desweiteren scheinen bei Schwämmen die herkömmlichen kleinen Transmittermoleküle, etwa Nordrenalin, in denselben Zellen vorzukommen wie die „neurosekretorische Substanz" (Lentz 1968, Seiten 52–68). Demnach könnten mehrere potentielle Transmitter schon in Zellen coexistiert haben, bevor es echte endokrine Systeme und Nervensysteme überhaupt gab.

Schwämme sind also eher eine Übergangsform, bei der molekulare und subzelluläre Strukturelemente des Nervensystems gerade auftauchen. Auf der makrozellulären Ebene fehlt den Schwämmen allerdings ein herkömmliches Nervensystem. Hier bietet sich eine einzigartige Gelegenheit, die Funktion und den Zusammenhang der grundlegendsten Einheiten neuraler Mechanismen in Abwesenheit der verwirrenden Komplexität der Ebenen zu erforschen, die das Nervensystem selbst konstituieren. Verschiedene experimentelle Ansätze könnten bemerkenswerte Einblicke in die Arbeitsweise neuraler Basiseinheiten liefern. Inwieweit und auf welche Weise treten die Zelltypen von Schwämmen miteinander physiologisch in Wechselwirkung? Wie beeinflussen diese Wechselwirkungen das Verhalten der Tiere? Die primitiven Metazoen sind ideale Forschungsobjekte, an denen man den Zusammenhang zwischen Transmittern, Rezeptoren und genau beschreibbaren Verhaltensweisen erkunden kann. Dank der Verfügbarkeit zahlreicher Rezeptoragonisten und -antagonisten ist dies eine realistische Zielsetzung.

In welcher Beziehung stehen die grundlegenden molekularen und zellulären Einheiten der neuralen Funktion und des Verhaltens zueinander, wenn ein Nervensystem selbst gar nicht vorhanden ist? Geht Verhalten paradoxerweise der evolutionären Entstehung konventioneller Nervensysteme voraus? Oder dehnen wir die Definition von „Verhalten" nur bis zur Trivialität aus? Nun, ich denke, dies ist nicht der Fall. Selbst bei dem einfachen Repertoire eines Colibakteriums ist es offensichtlich, daß die Induktion der Motilität und der Nahrungssuche durch cAMP tatsächlich Verhalten darstellt. Bei dem simplen Prokaryoten *E. coli* dringen wir zum Kern der Sache vor: *Auf der elementarsten Ebene sind Verhalten und Metabolismus nicht voneinander zu unterscheiden.* Zwischen beiden fundamentalen Lebensprozessen ist eine klare Unterscheidung nicht möglich. Innerhalb der regulatorischen Vorgänge des Zellstoffwechsels stoßen wir auf die Grundlagen des Verhaltens, so daß eine kategorische Trennung in Metabolismus und Verhalten bedeutungslos wird. Beide Aspekte vermischen sich in der Ereignisfolge Proteinmangel $\rightarrow$ Erhöhung der zellulären cAMP-Konzentration $\rightarrow$ verstärkte Flagellinsynthese $\rightarrow$ erhöhte Motilität und Nahrungssuche (Abbildung 9.1).

Es gibt nun keinen Grund anzunehmen, daß das Fehlen kategorischer Unterscheidungen auf primitive Lebensformen beschränkt ist. Vielmehr ist es bei diesen relativ gut erforschten Organismen lediglich einfacher, die Einheit von Metabolismus und Verhalten zu erkennen. Wir sollten also an das Nervensystem höherer Metazoen mit Vorsicht herangehen. Eine Einteilung *a priori* in Verhalten und zellulären (neuralen) Stoffwechsel bei den weitaus komplexeren Nervensystemen können wir nicht gelten lassen.

Coelenteraten und konventionelle Nervensysteme

Hohltiere (Coelenteraten) bilden im Tierreich den primitivsten Stamm von Organismen mit herkömmlichen Nervensystemen. Beim Wasserpolypen *Hydra* scheint das „Nervennetz" die Funktion der Nematocysten zu beeinflussen. Dieser spezialisierte Zelltyp verletzt die Beute beziehungsweise umwickelt sie mit einer fadenartigen Struktur, bevor sie verdaut wird. Die Nahrungsaufnahme ist das komplizierteste Verhaltensmuster dieses Hohltieres, und es steht im wesentlichen unter neuraler Kontrolle. Offenbar bringt eine mechanische Reizung die Nematocysten – vermittelt durch neurochemische Prozesse – dazu, sich zu entladen (Lentz 1968, Seiten 44–45). Bei mechanischer Stimulation bewirken die Transmitter Acetylcholin, Adrenalin, Noradrenalin, Serotonin und Histamin die Entladung. Außerdem sind die Nematocysten zu eigenständiger Effektoraktivität fähig, da das Nervensystem für die Entladung nicht erforderlich ist. Mit anderen Worten, das primitive Nervensystem scheint die bereits vorhandene Tätigkeit von Effektoren zu verstärken und so die Synchronisation mit dem Gesamtorganismus zu verbessern.

Die Umrisse eines allgemeinen biologischen Schemas werden erkennbar: Bei Bakterien sind in Abwesenheit von Neurotransmittern Effektormoleküle wie die des Adenylatcyclasesystems nachweisbar; sogar bei *E. coli* transduziert der Effektor cAMP einen biologischen Zustand (Nahrungsmangel) in ein verändertes Verhalten (erhöhte Motilität und verstärkte Nahrungssuche). Beim Augentierchen *Euglena* ist die Cyclase gegenüber exogenen Catecholaminen empfindlich, wenngleich endogene Amine nicht aufzuspüren sind. Beim Protozoen *Tetrahymena* schließlich regulieren endogenes Adrenalin und Serotonin das Effektorcyclasesystem. Bei zunehmend komplexeren Einzellern tauchen Effektormoleküle auf und regulieren das Verhalten eigenständig, wobei sie einzig den externen und internen Zuständen unterworfen sind. Auf höheren Entwicklungsstufen erscheinen dann Transmittermoleküle; sie regulieren die bereits existierenden Effektoren und sorgen für die Synchronisation und höhere Präzision verschiedener Stoffwechselfunktionen. Eine parallele Entwicklung ist bei zunehmend komplexeren vielzelligen Organismen erkennbar: Bei *Hydra* funktionieren die Nematocysten unabhängig oder transmitterkontrolliert. Die neurochemische Steuerung erhöht Präzision und Synchronizität. Zunächst erscheinen also die Effektoren und dienen als Transduzenten. Bei Organismen höherer Komplexität werden sie der Kontrolle durch Transmitter und das Nervensystem unterworfen; das verleiht ihrer Wirkung Präzision, Spezifität und Synchronizität.

Bislang haben wir unsere Aufmerksamkeit auf die schnelle Kommunikation in ursprünglichen Lebensformen mit oder ohne einfache Nervensysteme gerichtet. Wie jedoch bekannt ist, vermittelt das Nervensystem auch langandauernde Kommunikations- und Regulationsprozesse wie Wachstum und trophische Effekte. Lassen sich solche trophischen Wechselwirkungen und die beteiligten molekularen Botschaften auch bei primitiven Nervensystemen identifizieren?

Wachstum und trophische Funktionen bei einfachen Organismen

Außer der Nahrungsaufnahme steuert das Nervensystem von *Hydra* auch die histogenetische Musterbildung und regenerative Prozesse. Frühe Untersuchungen dieses Coelenteraten wiesen darauf hin, daß sich neurosekretorische Granula während der Regeneration entladen und anscheinend Wachstum und Differenzierung steuern (Lentz und Bennet 1963; Lentz 1965a, 1965b; Lesh und Burnett 1966). Isolierte Granula, die sich durch differentielle Zentrifugation gewinnen lassen, rufen an ausgeschnittenen Mittelsegmenten des Wasserpolypen die Bildung überzähliger Köpfe hervor. Der dafür verantwortliche chemische Faktor ist trypsinsensitiv und dialysierbar. Inzwischen hat man das Molekül, den sogenannten Kopfaktivator, isoliert und vollständig charakterisiert (Schaller 1983). Es handelt sich um ein Undecapeptid mit der Sequenz pGlu-Pro-Pro-Gly-Gly-Ser-Lys-Val-Ile-Leu-Phe. Interessanterweise hat man ein Peptid mit identischer Sequenz aus dem Hypothalamus des Rindes und des Menschen isoliert. Möglicherweise spielt das stammesgeschichtlich alte Neuropeptid also auch im Gehirn höherer Organismen eine Rolle.

Berechnungen auf der Basis des Reinheitsgrades und des Molekulargewichts deuten darauf hin, daß der Kopfaktivator von *Hydra* extrem wirksam ist und bei einer Konzentration um 10^{-13} M physiologische Wirkungen entfaltet. Welches sind diese Effekte auf zellulärer Ebene? Das Molekül bewirkt mindestens zweierlei: Es stimuliert Zellen dazu, sich in kopfspezifischer Weise zu teilen und in Bestandteile des Kopfes zu differenzieren. Genauer gesagt, bringt das Peptid interstitielle Stammzellen in der S-Phase des Zellzyklus dazu, sich neuronenspezifisch zu entwickeln. Da Nervenzellen den Kopfaktivator selbst produzieren, wirkt das Molekül autokatalytisch: Es ruft die Bildung von Kopfneuronen hervor, die ihrerseits weiteren Kopfaktivator bilden.

Die Steuerung der Kopfmorphogenese ist präziser und komplexer, als es die Betrachtung des Kopfaktivators allein erscheinen läßt. Die Neuronen sezernieren zusätzlich einen Inhibitor der Kopfaktivierung, und das Verhältnis von Aktivator zu Inhibitor bestimmt, ob die für die Kopfbildung notwendigen zellulären Vorgänge stattfinden. Bei dem Inhibitor scheint es sich um ein kleines Molekül von etwa 500 Dalton Molekulargewicht zu handeln. Das Nervensystem von *Hydra* – so können wir folgern – führt unter anderem eine hochspezifische Wachstumsregulation aus, eine Parallele zu den Beobachtungen bei höheren Organismen. Tatsächlich entspricht der Mechanismus der Kopfaktivierung bei *Hydra* dem der Fußaktivierung: Auch hier bestimmt die neurale Produktion eines Fußaktivators und -inhibitors darüber, ob es zur Morphogenese des Fußes kommt.

Wachstumsregulation und Trophismus bei *Hydra* stellen unter den primitiven Nervensystemen keine Ausnahmen dar. So stimulieren zum Beispiel Serotonin und Dopamin die Regeneration von Planarien (Plattwürmern) aus Teilstücken ihres Körpers, vermittelt durch eine erhöhte Adenylatcyclaseaktivität und Änderungen der DNA- und RNA-Synthese (Franquinet und Martelly 1981). Dies zeigt, daß Wachstum und trophische Steuerung nicht ausschließlich mit Neuropeptiden assoziiert sind, sondern auch von konventionellen niedermolekularen Transmittern ausgelöst werden können. (Man beachte, daß das Cyclasesystem, anhand dessen wir schon früher in diesem Kapitel das Auftreten von Einheiten der neuralen Funktion verfolgten, auch neurotrophische Aufgaben hat.)

Selbst bei den ursprünglichsten der rezenten Nervensysteme kann man bereits die schnelle elektrogene Erregungsleitung sowie trophische Regulationsvorgänge beobachten. Tatsächlich scheinen diese beiden neuralen Funktionen gemeinsam entstanden zu sein. Obwohl die schnelle Kommunikation weitaus intensiver erforscht ist, legen die Beobachtungen nahe, daß die trophische Steuerung eine ebenso fundamentale Aufgabe des Nervensystems ist wie die Übertragung elektrischer Impulse. Diese Doppelfunktion des Nervensystems auch bei primitiven Formen könnte dafür sprechen, daß die trophisch-moduläre Einheit ein ganz ursprüngliches Merkmal jeder neuralen Organisation ist. Falls diese Behauptung zutrifft, sollte es möglich sein, die Prinzipien der Modularität auch bei sehr einfachen Organismen zu erforschen, ohne die vielen Variablen und Ebenen, welche die Analyse höherer Nervensysteme so erschweren. Es wäre daher außerordentlich interessant, die Evolution der Modularität aufzuklären, um auf diesem Weg die Grundlagen und Prinzipien der Organisation komplexer Gehirne zu erkennen.

Einige Implikationen

Schon aus diesem kurzen Überblick über einfache Systeme geht hervor, daß viele scheinbar offensichtliche Unterscheidungen zwischen Struktur und Funktion künstlich und Konzepte separater Ebenen irreführend sind. Wie die Untersuchungen an relativ einfachen Tieren verdeutlichen, sind Biologie und Verhalten eine Einheit. Überschaubare Lebensformen, denen die verwirrende Komplexität höherer Organismen fehlt, zeigen uns, daß Stoffwechsel und Verhalten fundamental verschiedene Aspekte desselben Prozesses sind. Eine strikte Trennung ist überholt, wie wir am Beispiel der Ereignisfolge vom Proteinmangel bis zum verstärkten Bewegungsverhalten bei *E. coli* gesehen haben (Abbildung 9.1). Wo hört der Metabolismus auf, und wo beginnt das Verhalten? Jeder der dargestellten Vorgänge bei *E. coli* besteht wiederum aus mehreren Teilvorgängen: Die cAMP-Zunahme basiert auf komplexen chemischen Reaktionen, an denen ATP, Adenylatcyclase, Phosphodiesterase und andere Moleküle beteiligt sind. Das Verhalten – die Motilität – setzt sich aus Geißelschlägen zusammen, die ihrerseits aus zahlreichen geißelinternen Reaktionen, Koordinationsvorgängen und so weiter bestehen; sie alle hängen letztlich von der Flagellinsynthese und somit von dem cAMP-Anstieg ab.

Ganz allgemein formuliert könnte man sagen, daß der Proteinmangel einen Reiz darstellt, der durch Motilität beantwortet wird. Hinter dieser Vereinfachung verschwinden die Grenzen zwischen den üblichen Kategorien. Beginnt Motilität mit dem cAMP-Anstieg, der verstärkten Flagellinsynthese oder den vielen am synchronisierten Geißelschlag mitwirkenden Prozessen? Motilität ist die Ortsveränderung im Raum, die aus all diesen molekularen Wechselwirkungen resultiert. Genauer gesagt, ist sie die Summe einer Serie von Bewegungen, die verschiedene Moleküle im Raum ausführen. Im mikroskopisch beobachtbaren Bewegungsverhalten manifestieren sich einfach die submikroskopischen molekularen Bewegungen. Bei *E. coli* lösen sich die Schichten der Verhaltenshierarchie auf, und erkennbar wird eine Abfolge chemischer Wechselwirkungen. Diese Vorgänge kann man nun als Stoffwechselprozesse betrachten oder als Teil des Verhaltens. Selbst bei diesem einfachen Musterfall lassen sich jedoch ein Reiz-Input, ein Verhaltens-Output und dazwischen kausal zusammenhängende Reaktionswege beschreiben. Vielleicht bringt erst die wissenschaftliche Analyse eine Kompliziertheit ins Spiel, die in der Natur so gar nicht besteht. Die Wissenschaft erfordert eine methodisch-hierarchische Strukturierung. Doch man sollte die Forschungsstrategie hier nicht mit der biologischen Strategie verwechseln. Eine chemische Reaktion oder ein Molekül sind gleichzeitig Bestandteil eines Stoffwechselweges, einer chemischen Antwort und eines Verhaltens. Zu behaupten, eine Reaktion sei eher dem Stoffwechsel als dem Verhalten zugeordnet, ist nicht sehr aufschlußreich.

Unsere Analyse des Verhaltens von *E. coli* macht ein Umdenken erforderlich. Wir müssen berücksichtigen, daß eine funktionelle Einheit gleichzeitig an zahlreichen Antwortdomänen beteiligt sein kann. Der biologische Kontext, also der spezifische Reiz und der Zustand des Organismus, legt die Antwortdomänen fest, denen jede einzelne Einheit angehört. Im Falle von *E. coli* löst der Stimulus Proteinmangel einen Anstieg des cAMP und der Flagellinsynthese aus; cAMP und Flagellin nehmen gleichzeitig an der metabolischen und an der Verhaltensantwortdomäne teil. Ein Symbol wie cAMP kann sich je nach biologischem Kontext zu verschiedenen Zeitpunkten unterschiedlichen Antwortdomänen anschließen. So ist beispielsweise cAMP dann, wenn es an der Phosphorylierung von Enzymen des Intermediärmetabolismus mitwirkt, nur einem Stoffwechselweg zugeordnet. Dieses Modell steht mit der provisorischen Formulierung aus Kapitel 1 im Einklang.

10

Symbole, Ich und Subjektivität

Hierarchische Systeme • Wechselseitige Beeinflussung von psychischer Funktion und Molekülen • Reziprozität und multiple Ebenen • Das Ich in Raum und Zeit, das soziale Ich • Frontallappen und reziproke Verbindungen • Schizophrenie und Störung des Ichs • Soziale Wechselwirkungen

---

Um die neurale Funktion von den Molekülen bis zum Verhalten aufzuspüren, haben wir stillschweigend ein traditionelles hierarchisches Modell benutzt und von verschiedenen „Ebenen" oder „Niveaus" gesprochen. Dieses Konstrukt erlaubte es uns, psychische und Verhaltensmodule ansatzweise unter dem Blickwinkel der Transmitter und des Trophismus zu beschreiben. Es erleichterte uns, eine potentielle physische Grundlage für das psychologische Konzept der Modularität zu erkennen. Gewährte es uns jedoch irgendwelche Einblicke in so schwer faßbare Zustände wie das Bewußtsein? Inwieweit haben unsere Ausführungen zu einem Verständnis des Ichbewußtseins beigetragen? Besteht tatsächlich ein tieferer Zusammenhang zwischen den Ebenen, den Symbolen und der Bedeutung, der dem Ich (oder dem Selbst) und der Subjektivität eine körperliche Realität verleiht? Gewiß mussen die entscheidenden Merkmale des Nervensystems noch beschrieben werden. Und genau eine solche Beschreibung wirft Licht auf die höheren Ebenen der Geistesfunktion. Das Grundgerüst einer derartigen Beschreibung betrifft unmittelbar das Wesen der Hierarchie im Nervensystem und den Zusammenhang der Funktionsebenen. Daß das Nervensystem hierarchisch gegliedert ist, läßt sich kaum bestreiten. Die funktionelle Untergliederung in Gene, Moleküle, Synapsen, Neuronen, Neuronenpopulationen, neurale Systeme, Gehirne, Organismen, Organismengruppen, Gesellschaften und ganze Tierarten ist ein Thema, das sich durch das gesamte Buch zieht. Die Modularität selbst stellt eine Form von hierarchischer Organisation der Hirnfunktion dar. Wir müssen uns jedoch darüber im klaren sein, daß die uns hauptsächlich interessierende hierarchische Struktur die der Steuerung oder *Kontrolle*, nicht die der einfachen *Klassifizierung* ist (Grene 1987). Das Nervensystem umfaßt Grundelemente, die jeweils in komplexeren Einheiten enthalten sind. Elementare Einheiten stellen also die Bausteine für Strukturen höherer, komplexerer Ebenen dar, und die höheren Ebenen kontrollieren wiederum die Funktionen auf niedrigeren Ebenen. Repräsentation und Bedeutung existieren auf zahlreichen Ebenen. Vielleicht noch wichtiger ist, daß Informationen horizontal und vertikal fließen und dabei auch Ebenen überspringen können, sowohl aufwärts als auch abwärts. So verändert das Verhalten (die höhere Ebene) die ihm zugrundeliegenden Moleküle (die niedrigere Ebene). Diese Verbindungen werden wir detailliert veranschaulichen, da das „Springen" von Information über zahlreiche Ebenen den geistigen Fähigkeiten einige ihrer schwer zu erfassenden Eigenschaften verleiht. Um ein Grundverständnis für so komplexe mentale Strukturen wie das Ich und die Subjektivität zu erlangen, betrachten wir, wie informationsübermittelnde Moleküle dem Verhalten und den geistigen Funktionen zugrunde liegen, und wie umgekehrt Verhalten und geistige Funktionen Vorgänge auf molekularer Ebene beeinflussen.

Es ist eine Tatsache, daß höhere Funktionen wie etwa Verhalten, Geisteszustand und Ideen – die letztendlich die scheinbar nicht zu erklärenden Eigenschaften, die man unter dem Begriff „Geist" zusammenfaßt, hervorbringen – die molekularen Phänomene verändern, auf denen sie beruhen.

Nachdem wir uns mit dem Vokabular, den experimentellen Ansätzen und den Konzepten zu den verschiedenen Ebenen des Geist-Gehirn-Systems vertraut gemacht haben, können wir uns jetzt Detailproblemen zuwenden. Unser Ziel ist es, beginnend bei höheren Funktionsebenen, zu zeigen, daß Phänomene auf diesem Niveau sukzessiv niedrigere Ebenen beeinflussen, die den kognitiven Fähigkeiten zugrunde liegen. Um zur Computermetapher zurückzukehren: Verändert die „Software" der höheren Ebenen tatsächlich die „Hardware" der unteren Ebenen? Wenn das zutrifft, sollten wir dann nicht eher von Geist-Gehirn-Zyklus oder -Sphäre als von Hierarchie sprechen (eine Übersicht über das Thema „Hierarchie in der Biologie" findet man bei Welch 1987)?

Psychologische Funktion

In Kapitel 8 haben wir mit dem Interpretierer ein psychologisches Modul kennengelernt, daß die Realität gestaltet und Theorien entwickelt, um interne Stimuli und Umweltreize in Einklang zu bringen. Der Interpretierer toleriert Doppeldeutigkeit, Widersprüche oder Zufälle nicht. Daher erfindet dieses (übergeordnete) Modul Erklärungen für die unaufhörlich auf den Menschen einströmenden internen und externen Informationen. Wir haben gesehen, daß dabei eine falsche Theorie immer noch besser ist als keine Theorie. Eine Grenze zwischen aufschlußreicher Erfindung und Verfälschung scheint für den Interpretierer nicht zu existieren. Präsentiert man einer Versuchsperson unterbewußt eine erschreckende Szene, dann denkt sich der Interpretierer eine Geschichte aus, um die mit der Szene verbundene erhöhte Reaktionsbereitschaft und Angst zu erklären, die für die Versuchsperson zwar wahrnehmbar, aber nicht nachvollziehbar ist. Verändern die erhöhte Reaktionsbereitschaft, die Angst und die erfundene Interpretation die molekularen Prozesse, auf denen sie beruhen?

Diese Frage konfrontiert uns mit einem außergewöhnlichen Widerspruch. Wir haben in Kapitel 4 bereits die Bedeutung des Locus coeruleus (LC) für den Komplex von Wachsamkeit, Aufmerksamkeit und Angst (*attention-arousal-anxiety complex*) diskutiert und die zentrale Rolle der Tyrosinhydroxylase (TH) für die LC-Funktion hervorgehoben. Wir haben festgestellt, daß interner oder umweltbedingter „Streß" zu einer verstärkten Entladung des Locus führen, und daß dadurch das geschwindigkeitsbegrenzende Enzym induziert wird. Dies wiederum bewirkt eine erhöhte Produktion der Amintransmitter, die entsprechend in größerer Menge freigesetzt werden können. Die verstärkte Aktivität und Transmitterausschüttung des Locus rufen nun ihrerseits eine Steigerung der Aufmerksamkeit, Reaktionsbereitschaft und Angst auf der psychischen „Ebene" hervor. Der Interpretierer dürfte dies als Bedrohung wahrnehmen, was die Locusaktivität und die dortige TH-Induktion weiter verstärkt, so daß es am Ende zu einer übersteigerten Wachsamkeit (Hypervigilanz) kommen müßte.

Wir haben hiermit die physische Grundlage des Geist-Gehirn-Systems der seltsamen „Endlosbänder" (*strange loops*) identifiziert, die Hofstadter in seinem metaphorischen Buch *Gödel, Escher, Bach* (1985) postuliert hat. Die einfachste Darstellung einer solchen seltsamen Schleife ist in Abbildung 10.1 gezeigt: Aktivierung des Locus coeruleus erzeugt Wachsamkeit, Aufmerksamkeit, Reaktionsbereitschaft, möglicherweise Angst und eine TH-Induktion; diese ruft eine Interpretation als Streß hervor, die wiederum die LC-Aktivität verstärkt, und so weiter. Der psychische Zustand reicht also hinunter bis zur molekularen Ebene, in der er sich gründet, und verändert dieses

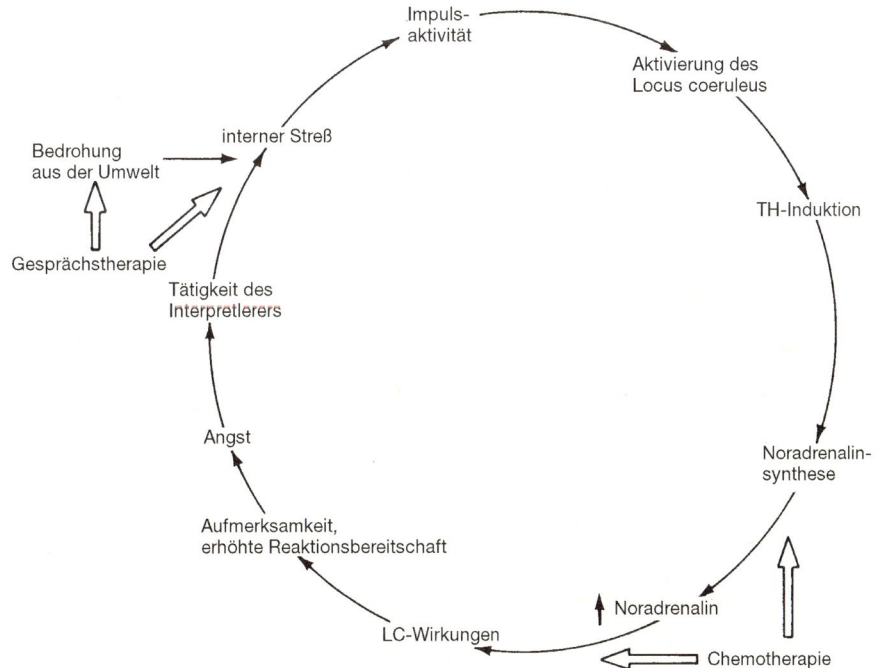

10.1 Schematische Darstellung des schleifenartigen Informationsflusses von der Umwelt über den inneren Zustand, die Systemfunktion und die molekulare Regulation zum Verhalten.

molekulare Substrat. In Wirklichkeit sind die verbal so leicht definierten „Ebenen" gar nicht getrennt. Die Information fließt vom Geisteszustand zum Molekül und zurück. Die psychischen Symbole „übersteigerte Reaktionsbereitschaft" und „Angst" und ihre kognitiven interpretierenden Symbole verändern das molekulare Symbol TH, das für die Erzeugung des psychischen Zustands Angst notwendig ist.

Wo endet nun die psychische Erfahrung der Angst und wo beginnt die molekulare Realität in Form der TH-Induktion? Nun, wir haben bereits zahlreiche vermittelnde Mechanismen angesprochen, die diesen unendlichen Zyklus, dieses seltsame Endlosband, antreiben. In diesen Mechanismen sind ineinandergeschachtelte Zyklen, Symbole und Codes versteckt. Um den Informationsfluß zwischen den Ebenen besser verfolgen zu können, dürfte es sinnvoll sein, sich diese besonderen Mechanismen noch einmal zu vergegenwärtigen.

Eine Fülle von Ebenen

An dieser Stelle blicken wir noch einmal auf die an der TH-Induktion mitwirkenden molekularen Mechanismen zurück, um genau zu bestimmen, wie überhöhte Reaktionsbereitschaft und Angst auf einer hohen Ebene die ihnen zugrundeliegende „Hardware" verändern. Da im LC-System noch nicht alle an diesem Vorgang beteiligten Prozesse erforscht sind, beziehen wir uns auf Erkenntnisse, die man am sympathoadrenalen System erworben hat. Um es noch einmal zu betonen: Die bisher erhaltenen Ergebnisse legen nahe, daß bei allen catecholaminergen Zelltypen die molekulare Regulation ähnlich erfolgt. Einsichten, die man bei der Erforschung eines dieser Zelltypen gewonnen hat, gelten mit ziemlicher Gewißheit auch für die anderen.

Zusammenfassend läßt sich sagen, daß elektrische Entladungen des Locus, die eine Ursache von erhöhter Reaktionsbereitschaft und Angst zu sein scheinen, auch die TH induzieren, was wiederum die Angst potentiell noch weiter verstärkt. Bei catecholaminergen Zellen induziert die Impulsaktivität das TH-Enzym über eine Erhöhung der Menge an TH-mRNA. Wie viele Ebenen sind an diesem Vorgang beteiligt? Wenngleich die Antworten noch nicht völlig gesichert sind, klärt sich das Bild doch immer mehr.

Die Impulsaktivität scheint die Geschwindigkeit zu erhöhen, mit der bestimmte Enzyme die TH-mRNA an der genomischen DNA produzieren. Welche Ebenen an diesem Geist-Gehirn-System beteiligt sind und wo die Symbolfunktion in den verschiedenen Ebenen liegt, erfahren wir nach einer kurzen Rekapitulation von Struktur und Eigenschaften der DNA. Die DNA ist ein langer Strang aus miteinander verknüpften Molekülbausteinen, der die Information für die Bildung der Proteine enthält, zu denen auch die Enzyme zählen (Abbildung 10.2). Für die Verschlüsselung des Proteinbauplanes werden vier sogenannte Basen benötigt: Guanin (G), Cytosin (C), Adenin (A) und Thymin (T). Die Information ist in der Reihenfolge der Basen innerhalb des DNA-Moleküls verschlüsselt. Mit anderen Worten, die DNA als Teil einer fundamentalen Ebene der Zelle besteht selbst aus einer Sequenz von Symbolen. Wie wird die Tyrosinhydroxylase nun anhand der DNA-Symbole synthetisiert?

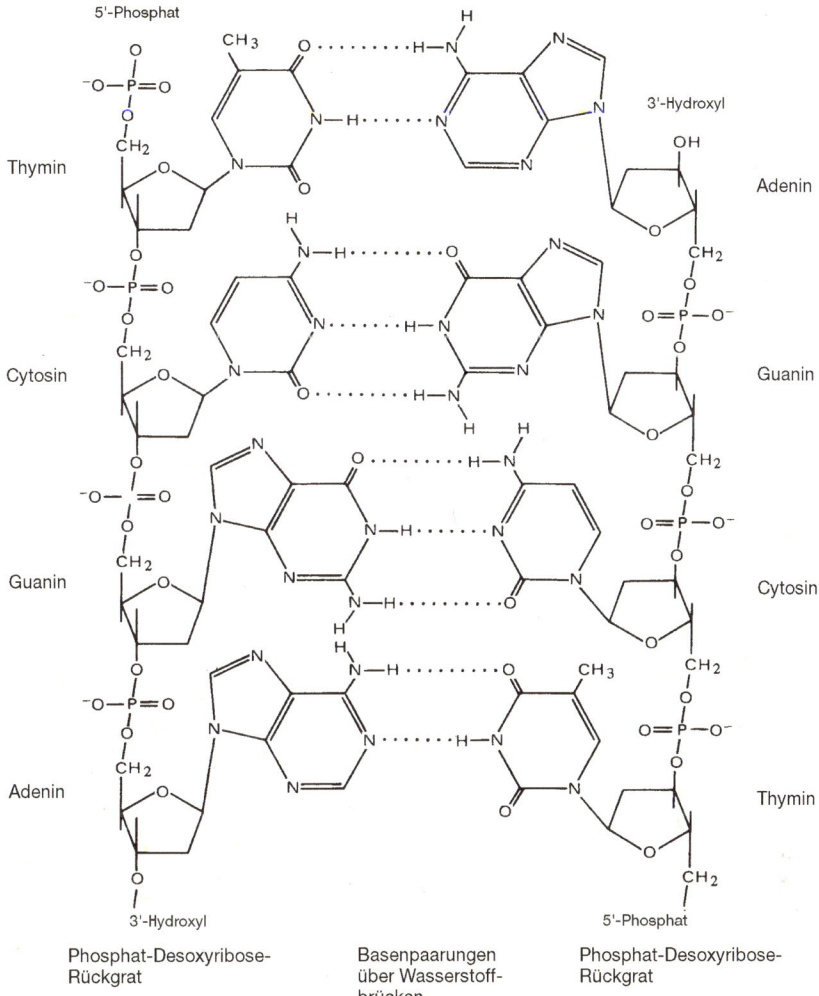

5'-Phosphat

Thymin

Cytosin

Guanin

Adenin

3'-Hydroxyl

3'-Hydroxyl

Adenin

Guanin

Cytosin

Thymin

5'-Phosphat

Phosphat-Desoxyribose-Rückgrat

Basenpaarungen über Wasserstoffbrücken

Phosphat-Desoxyribose-Rückgrat

10.2 DNA-Symbole. Schematische Darstellung eines kleinen Abschnitts der DNA-Doppelhelix. Komplementäre, einander gegenüberliegende Basen paaren sich über Wasserstoffbrückenbindungen. (Aus Lewin 1983.)

Jeweils drei aufeinanderfolgende Basen – ein sogenanntes Basentriplett – codiert für einen Aminosäurebaustein des zu synthetisierenden Proteins. Die DNA wird nun nicht direkt in Protein „übersetzt", sondern erst in eine Zwischenebene in Form der Boten- oder mRNA umgeschrieben oder „transkribiert". Das Botenmolekül besteht seiner- seits aus Basenbausteinen, die sich mit denen der DNA zu komplementären Paaren zusammenlagern. Nach Abschluß der mRNA-Synthese wird dieses neue Symbolmole- kül aus dem Zellkern in das Cytoplasma transportiert; dort wird es in ein Protein übersetzt oder „translatiert". Dies kann beispielsweise das TH-Enzym sein oder ein Vorläuferprotein, wie im Falle der Polyproteine. Die molekularen Ebenen – ihr Sym- bolgehalt und ihre Wechselwirkungen untereinander – enden hier jedoch noch nicht.

Die Translation der Boten-RNA in Protein erfolgt, vermittelt durch zahlreiche cytoplasmatische Enzyme, an den Ribosomen, wo die einzelnen Aminosäuren zu einer (Peptid-)Kette verknüpft werden. Diese lineare Anordnung von Aminosäuren, die man auch als Primärstruktur des Proteins bezeichnet, birgt weitere Informationen: Sie enthält Anweisungen, wie sich das Protein räumlich anordnen soll. Und die dreidimensionale (Tertiär-)Struktur oder Raumkonformation des Proteins bestimmt schließlich über die biologische Aktivität des Moleküls. Im Falle der TH entsteht durch die Faltung der Polypeptidkette eine katalytisch aktive Stelle, die das Substrat (Tyrosin) bindet und es zu L-Dopa hydroxyliert. Das gefaltete TH-Molekül besitzt darüber hinaus Stellen, die phosphoryliert werden können. Durch eine solche Modifikation ändert sich die Tertiärstruktur des Enzyms, und eine schnellere Umsetzung von Tyrosin in L-Dopa ist die Folge.

Da die TH das geschwindigkeitsbegrenzende Enzym bei der Synthese der Catecholamine ist, führt ihre Induktion zu einer gesteigerten Transmittersynthese und, im Fall des Locus, zu einer verstärkten Stimulation des Zielgebiets. Dadurch nehmen vermutlich auch Wachsamkeit, Reaktionsbereitschaft und Angst zu. Die Angst stand aber am Anfang der ganzen molekularen Ereignisfolge; sie erhöhte die Entladungsrate des Locus, so daß dort vermehrt TH-mRNA vom TH-Gen transkribiert und in TH-Protein translatiert wurde. Mit dem Anstieg der Transmittersynthese und der Angst schließt sich der Zyklus und beginnt von neuem (Abbildung 10.1).

Einige Implikationen

Dies ist ein klares Beispiel dafür, daß ranghohe Softwaresymbole eines mentalen Zustands die rangniederen Hardwaresymbole verändern, die dem mentalen Zustand zugrundeliegen. Biologie wird zum Verhalten, und Verhalten wird zur Biologie. Oder vielmehr: Biologie ist Verhalten und umgekehrt. Aus der Umwelt einwirkende oder interne Anforderungen aktivieren den Locus und werden in biologische Wirklichkeit übersetzt. Angstauslösende Gedanken oder äußere Umstände werden sofort in die neurale Sprache übertragen. Umweltreiz, mentaler Zustand, Verhalten und molekularer Mechanismus stehen ständig in Wechselwirkung und bilden einen kontinuierlichen Kreislauf (Abbildung 10.1).

Vor diesem Hintergrund verstehen wir vielleicht schon eher, warum eine Unterscheidung zwischen äußerer und innerer Umwelt, zwischen Geist und Gehirn und zwischen Fachgebieten wie Psychiatrie und Neurologie künstlich und willkürlich ist. Kann man, indem man einfach nur mit jemandem spricht, die Biologie seines Gehirns beeinflussen? Zweifellos lautet die Antwort „Ja": In dem Maß, wie das Gespräch die Phantasie beeinflußt, die zu Wachsamkeit, erhöhter Reaktionsbereitschaft oder gar Angst führt und dabei Hirnmechanismen verändert, wandelt sich die Biologie des Gehirns exakt in der soeben ausführlich beschriebenen Weise. Außerdem steht der Interpretierer bereit, um Hypothesen zu liefern, die ihrerseits weitere Änderungen in der rangniedrigen, molekularen „Hardware" bewirken können.

Im Prinzip ist die Gesprächstherapie, ob Psychotherapie oder Psychoanalyse, ebenso wie die pharmakologische Therapie dazu geeignet, die Biologie des Gehirns zu beeinflussen. Der Unterschied zwischen beiden Therapieformen besteht darin, daß sie an verschiedenen Stellen des Geist-Gehirn-Zyklus eingreifen (Abbildung 10.1). Beide Formen müssen die Biologie verändern, wenn sie effizient sein sollen. Die Wirksamkeit von Gesprächstherapien beruht darauf, daß die Manipulation der ranghohen „Software" imstande ist, die rangniedrige „Hardware" des Gehirns zu verändern. Der vermehrte kombinierte Einsatz von pharmakologischer und Gesprächstherapie in der Psychiatrie zeigt, daß die gleichzeitige Intervention an mehreren Stellen des Geist-Gehirn-Zyklus sehr erfolgreich ist.

Zusätzlich zu seiner Bedeutung für die Entwicklung neuer Therapiemethoden weist das vorgestellte Modell auch auf zahlreiche konzeptionelle Schwierigkeiten bezüglich solcher Begriffe wie Geist, Ich und Subjektivität hin.

Ich und Subjektivität

Welche Anzeichen gibt es dafür, daß höhere Ebenen, etwa das Ich, tatsächlich im Gehirn physisch manifestiert sind? Was kennzeichnet diese postulierte Entität auf der bereits vorgestellten hohen Ebene? Gibt es Methoden, mit denen sich Aspekte oder Bestandteile des (modulären) Ichs bestimmten Hirnrealen oder -systemen zuordnen lassen?

Jeder Mensch hat wohl ein scheinbar intuitives Bewußtsein seiner eigenen Existenz und weiß zwischen sich und der Umwelt zu trennen. Doch woraus besteht dieses Selbst- oder Ichbewußtsein? Statt uns mit philosophischen Konstrukten zu beschäftigen, wenden wir uns pragmatischerweise lieber klinisch-neurologischen Befunden zu. Aufgrund sorgfältiger Untersuchungen von Patienten mit neurologischen Störungen während der vergangenen hundert Jahre verfügen wir über eine wahre Fundgrube klinisch-pathologischer Entsprechungen. Die genaue Prüfung dieser Daten hilft uns vielleicht, die Merkmale des Ichbewußtseins kennenzulernen und liefert Hinweise auf das zugrundeliegende physische Substrat (die „untere Ebene"), falls es ein solches gibt.

Ein Einspruch ist an dieser Stelle berechtigt: Als neurologische Störungen erfassen wir nur solche Dysfunktionen, deren Ausmaß groß genug ist, daß sie sich mit unseren groben Verfahren überhaupt nachweisen lassen. Mit der vereinfachenden Strategie der neurologischen Annäherung entgeht uns also notgedrungen viel von der Feinheit und dem Reichtum, die das Ich kennzeichnen. Dafür können wir jedoch hoffen, eher anekdotische Befunde, wissenschaftliche Voreingenommenheit und Spekulation auf diese Weise auszuschließen.

Eine vorsichtige, etwas vage Definition dürfte unsere Aufmerksamkeit in die richtige Richtung lenken: Das „Ich" ist jene Gesamtheit von Fähigkeiten, die es uns erlaubt, uns als subjektive Wesen zu erfahren, uns von allem anderen, was „nicht ich" ist, zu unterscheiden, unsere Existenz in Zeit und Raum zu erleben und uns im sozialen Kontext adäquat zu verhalten.

Welche wohlbekannten Anomalien gewähren Einblicke in die Natur des Ichs auf der oberen Ebene und werfen Licht auf das zugrundeliegende physische Substrat? Mittlerweile kennt man eine ganze Reihe von klinischen Störungen, die für diese Fragestellung relevant sind. Schädigungen des *nichtdominanten Parietallappens* (also üblicherweise des rechten) führen zu mehreren Störungen, die viel über die Eigenschaften des Ichs verraten (Abbildung 10.3). Ausgeprägte Läsionen rufen einen *Neglekt* der linken Raumhälfte, einschließlich der linken Körperhälfte, hervor. So leugnet zum Beispiel ein Patient, dem man seinen linken Arm oder sein linkes Bein zeigt, daß dies Teile seines Körpers sind. Irgendeine Funktion im nichtdominanten Parietallappen erkennt offensichtlich die linke Seite von Selbst und Nichtselbst, unterscheidet zwischen beidem und ist deshalb entscheidend für die Wahrnehmung der körperlichen Integrität des Selbst. Der Zusammenhang zwischen Parietallappen und Selbst reicht allerdings noch weiter (eine einführende Übersicht findet man bei Haymaker 1969).

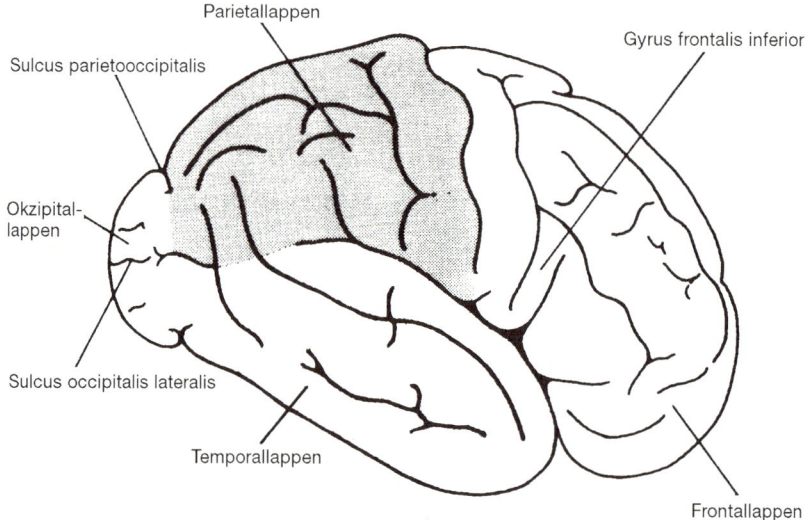

10.3 Der nichtdominante Parietallappen. Schema der Cortexlappen bei einer Seitenansicht des Gehirns. (Modifiziert nach Truex 1959.)

Dieselben Patienten leiden auch unter *Anosagnosie* (Haymaker 1969), das heißt, sie erkennen überhaupt nicht, daß sie krank sind. Man stelle sich einen solchen Patienten mit linksseitiger Lähmung oder Schwäche und linksseitigen sensorischen Störungen vor, der dennoch jegliche gesundheitliche Einschränkung verneint. Es sei betont, daß die Betroffenen nicht unter allgemeinen kognitiven Störungen, wie etwa einer Demenz, leiden – einzig ihre Selbstwahrnehmung ist in spezifischer Weise schwer beeinträchtigt.

Eine Fähigkeit des nichtdominanten Parietallappens ist also erforderlich, damit man den Teil des physischen Selbst auf der gegenüberliegenden Körperseite als solchen erkennt und entsprechende Anomalien überhaupt wahrnimmt. Diese Beobachtungen lassen sich zu einem Prinzip verallgemeinern: *Teile des Ichs und des Selbstbewußt-*

seins sind in spezifischen Hirnregionen lokalisiert. Obwohl die beteiligten neuralen Subsysteme im einzelnen noch erforscht werden müssen, hat man hier dennoch ein physisches Substrat für die subjektivste aller psychischen Entitäten identifiziert. Es ist realistisch, anzunehmen, daß die laufenden Forschungsarbeiten auch die Ebenen – vom neuralen System bis hin zu den Transmittermolekülen – ermitteln werden, die mit den genannten Funktionen des Selbst im nichtdominanten Parietallappen assoziiert sind.

Läsionen in anderen Bereichen des Gehirns beeinträchtigen andere Funktionen des Ichs. Dysfunktionen der *Frontallappen* gehen mit tiefgreifenden *Störungen des Ichs im sozialen Kontext* einher (Abbildungen 10.4 und 10.5; Haymaker 1969; Adams 1962). Patienten mit Frontallappenschäden verlieren häufig die für die Persönlichkeit so charakteristischen sozialen Eigenschaften: Sie sind unaufmerksam, versäumen es, Freunde oder ihnen neu vorgestellte Bekannte richtig zu begrüßen, unterhalten sich eher teilnahmslos und sind nicht mehr fähig, sich in gängiger, allgemein üblicher Weise zu verabschieden. Manche der Betroffenen leiden an dem sogenannten Frontallappen-Blasen-Syndrom und urinieren mit völliger Gleichgültigkeit in der Öffentlichkeit. Bei diesem Syndrom hat man eine bilaterale Dysfunktion des Lobulus paracentralis, einer Region des Frontallappens, festgestellt (Abbildung 10.4). Wir werden nun am Beispiel der Frontallappen die Organisation der Ebenen im Gehirn sowie die Wechselwirkungen zwischen der psychischen Ebene und jener der neuralen Systeme analysieren.

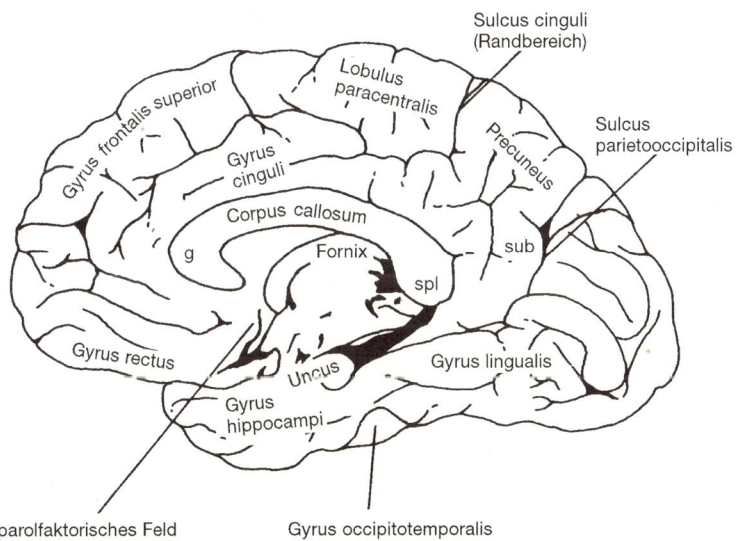

10.4 Die mediale Oberfläche der rechten Großhirnhälfte. Man beachte besonders den Lobulus paracentralis am oberen Rand in der Mitte. (Aus Truex 1959.)

Zunächst können wir festhalten, daß man wichtige emotional-vegetativ-soziale Funktionen des Selbst in den Frontallappen lokalisieren kann. Folglich sind die Frontallappensysteme auch an Funktionen beteiligt, die zur Selbstwahrnehmung und zum Ichbewußtsein beitragen. Anscheinend repräsentiert das Ich eine Integration von

Funktionen, die in zahlreichen Hirngebieten verstreut sind. *Auch das Ich ist demnach in Struktur und Funktion modulär beschaffen.* Nachdem wir nun einige Funktionen des Ichs – etwa die Fähigkeit zur Unterscheidung von Selbst und Nichtselbst, die körperliche Selbstwahrnehmung allgemein und insbesondere im Raum und die Definition des Ichs im sozialen Kontext – in bestimmten Hirnarealen lokalisiert haben, versuchen wir nun, das Bild noch weiter zu vervollständigen: Können wir das sich der zeitlichen Dimension und seiner eigenen Kontinuität bewußte Ich ebenfalls dingfest machen? Diese Aufgabe ist weitaus schwieriger als die bislang besprochenen, da uns hierfür wesentlich weniger Daten zur Verfügung stehen. Dennoch gibt es einige in diesem Zusammenhang wichtige klinische Beobachtungen.

Eine Reihe neurologischer Syndrome führt zum Verlust oder zur Beeinträchtigung der bewußten Wahrnehmung zeitlicher Kontinuität. Ein allgemein bekanntes Beispiel ist das *postcommotionelle Syndrom* (Haymaker 1969). Patienten, die nach einer Gehirnerschütterung das Bewußtsein verlieren, leiden danach häufig unter retrograder Amnesie: Sie können sich nicht erinnern, was ihr Ich unmittelbar vor und während des Traumas erlebt hat. Mit der Zeit kehrt die Erinnerung an die Vorgänge zurück, und die Gedächtnislücke wird vollständig gefüllt. Während der Amnesie ist diese begrenzte Episode des Selbst jedoch verloren. Zwar ist der genaue Ort des entsprechenden Defizits im Gehirn noch nicht ermittelt; alle Beobachter sind sich aber darin einig, daß der Gedächtnisschwund auf einer physischen Unterbrechung wichtiger Hirnprozesse beruht. Das Defizit bezieht sich speziell auf das Gedächtnis, andere mentale Leistungen sind also nicht betroffen.

Ein anderes genau umrissenes, aber kaum lokalisiertes Syndrom ist das der *vorübergehenden Globalamnesie* (Fisher und Adams 1964). Diese auf einer verminderten Hirndurchblutung beruhende Störung führt zu einer plötzlich einsetzenden, fast vollständigen Desorientierung aufgrund eines nahezu totalen Verlusts jüngerer Gedächtnisinhalte (Shuttleworth und Wise 1973). Typischerweise wissen die Betroffenen nicht, wie und warum sie an Ort und Stelle gelangt sind und wohin sie gehen. Der Verwirrung scheint ein kompletter Gedächtnisschwund für die gerade vergangenen Ereignisse zugrunde zu liegen – eine Parallele zum oben beschriebenen postcommotionellen Syndrom. Doch im Unterschied zu jener noch kaum lokalisierbaren Störung ist es gelungen, die vorübergehende Globalamnesie auf eine Ischämie (Minderdurchblutung) des medialen Temporallappens zurückzuführen (Shuttleworth und Wise 1973), von der wohl auch der Hippocampus betroffen ist. Auch hier kann also der Verlust der zeitlichen Kontinuität im Erleben pathophysiologischen Hirnvorgängen zugeschrieben werden.

Ein abschließendes Beispiel ganz anderer Art soll unsere Vorstellung von der bewußten Wahrnehmung der Zeit abrunden. Dem Patienten H. M. waren zur Behandlung seiner schweren Epilepsie beide Temporallappen und anschließend beide Hippocampi entfernt worden. Nach diesen Eingriffen diagnostizierten Milner und seine Mitarbeiter (1959, 1962, 1970) aufgrund umfangreicher Untersuchungen eine tiefgreifende *orthograde Amnesie*: H. M. ist unfähig, sich Neues zu merken und benötigt daher eine intensive Betreuung. Er lebt gewissermaßen ewig in der Gegenwart, ohne das Bewußtsein von Zukunft und Vergangenheit, und ist daher unfähig, so etwas wie eine eigene Geschichte zu erwerben.

Wie diese sehr unterschiedlichen Anomalien zeigen, beruht die Wahrnehmung des Ichs in der Zeit auf bestimmten Hirnmechanismen. In Verbindung mit den zuvor erwähnten klinischen Befunden entsteht so ein ganz allgemeines Konzept des Ichs: Es ist offensichtlich, daß das Ichbewußtsein sich aus separaten Fähigkeiten auf der psychischen Ebene zusammensetzt. Diese ist in verschiedenen Hirnregionen und vermutlich verschiedenen neuralen Systemen des Gehirns lokalisiert. Das Ich ist ein Komplex, dessen Komponenten im Gehirn weit verstreut sind, also keine einheitliche Entität. Entgegen dem intuitiven Eindruck ist auch das Ich modulär organisiert.

Es lassen sich sogar manche der Leistungen, die das Ich ausmachen, näher eingrenzen. Ein subjektiver Sinn kann Selbst und Nichtselbst unterscheiden. Er erkennt den Zustand der Körperfunktionen der Person. Eine andere Komponente steuert Handlungen im sozialen Umfeld. Eine weitere Fähigkeit stattet das Ich mit dem Bewußtsein zeitlicher Kontinuität aus. Ohne Zweifel umfassen *Ich* und *subjektives Bewußtsein* eine große Zahl psychischer Symbole. Das Ich ist weder eine einzelne psychische Funktion noch ein einzelnes psychisches Symbol.

Wie dieser Abschnitt zeigt, sind wir durchaus in der Lage, das Ich ansatzweise auf einer hohen Ebene, jener der psychischen Funktion, und auf einer niedrigeren Ebene, jener der Eingrenzung auf spezifische Hirnareale, zu beschreiben. Der springende Punkt ist, daß alle unsere Ausführungen das Ichbewußtsein direkt in das biologische System plazieren. Man braucht das System also nicht zu verlassen, um das komplizierteste aller psychischen Phänomene zu orten. Fassen wir unsere vorsichtigen Thesen noch einmal in allgemeiner Formulierung zusammen, bevor wir uns einer eingehenderen Analyse zuwenden. Das Ichbewußtsein setzt sich – zumindest – aus der Wahrnehmung des Ichs in Raum, Zeit und sozialem Kontext zusammen. Diese psychischen Funktionen lassen sich grobanatomisch in Regionen des Parietal-, Temporal- und Frontallappens lokalisieren und innerhalb dieser Hirnteile vermutlich auch weiter eingrenzen auf neurale Subsysteme. Zumindest ansatzweise haben wir also begonnen, den Aufbau der hochrangigen subjektiven Funktionen im Zusammenhang mit der ihnen zugrundeliegenden neuralen Struktur zu verstehen. Als nächstes ist eine detailliertere Analyse erforderlich, um festzustellen, ob bestimmte Aspekte der Hirnorganisation reziproke Wechselwirkungen zwischen höheren und niedrigeren Ebenen der subjektiven Hierarchie erlauben oder sogar erfordern. Wir untersuchen dies beispielhaft an den Frontallappen, weil sie für das Ichbewußtsein von entscheidender Bedeutung sind.

Die Frontallappen und das Prinzip der Reziprozität

Gibt es anatomische und neurochemische Substrate, die multidirektionale Wechselwirkungen zwischen den einzelnen Ebenen ermöglichen? Genauer gesagt, wie können höhere Ebenen des subjektiven Zyklus mit den unteren Ebenen in Verbindung treten und diese verändern? Sind Feststellungen wie »Ich habe Angst« oder »Ich bin hungrig« sinnvoll angesichts der Organisation beziehungsweise Funktion frontaler Hirnstrukturen? Selbst vorläufige Antworten können Licht in die grundlegendsten Zusammenhänge zwischen Gehirn und Geist bringen.

Beschreiben wir zunächst etwas genauer einige der *von den Frontallappen vermittelten Fähigkeiten*, bevor wir ihnen zugrundeliegende Mechanismen bestimmen. Obwohl Patienten mit geschädigten Frontallappen bei den allgemein üblichen Intelligenztests normale Leistungen erbringen, weisen sie doch typische kognitive und emotionale Defizite auf. Besonders schwer tun sie sich mit sogenannten divergenten Denkprozessen, bei denen es mehrere Lösungen für ein Problem, mehrere richtige Antworten auf eine Frage oder verschiedene Ansichten desselben Gegenstands gibt. (Beim konvergenten Denken existiert dagegen stets nur eine richtige Antwort.) Das divergente Denken scheint für kreative Gedankentätigkeit entscheidend zu sein. Frontallappenpatienten schneiden auch bei Tests, in denen zwischen paarweise präsentierten „Stimuli" nach einer Verzögerung unterschieden werden soll, schlechter ab als Kontrollpersonen. Wie Untersuchungen an Patienten und Versuchstieren außerdem ergeben haben, vermitteln die Frontallappen auch Erkennungs-Gedächtnis-Leistungen. Läsionen in diesem Bereich führen zu einem krankhaften Verweilen bei ein und demselben Gedanken (Perseveration), zum Verlust von Hemmungen und zu einem beeinträchtigten assoziativen Lernen (Milner und Petrides 1984).

»Allgemein gesprochen, sind die Frontallappen essentiell für das synthetisch-logische Denken (*synthetic reasoning*), für das Abstraktionsvermögen und für die zeitlich-räumliche Gestaltung eigenständiger, auf zukünftige Ziele ausgerichteter Verhaltensweisen. Initiative, Kreativität, Aufmerksamkeit, eine eigene Gefühlssphäre und Weltanschauung sind Ausdruck des Beitrags, den die Frontallappen zum Verhalten beisteuern« (Goldman-Rakic 1984b).

Wie kann man derart komplexe Funktionen überhaupt begreifen? Auf der Ebene der neuralen Systeme stellt die Reziprozität der frontalen Verbindungen eine augenfällige, notwendige physische Grundlage der genannten geistigen und Verhaltensleistungen dar. Die Frontallappen innervieren den posterioren Parietalcortex, den prästriatalen Cortex und den Temporalcortex sowie den Locus coeruleus im Hirnstamm; gleichzeitig innervieren alle diese Strukturen ihrerseits die Frontallappen (Übersicht bei Goldman-Rakic 1984a). Offensichtlich ist die Funktion der Frontallappen also auf das engste mit der Analyse und Langzeitspeicherung somatosensorischer, visueller und auditorischer Informationen sowie mit Aufmerksamkeit und Angst verknüpft. Die Architektur der neuralen Verschaltung ist so gestaltet, daß höhere integrative Funktionen über bereits gut erforschte Feedback-Verbindungen mit niedrigeren Funktionen und Symbolen in Wechselwirkung treten können.

Ferner erlauben die Projektionen der Frontallappen zum Hypothalamus und zum limbischen System die Integration und Regulation des emotionalen, sexuellen und appetitiven Verhaltens sowie der damit zusammenhängenden mentalen Prozesse. Die Projektion zum präzentralen Cortex und zum Striatum beeinflußt außerdem das Bewegungsverhalten (Evarts et al. 1984).

Welche Konsequenzen ergeben sich aus dieser Organisation? Im Zusammenhang mit unseren früheren Diskussionen sind natürlich die Wechselwirkungen zwischen Locus coeruleus (LC) und Frontallappen interessant. Schon lange wird dem frontalen Cortex eine entscheidende Bedeutung für Bewußtsein, Wachsamkeit, soziale Verhaltensschranken und vermutlich auch für das Angstverhalten zugewiesen. Seine eben genannten reziproken Verbindungen mit dem Locus erklären manche dieser Assoziationen. Eine Aktivierung des Locus, die den Komplex aus Aufmerksamkeit, Wachsamkeit und Angst hervorruft, wird gleichzeitig über entsprechende Projektionen an den frontalen Cortex übermittelt. Dieser könnte den Angstzustand mit visuellen, auditorischen und somatosensorischen Informationen verknüpfen und affektiv einfärben. Dabei dürfte die Aktivierung oder Inaktivierung der Projektionen zwischen Locus und Frontallappen darüber entscheiden, ob das LC-System erneut stimuliert oder gehemmt wird. Da die Tyrosinhydroxylase im Locus auf das Erregungsniveau anspricht, haben die ranghohen mentalen Funktionen des Frontallappens Einfluß auf rangniedrigere Moleküle, die der Funktion des Locus zugrunde liegen und – durch die Projektionen – auch wiederum den Funktionen des Frontallappens. Anders gesagt, gewährleistet der Aufbau des Gehirns, daß ranghohe psychische Funktionen die rangniedrige „Hardware" verändern, auf denen sie beruhen.

Die Erkenntnis, daß der frontale Cortex durch noradrenerge Fasern vom LC-System dicht innerviert wird, ließ Goldman-Rakic vermuten, daß sich die „frontale" Dysfunktion beim älteren Menschen durch eine noradrenerge Substitutionstherapie korrigieren läßt. Tatsächlich verbesserte die Behandlung alternder Affen mit dem α-Rezeptor-Agonisten Clonidin deren kognitive Leistungen deutlich, während die Gabe des Antagonisten Yohimbin diese Effekte unterband (Goldman-Rakic 1984a). Daraus ergibt sich, daß rangniedrige Moleküle den Geist genauso beeinflussen wie umgekehrt der Geist die Moleküle.

Man könnte nun annehmen, daß der frontale Cortex mit seinem Zugang zu sensorischen Informationen und seinen Projektionen zu limbischen Strukturen imstande ist, diese rangniedrigeren Symbole zu manipulieren und sie in ranghohe kognitive und psychische Symbole zu integrieren. Tatsächlich haben Goldman-Rakic und seine Mitarbeiter (1984) herausgefunden, daß ausgewachsene Affen mit präfrontalen Läsionen beim sogenannten AB-Phase-IV-Objektpermanenz-Test nach Piaget – mit dem üblicherweise die kognitive Entwicklung von Kindern bewertet wird – ähnlich schwache Leistungen erbringen wie Kleinkinder. Solche Tests zeigen, ob die Versuchsperson (oder das Versuchstier) realisiert, daß ein aus seinem Blickfeld entferntes Objekt weiterhin existiert – eine Fähigkeit, die für die Entwicklung des symbolhaften, logischen Denkens erforderlich zu sein scheint. Dies ist ein Beispiel dafür, daß die Frontallappen sensorische Repräsentationen, die in anderen Hirnregionen gespeichert sind, benutzen, um hochrangige Symbole der Kognition zu bilden. Aufgrund der Reziprozität der Verknüpfungen erscheint es möglich, daß der frontale Cortex seinerseits die gespeicherten sensorischen Repräsentationen beeinflussen kann. Um diese Hypothese zu bestätigen, ist jedoch noch sehr viel Forschungsarbeit zu leisten.

Verbindungen zwischen frontalem Cortex und dopaminergem System

Um die potentielle Bedeutung des Frontalcortex bei Streßreaktionen und psychischen Krankheiten besser zu erkennen, müssen wir auch die Innervierung durch andere catecholaminerge Fasern miteinbeziehen. Die Frontallappen werden reichhaltig durch dopaminerge Fasern aus der ventralen Mittelhirnhaube (dem ventralen mesencephalen

Tegmentum, VMT) innerviert. Deren Aktivierung bewirkt eine verlangsamte Depolarisation, welche die Impulsrate der frontalen Neuronen vermindert (Abbildung 10.5). Vermittelt wird der Effekt durch die Stimulation von dopaminergen Typ-1-Rezeptoren (D_1) auf diesen Zellen. Spontane Entladungen der frontalen Neuronen oder solche, die durch die Reizung des innervierenden mediodorsalen Thalamuskerns (Nucleus medialis dorsalis) ausgelöst werden, lassen sich unterbinden, wenn man das VMT stimuliert. Das VMT hemmt also die Frontallappenneuronen (Übersicht bei Glowinski et al. 1984). Die Beziehung zwischen diesen Zellen und den dopaminergen Zellen ist jedoch noch komplizierter: Neuronen des Frontalcortex projizieren in den subcorticalen Nucleus accumbens, der ebenfalls aus dem ventralen Tegmentumbereich (*ventrotegmental area*, VTA) dopaminerg innerviert wird. Zahlreiche Hinweise aus Läsionsexperimenten zeigen, daß die Frontalcortexneuronen normalerweise den Dopaminumsatz und die Sensitivität gegenüber Dopamin im Nucleus accumbens verringern. Zum Beispiel kommt es nach einer selektiven Läsion der frontalen Dopaminneuronen zu einem Anstieg des Dopaminumsatzes und der Zahl der Dopaminrezeptoren im Nucleus accumbens (Glowinski et al. 1984).

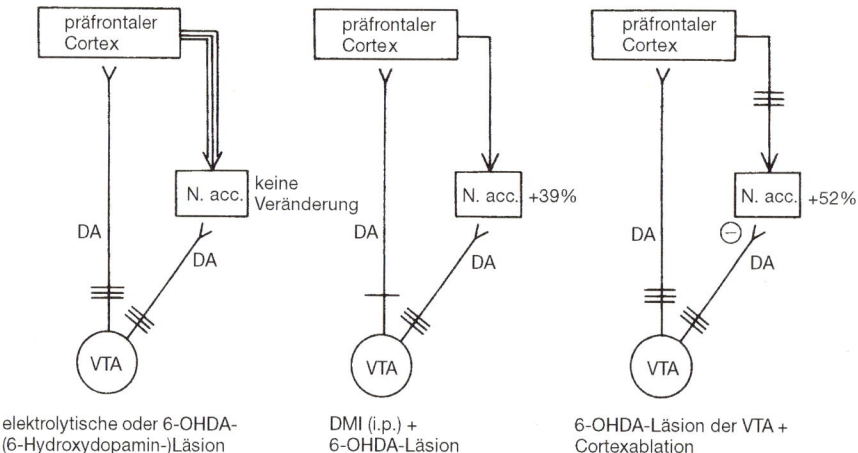

10.5 Frontal-subcorticale dopaminerge Verbindungen. Die schematischen Darstellungen zeigen den Einfluß des präfrontalen Cortex auf die Entwicklung einer Überempfindlichkeit der Dopaminrezeptoren im Nucleus accumbens (N. acc.) der Ratte infolge einer Denervierung. Eine solche Überempfindlichkeit tritt nur auf, wenn mesocorticopräfrontale dopaminerge Neuronen teilweise vor Läsionen im ventralen Tegmentumbereich (VTA) geschützt sind. Alternativ dazu kann sie das Ergebnis einer Läsion des präfrontalen Cortex nach Degeneration der aufsteigenden dopaminergen Neuronen auf der rechten Seite sein. (Aus Glowinski 1984.)

Außerordentlich komplizierte Wechselwirkungen zwischen der mesencephalen VMT-Ebene, der Ebene des Frontalcortex und der subcorticalen Ebene des Nucleus accumbens hinsichtlich der Dopaminaktivitäten scheinen das Verhalten zu steuern. Um die potentielle Bedeutung von Dopamin bei mentalen Dysfunktionen zu verstehen, muß man die corticalen und subcorticalen dopaminergen Verbindungen berücksichtigen (Abbildung 10.5). (Diese anatomisch-chemische Rückkopplung stellt eine weitere Form eines kontinuierlichen Zyklus oder seltsamen Endlosbandes auf einem anderen Niveau dar.)

Vor dem gerade geschilderten anatomisch-physiologischen Hintergrund beschreiben wir nun einige der mit den genannten dopaminergen Verbindungen assoziierten Verhaltensformen. Die mesocorticalen (vom Mesencephalon zum frontalen Cortex ziehenden) Neuronen sind besonders empfindlich gegenüber Streß. So steigt beispielsweise der Dopaminumsatz im frontalen Cortex bei Fuß-Schock-Streß (*foot-shock stress*) dramatisch an, was darauf hindeutet, daß diese Bahn an der corticalen Reaktion auf Umweltstreß mitwirkt. Da der Frontalcortex auch den Locus coeruleus innerviert, der wahrscheinlich an Angstreaktionen nach Streß beteiligt ist, läßt sich eine komplexe Feedback-Schleife definieren. Interessanterweise blockieren Benzodiazepine (das sind hochwirksame angstlösende Pharmaka wie beispielsweise Valium) die durch Umweltstreß bedingte Aktivierung der mesocorticalen Bahn. Vielleicht haben wir hier also einen zentralen Angriffspunkt für eine pharmakologische Therapie der Streßreaktionen gefunden. Es wäre sicherlich interessant festzustellen, ob andere streßverringernde Therapieformen den gleichen neuralen Verbindungsweg beeinflussen (Glowinski et al. 1984).

Aufregende Entdeckungen weisen darauf hin, daß die ventrale Mittelhirnhaube (VMT) und ihre Verbindungen bei psychischen Krankheiten wie Schizophrenie eine Rolle spielen könnten (Glowinski et al. 1984). In der Ratte rufen VMT-Läsionen ein außergewöhnliches, permanentes Verhaltenssyndrom hervor, und einzelne seiner Komponenten erinnern an Symptome der Schizophrenie: VMT-Läsionen führen zu Hyperkinesie, erhöhter Reaktivität gegenüber der Umgebung, zu ständiger Wiederholung zuvor gelernter Antworten und gesteigertem Sammelverhalten, zu einer Verbesserung des *approach learning* und der aktiven Vermeidung sowie zu einer verstärkten Ablenkbarkeit. Der Schweregrad mancher Anomalien, etwa der Hyperkinesie, korreliert mit dem Ausmaß der frontalen dopaminergen Denervierung. Ein verringerter Dopaminumsatz im Cortex ist mit einem Anstieg des Dopaminumsatzes im Nucleus accumbens assoziiert, und Schizophreniesymptome lassen sich mit Dopaminantagonisten (Neuroleptika) wirksam behandeln. Die Krankheit könnte also mit einer reduzierten dopaminergen Aktivität im frontalen Cortex und einer erhöhten subcorticalen dopaminergen Aktivität assoziiert sein. Mit anderen Worten: Die Wirksamkeit antipsychotischer Pharmaka bei Schizophrenie ist möglicherweise hauptsächlich auf die Beeinflussung der dopaminergen Innervierung durch den Nucleus accumbens zurückzuführen. Wenn die VMT-Funktion tatsächlich wichtig ist für die Reaktion auf Umweltstreß und die Entstehung schizophrenieartiger Symptome, dann würden wir natürlich gerne wissen, welche Neuronen die VMT-Aktivität regulieren. Eine beträchtliche Zahl von Hinweisen deutet darauf hin, daß die Substanz-P-enthaltende Bahn zwischen VMT und Habenula die mesofrontalen dopaminergen Neuronen aktiviert. Bei gestreßten Ratten steigt die Substanz-P-Konzentration im VMT, und die Stimulation der dopaminergen VMT-Neuronen wird durch Injektion von Antikörpern gegen Substanz P blockiert (Thierry et al. 1984; Bannon et al. 1983). Welche Faktoren regulieren die Substanz-P-Konzentration?

Zwar wissen wir nur wenig über Substanz P im Habenulo-VMT-Trakt, doch in Neuronen des peripheren Nervensystems ist die Regulation dieses Neuropeptids intensiv erforscht worden. Gleiche Transmittereigenschaften scheinen zudem in den verschiedensten Neuronenpopulationen auf ähnliche Weise reguliert zu werden. Daher können wir vermuten, daß eine Depolarisation und der nachfolgende Einstrom von Natriumionen in die Habenulaneuronen für eine Verringerung der Menge an Substanz-P-mRNA und in der Folge auch an Substanz P sorgen. Umgekehrt könnte man erwarten, daß eine verminderte synaptische Aktivierung der Habenulaneuronen die Substanz-P-Konzentration ansteigen läßt. Es ist noch herauszufinden, ob diese vermuteten Mechanismen tatsächlich den bei Streß beobachteten Veränderungen der Substanz-P-Menge zugrunde liegen. Doch wie auch immer das Ergebnis ausfällt – offensichtlich beeinflussen Umweltreize wie Streß in entscheidenden Neuronenpopulationen Substanz P genauso wie den Dopaminstoffwechsel.

Die sich daraus ergebenden Implikationen sollten wir uns bewußt machen. Erstens spielen Substanz P und Dopamin bei der Streßreaktion und möglicherweise bei der Pathogenese schizophrener Symptome eine Rolle. Oder anders formuliert, mindestens zwei völlig verschiedene Transmittersysteme sind an dem gleichen mentalen Zustand beteiligt. Andererseits kann die Störung ganz verschiedener Transmittersysteme zu einander sehr ähnlichen Anomalien auf der Ebene des Verhaltens führen. *A priori* ist diese Erkenntnis nicht sehr überraschend, und sie sollte uns helfen, solche naiven Konzepte wie „ein Transmitter, eine Krankheit" zu vermeiden, die für gewisse Bereiche der Neuropsychopharmakologie charakteristisch gewesen sind. Wir können daraus folgern, daß psychische Krankheiten eventuell durch Therapien behandelbar sind, die sich gegen sehr verschiedene molekulare Loci richten. (Zu diesem Ergebnis waren wir auch schon bei der Diskussion einer simultanen dopaminergen und anticholinergen Therapie der Parkinson-Krankheit gekommen.) Angesichts der Vielzahl von Transmittern, – häufig colokalisiert und gleichzeitig oder aber nacheinander ausgeschüttet, – die jedem Verhalten und jedem mentalen Zustand zugrunde liegen, ist die für neuropsychiatrische Krankheiten typische ausgeprägte Pleiotropie keineswegs verwunderlich.

Zweitens ist es offenkundig, daß die hohe Ebene eines Verhaltens oder mentalen Zustands gleich mehrere rangniedrige Transmittersysteme simultan beeinflussen kann. Beispielsweise beeinflußt Streß sowohl peptiderge als auch dopaminerge und noradrenerge Systeme in verschiedenen Neuronenpopulationen. Es sind genau diese Systeme in genau diesen Populationen, welche die Reaktionen von Gehirn und Geist auf Streß vermitteln. Demnach verändert die komplexe Anordnung ranghoher Symbole, die einen normalen oder anomalen mentalen Zustand bilden, die Funktion einer Fülle neuraler Systeme und rangniedriger Transmitter.

Diese Komplexität ist in Anbetracht der Symptomvielfalt der Schizophrenie nicht überraschend. Bei dieser Psychose kommt es neben vielen anderen Symptomen zu Hörhalluzinationen, Wahnideen, einer abnormen Ausdrucksweise und starken affektiven Störungen. Bei Patienten mit katatoner Schizophrenie beobachtet man außerdem krankhafte Schweigsamkeit, Negativismus, Katalepsie (anhaltendes Verharren in einer bestimmten Körperhaltung mit „wächsern" wirkendem Widerstand gegen passive Bewegungen) sowie einen starren Blick in den Raum (Hearst et al. 1971; Morrison 1973; Übersicht bei McHugh 1982). Man könnte denken, daß die Störungen durch zahlreiche Anomalien auf der Ebene der Transmitter und auf verschiedenen anderen Ebenen entstehen. Tatsächlich sprechen mannigfaltige Hinweise für diese Hypothese.

Nach der allgemein akzeptierten Lehrmeinung hat die Schizophrenie eine starke genetische Komponente: Fünf bis sechs Prozent der Geschwister und 40 bis 50 Prozent der eineiigen Zwillingsgeschwister von Schizophrenen leiden ebenfalls an der Erkrankung, selbst wenn sie getrennt aufgewachsen sind (Übersicht bei McHugh 1982). Eine chronische Amphetamineinnahme kann andererseits zu einem Syndrom führen, bei dem sich das Verhalten der Betroffenen unter Umständen nicht von dem Verhalten Schizophrener unterscheiden läßt. Amphetamine setzen Noradrenalin frei und blockieren die natürliche Inaktivierung des Transmitters, die durch Wiederaufnahme in die Präsynapse erfolgt. Auch ein Alkoholentzug kann zu einer Verhaltenskonstellation führen, die an schizophrene Zustände erinnert. Auf ganz anderer Ebene kann die durch eine Läsion temporaler oder limbischer Hirnbereiche verursachte psychomotorische Epilepsie ebenfalls zu einem schizophrenieartigen Syndrom führen. Alles in allem können also genetische, biochemische und systembedingte Dysfunktionen an der Pathogenese der Schizophrenie beteiligt sein. Es ist daher sehr wahrscheinlich, daß einander bedingende Anomalien auf zahlreichen Ebenen diese bizarre und tragische Krankheit hervorrufen.

Die gleichen Ebenen der Gene, Transmitter und Systeme, die, wenn sie funktionell gestört sind, zur Schizophrenie führen, sind im intakten Zustand für das Ichbewußtsein von entscheidender Bedeutung. Trotz der noch immer zahlreichen offenen Fragen bestreitet niemand ernsthaft, daß es sich bei der Schizophrenie um eine Störung der Ichwahrnehmung handelt. Ob wir uns der Thematik des Ichs und der Subjektivität nun von der normalen oder der pathologischen Funktion her nähern – beide Herangehensweisen führen uns zu bestimmten Hirngebieten, speziellen neuralen Systemen und zugehörigen Transmittern.

Von dieser Diskussion der Schizophrenie, eines Beispiels für die Beeinträchtigung jener Ebenen, die das Ich ausmachen, kehren wir jetzt erneut zu der normalen Funktion des frontalen Gehirns zurück. Wenn wir die besonderen anatomischen Verknüpfungen der Frontallappen mit anderen Hirnbereichen (über die der Neocortex Zugang zu Informationen niedrigerer Ebenen erhält) und das wichtige Prinzip der Reziprozität berücksichtigen, beginnen wir die Art und Weise zu verstehen, in der das Ich über seinen eigenen Zustand berichten kann. Beispielsweise läßt sich die Äußerung »Ich habe Angst« so auffassen, daß das motorische Sprachfeld über den Aktivitätszustand unter anderem der Verbindungen zwischen Frontalcortex und Locus coeruleus sowie ventraler Mittelhirnhaube (VMT) berichtet. Und die Feststellung »Ich bin hungrig« könnte den Zugriff der Frontallappen auf Informationen im seitlichen Hypothalamusbereich wiederspiegeln (Grossman 1979). Beim ersten Beispiel haben wir sogar manche der rangniedrigen molekularen Symbole identifiziert, auf denen die Berichterstattung des Neocortex basiert. Anhand dieser Beispiele erhält man einen Eindruck, wie das Ich ein Teil rangniedriger affektiver und appetitiver Symbole ist, aber gleichzeitig von ihnen getrennt ist. Über reziproke anatomische Verbindungen kann das Ich außerdem niedrigere Ebenen beeinflussen und dabei die Information verändern, auf deren Grundlage das Sprachfeld berichtet.

Wir können festhalten, daß die kontinuierlichen Wechselwirkungen zwischen zahlreichen Ebenen das Ich und seinen kognitiven sowie emotionalen Unterbau ständig wandeln. Bleiben wir bei unserem Musterbeispiel: Die Frontallappen, die aus verschiedenen Ebenen aufgebaut sind und mit ranghohen psychischen Symbolen zu tun haben, verändern in der anatomischen Hierarchie niedrigere Ebenen, etwa den Locus coeruleus, die ventrale Mittelhirnhaube oder den lateralen Hypothalamus, die ihrerseits ebenfalls hierarchisch untergliedert sind. Die niedrigeren anatomischen Niveaus beeinflussen nun wiederum direkt oder indirekt die Funktion der Frontallappen. Ineinandergeschachtelte Ebenen und ineinandergeschachtelte Zyklen treten in Wechselwirkung und gestalten das Ich.

Gilt das Prinzip der Reziprozität, das die Wechselwirkung zwischen mehreren Ebenen im Fall der Frontallappen ermöglicht, auch für andere Hirnregionen und -funktionen? Dies scheint tatsächlich zuzutreffen. Um ein entferntes Beispiel zu nennen: Die subcorticalen Relaiskerne, die Neocortex und limbische Strukturen innervieren, werden umgekehrt von Bereichen des limbischen Systems innerviert (Kawamura und Chiba 1979; Swanson et al. 1974; Swanson und Hartman 1975; Swanson et al. 1986). Das Reziprozitätsprinzip könnte also ein grundlegendes Organisationsprinzip des Gehirns sein. Daraus läßt sich schließen, daß multidirektionale Wechselwirkungen zwischen den Hirnebenen für die Hirnfunktion möglicherweise von fundamentaler Bedeutung sind und die Regulation rangniedriger Symbole von hoher Ebene aus in der gesamten Neuraxis weit verbreitet ist. Vergegenwärtigen wir uns noch einmal, daß – analog zu den frontalen kognitiven Funktionen – auch die corticolimbischen emotionalen Funktionen gekennzeichnet sind durch Wechselwirkungen zwischen Ebenen und durch die Existenz vieler, miteinander kommunizierender Niveaus innerhalb eines anatomischen Locus.

Das Ich ist folglich ein riesiges Aggregat von Funktionen, die über das gesamte Gehirn und sogar das Nervensystem verstreut sind. Seine Bestandteile sind auf zahlreiche anatomische Loci und innerhalb dieser auf verschiedene Ebenen verteilt, von der Ebene neuronaler Populationen über die synaptischer Anordnungen bis hin zur Ebene der Symbolmoleküle. Die Loci und Ebenen befinden sich in ununterbrochenem Austausch und konstruieren die subjektive Wirklichkeit. Bis hierhin beschränkten sich unsere Betrachtungen auf Wechselwirkungen und Vorgänge innerhalb einzelner Nervensysteme. Neuere Beobachtungen legen nun aber nahe, daß diese Sichtweise möglicherweise zu eingeengt ist und die Erörterung der Ebenen sogar über individuelle Nervensysteme hinausgehen muß.

Wechselwirkungen zwischen Individuen

Eine große Zahl von Hinweisen spricht dafür, daß Wechselwirkungen zwischen Individuen deren Nervensysteme tiefgreifend beeinflussen können. Das vielleicht eindrucksvollste Beispiel stammt aus dem Bereich der Fortpflanzungsphysiologie. Diese befindet sich unter direkter Kontrolle der hypothalamo-hypophysären Achse, eines Teiles des limbischen Systems.

Eine entscheidende Beobachtung gelang im Jahre 1971: Zusammenlebende Studentinnen sychronisierten ihre Menstruationszyklen (McClintock 1971). Nachfolgende Experimente, die dem Mechanismus dieser Anpassung auf den Grund gehen sollten, zeigten, daß auch bei zusammenlebenden Rattenweibchen der Eisprung gleichzeitig erfolgt. Weibliche Tiere, die man isoliert hielt und dem Geruch geschlechtsreifer Artgenossinnen aussetzte, paßten ihren Östruszyklus dem dieser Weibchen an (McClintock 1978). Das Leben in Gemeinschaft wirkt sich also beim Menschen und bei Nagetieren synchronisierend auf den Eisprung aus. Diese Anpassung ist bei Ratten, vermutlich auch beim Menschen, das Ergebnis der Wahrnehmung eines Geruchssignals (McClintock 1981). Die „Ebenen" sind also sowohl inter- als auch intraindividuell. Zumindest der Geruchssinn und das limbische System sind einer externen Ebene – der der Wechselwirkung zwischen Tieren – direkt zugänglich. Wir können sicher sein, daß in dem Maße, in dem die Ovulation das Verhalten und den mentalen Zustand beeinflußt und selbst von beidem beeinflußt wird, zahlreiche Loci im Nervensystem, einschließlich der Frontallappen, indirekt an der Zyklusregulation beteiligt sind.

In neueren Untersuchungen hat man die molekularen Muster aus Butyraten und Squalenen identifiziert, die bei Duftstoffen von Affen artspezifische Informationen übertragen. Wahrscheinlich lassen sich bald auch die für die Sychronisierung des Eisprungs verantwortlichen spezifischen Moleküle ermitteln (Smith et al. 1985). *Sogar im sozialen Bereich bilden demnach neurale Funktionsebenen, von den Molekülen bis zum Verhalten und zum mentalen Zustand, ein entscheidendes Organisationsprinzip.* Die Bedeutung von Hierarchien in Ökologie und Evolutionsbiologie ist ja schon seit langem bekannt.

Verfolgen wir die Aufgabe der sozialen Ebene bei der Steuerung reproduktionsphysiologischer Prozesse weiter und wenden uns einem monogam lebenden Krallenaffen zu, dem Weißbüscheläffchen (*Callithrix jacchus*). Während junge Weißbüscheläffchen, die noch bei ihrer Mutter leben, einen normalen Östruszyklus zeigten, bewirkte das Zusammenführen von fünf jungen Weibchen zu einer Peer-Gruppe, daß nur das dominante Affenweibchen ovulierte (Abbott und Hearn 1978). Auch in Gruppen lebende, rangniedrige Tamarinaffenweibchen unterdrücken ihren Eisprung (Snowdon 1983). Entfernt man solche Weibchen aus dem sozialen Umfeld und bringt sie mit einem Männchen zusammen, beginnen sie innerhalb von zwei Wochen zu ovulieren. Diese induzierte Ovulation wird erneut unterdrückt, wenn man das Tier wieder in eine Gruppe mit einem dominanteren Weibchen einführt.

Diese beiden aus der reichhaltigen wissenschaftlichen Literatur herausgegriffenen Beispiele verdeutlichen, daß die Ebenen und Zyklen über das individuelle Nervensystem hinausreichen und andere Nervensysteme, Individuen sowie die Umwelt einbeziehen. Demzufolge beeinflussen mentaler Zustand, Verhalten und die damit zusammenhängenden *interindividuellen molekularen Signale* Ebenen und Zyklen innerhalb der einzelnen Nervensysteme. Jede dieser Ebenen läßt sich exakt beschreiben. Im soziobiologischen Kontext interagieren die Ebenen in multidirektionaler Weise und gehorchen dabei den für Zyklen innerhalb des einzelnen Nervensystems genannten Regeln: Höhere soziale Ebenen verändern niedrigere molekulare Ebenen und wandeln dadurch das soziale Verhalten selbst.

Wir können uns fragen, ob kontinuierliche Zyklen ein für alle Lebensstufen geltendes Organisationsprinzip darstellen: angefangen bei miteinander und mit der Umgebung in Wechselwirkung stehenden Einzellern über niedere Metazoen bis hin zu allen höheren Formen, Einzelgängern und sozial organisierten Lebewesen. Eine umfassende Beschreibung lebender Systeme verlangt eine Definition der hierarchischen Ebenen und der Regeln, nach denen die multidirektionalen Wechselwirkungen zwischen den Ebenen ablaufen. Vielleicht ist es eine der zentralen Eigenschaften lebender Systeme, daß höhere Ebenen rangniedrigere, ihnen zugrundeliegende Niveaus pausenlos umgestalten. Die Beschreibung und Analyse dieses ubiquitären Phänomens ist wohl eine der fundamentalen Aufgaben der Biowissenschaften.

Glossar

Anmerkung: Kursiv hervorgehobene Wörter sind im Glossar als separate Stichwörter aufgeführt.

Acetylcholin Im ganzen Nervensystem verbreiteter exzitatorischer *Transmitter*. Es handelt sich chemisch um ein Amin, das von dem Enzym *Cholinacetyltransferase* aus Acetyl-CoA und Cholin synthetisiert und von der Acetylcholinesterase abgebaut wird.

Adrenalin Wichtigstes *Catecholamin* des *Nebennieren*markes; es vermittelt *Streß-reaktionen* und bewirkt die Energiemobilisierung in Gefahrensituationen. Adrenalin ist außerdem der *Transmitter* zahlreicher Neuronenpopulationen des *Hirnstammes*, welche die Funktion des Herz-Kreislauf-Systems regulieren.

Ätiologie Lehre von den Krankheitsursachen; im engeren Sinne die Ursachen selbst.

affektive Störungen Krankheiten, die Stimmungszustand und Emotionen betreffen, etwa Depressionen und manisch-depressive Störungen.

Afferenzen Aus der Perspektive einer Nervenzelle oder einer Struktur des Nervensystems: die zu ihr hinführenden Nervenfasern.

Affinität Neigung von Molekülen, sich mit anderen zu verbinden (etwa Liganden mit *Rezeptoren*).

Agnosie Störung des Erkennens trotz intakter Wahrnehmung; sie entsteht durch corticale Diskonnektionen (siehe *Diskonnektionssyndrome*).

Alexie Pathologische Unfähigkeit zu lesen.

Alzheimer-Krankheit Degenerative neurologische Erkrankung ungeklärter *Ätiologie*, die mit starken Einbußen kognitiver Funktionen, insbesondere des Gedächtnisses, einhergeht. Die Alzheimer-Krankheit tritt im mittleren bis späten Lebensalter auf und ist das Ergebnis eines fortschreitenden Absterbens zahlreicher Populationen von Hirnneuronen. Man nimmt an, daß die frühzeitige Degeneration von *cholinergen Neuronen des basalen Vorderhirns* zu den auffälligen Gedächtnisdefiziten beiträgt.

Amnesie Gedächtnisstörung; bei der ortho- oder anterograden Amnesie ist die Fähigkeit zur Bildung neuer Gedächtnisinhalte beeinträchtigt, bei der retrograden Amnesie sind Informationen aus der Vergangenheit nicht erinnerbar. Im Falle der vorübergehenden Globalamnesie fällt zeitweilig das retrograde Gedächtnis vollständig aus, vermutlich aufgrund einer Minderdurchblutung (Ischämie) der medialen Temporallappen.

Amphetamine Substanzen, die aus Nervenendigungen *Catecholamine* freisetzen und die Inaktivierung dieser Transmitter durch Hemmung der hochaffinen Wiederaufnahme in die Zelle verhindern. Eine Überdosis kann eine paranoide Psychose auslösen.

Amygdala Bilateral angelegte Gruppe von Neuronenkernen im dorsomedialen Temporallappen. Die Amygdala dient zusammen mit dem Hippocampus dem Informationslernen.

Anosagnosie Pathologische Verneinung von Krankheitszeichen bei Patienten mit einer Dysfunktion des *nichtdominanten Parietallappens*.

Aphasie Hirnbedingte Sprachstörung, die zu einer Beeinträchtigung des Sprachverständnisses beziehungsweise der zentralen Sprachkontrolle und des sprachlichen Ausdrucks führt.

Aplysia californica Meeresschnecke, an der man die zellulären und molekularen Mechanismen einfacher Lern- und Verhaltensformen wie etwa der *Konditionierung* intensiv erforscht.

Apraxie Trotz fehlender primärmotorischer und sensorischer Störungen bestehende Unfähigkeit, erlernte Bewegungen oder Handlungen (etwa das Ankleiden) auszuführen.

Athetose Hyperkinetische Bewegungsstörung mit typischen schlangenartigen Bewegungen der Hände, Finger und Füße. Kann Begleiterscheinung einer *Chorea* sein.

autonomes Nervensystem Relativ eigenständige sympathische und parasympathische Nervensystemanteile, die vegetative Funktionen wie die des Herz-Kreislauf-

Systems, des Atemsystems und des Verdauungstraktes regulieren. Die peripheren *Neuronen* beider Subsysteme stehen unter der Kontrolle zentraler Mechanismen.

Autorezeptoren   Zelloberflächenrezeptoren, die von der eigenen Zelle freigesetzte Moleküle binden und dadurch die Funktion der Zelle modulieren. Die Aktivierung von neuronalen Transmitterautorezeptoren beeinflußt meistens die nachfolgende Ausschüttung des gleichen oder eines in derselben Zelle produzierten (colokalisierten) Transmitters.

Axon   Impulsleitender Fortsatz einer Nervenzelle.

axonaler Transport   Der Transport von Molekülen und subzellulären Strukturen durch den aktiv erregungsleitenden Fortsatz, das Axon, einer Nervenzelle. Durch orthograden Transport werden Substanzen vom Zellkörper zu den *Synapsen* gebracht, beim retrograden Transport ist die Richtung umgekehrt.

B_{max}   Kinetisch definiertes Maß für die Gesamtzahl von *Rezeptoren* in einem Gewebe.

Broca-Areal   Motorisches Sprachzentrum im Frontallappen der *dominanten Hemisphäre*; Schädigungen führen zu motorischen *Aphasien*.

cAMP   Siehe cyclisches AMP.

Catecholamine (CA)   Familie von *Neurotransmittern* des peripheren Sympathicus und einer Reihe von Hirnsystemen, etwa des *Locus coeruleus*, der *Substantia nigra* und des (möglicherweise bei *Schizophrenie* defekten) mesocortical-subcorticalen Systems. Catecholamine werden auch vom *Nebennieren*mark produziert und dienen dann als Hormone. Chemisch handelt es sich um 3,4-Dihydroxy-Derivate des Phenylethylamins. Bekannte Vertreter sind *Dopamin* (DA), *Noradrenalin* (NA) und *Adrenalin* (A).

cDNA (komplementäre DNA)   Im Labor von einer als Matrize dienenden Boten- oder *mRNA* künstlich hergestellte DNA-Sequenz.

Cerebellum (Kleinhirn)   Über dem vierten Ventrikel und dem *Hirnstamm* liegender Hirnteil, der Bewegungsfunktionen koordiniert und die Orientierung des Körpers im Raum vermittelt.

cerebraler Cortex (Großhirnrinde)   Schichtförmig aufgebauter, die Hemisphären umgebender Mantel aus dichtgepackten Nervenzellen (graue Substanz). Der stammesgeschichtlich junge Cortex vermittelt vielfältige höhere (kognitive) Hirnfunktionen, die teilweise lokalen Feldern (Arealen) zugeordnet werden können. Grobanatomisch unterteilt man den Cortex in den Stirn- oder *Frontallappen*, den Schläfen- oder Temporallappen, den Scheitel- oder Parietallappen und den Hinterhaupt- oder Okzipitallappen.

Chemotaxis Durch spezielle chemische Moleküle bewirkte Bewegungsreaktion (Anlockung oder Abstoßung) von Zellen.

Cholinacetyltransferase Enzym, das aus den Vorstufen Cholin und Acetyl-CoA den Transmitter *Acetylcholin* synthetisiert.

cholinerge Neuronen des basalen Vorderhirns Ausgedehnte Ansammlung von Nervenzellen an der Basis des Vorderhirns; diese Zellen innervieren zahlreiche Cortexareale und verwenden *Acetylcholin* als *Neurotransmitter*. Sie werden mit Gedächtnisfunktionen in Verbindung gebracht.

Chorea Hyperkinetische Bewegungsstörung, die durch schnelle, unwillkürliche Bewegungen unter Einbeziehung der proximalen Muskulatur gekennzeichnet ist. Die Chorea tritt unter anderem im Zusammenhang mit der Huntington-Krankheit, manchen Formen des akuten rheumatischen Fiebers und als Schwangerschaftskomplikation auf.

Consensussequenz Prototypische, im *Genom* vieler Spezies wiederkehrende DNA-Sequenz, zum Beispiel die Erkennungssequenz für spezielle Signalproteine.

Corpus callosum (Balken) Großer Fasertrakt (weiße Substanz), der die beiden Großhirnhälften oder Hemisphären miteinander verbindet und den Informationsaustausch zwischen ihnen vermittelt. (Siehe auch *Split-Brain*.)

cyclisches AMP (cAMP, 3′,5′-Adenosinmonophosphat) Klassischer intrazellulärer *second messenger*, der die Bindung des Signalmoleküls, des *first messenger*, an den Rezeptor in eine Änderung zellulärer Funktionen *transduziert*. Gewöhnlich erfolgt dies durch die Phosphorylierung von Zellproteinen.

Dendriten Häufig stark verzweigte Fortsätze von *Neuronen*; nach klassischer Lehrmeinung sind die Dendriten diejenigen Zellstrukturen, die Signale von anderen Zellen empfangen und zum Zellkörper weiterleiten. Sie verarbeiten Informationen insofern, als sie die diversen Eingangssignale räumlich-zeitlich summieren und integrieren.

Dictyostelium Schleimpilz, der in seiner Entwicklung zahlreiche Stadien der Zellaggregation durchläuft und deshalb ein beliebtes Modell für Zell-Zell-Wechselwirkungen und die Ontogenese ist.

Diskonnektionssyndrome Neurologische Störungen, bei denen beispielsweise das sensorische Sprachzentrum (*Wernicke-Areal*) nicht mehr normal mit sensorischen Informationen aus anderen Hirnteilen versorgt wird; das Ergebnis sind bizarre Verhaltensstörungen.

Domäne Ebene der Informationsverarbeitung im Gehirn. Man unterscheidet zwischen molekularer oder Symboldomäne, zellulärer Domäne, Systemdomäne, organischer und Umweltdomäne.

dominante Hemisphäre Sprachverarbeitende Hälfte des Großhirns; bei den meisten Rechtshändern die linke Hemisphäre.

Dopamin (DA) Zu den *Catecholaminen* zählender Transmitter der *Substantia nigra*-Neuronen im Mittelhirn, die Aspekte motorischer Funktionen regulieren. Dopaminerge Defizite führen zu Symptomen der *Parkinson-Krankheit*.

Efferenzen Aus der Perspektive einer Nervenzelle oder Struktur des Nervensystems: die von ihr ausgesandten Nervenfasern. (Siehe auch *Afferenzen*.)

elektrochemische Codierung Neuronale Freisetzung verschiedener und einzigartiger Kombinationen von *Neurotransmittern* als Reaktion auf elektrische Impulsaktivitäten verschiedener Frequenzen und Muster.

Endorphine Endogene Opiatpeptide mit schmerzstillender Wirkung; Endorphine beeinflussen auch das Herz-Kreislauf-System.

Enkephaline Zum Beispiel Met-Enkephalin, Leu-Enkephalin und Endorphine; sie enthalten eine gemeinsame Peptidstruktur, die ihnen eine opiatähnliche biologische Aktivität verleiht. Enkephaline werden als Teil großer Vorläufermoleküle, sogenannter Proenkephaline, synthetisiert.

Enzym *Katalytisch* aktives Molekül, das die Geschwindigkeit einer chemischen Umsetzung um mehrere Größenordnungen erhöht. Es überführt Substrate in Produkte, ohne selbst dauerhaft verändert oder verbraucht zu werden. Neuere Forschungsarbeiten zeigen, daß außer den Proteinen auch Ribonucleinsäuren (RNAs) und Antikörper enzymatische Aktivität entfalten können.

Enzymaktivierung Erhöhung der *katalytischen* Aktivität eines *Enzyms* durch chemische Modifikation bereits synthetisierter Enzymmoleküle.

Enzyminduktion Erhöhung der Zahl an Enzymmolekülen, die überwiegend durch eine verstärkte Syntheserate erreicht wird und mit einem Anstieg der entsprechenden Enzymaktivität einhergeht. Formell betrachtet kann auch ein verminderter Abbau oder Zerfall der Moleküle die normalerweise im Fließgleichgewicht (*steady state*) befindliche Enzymzahl steigen lassen.

epigenetisch Auf extragenomischen Einflüssen beruhend, etwa auf Signalen, welche die Zelle von außerhalb erreichen.

Epilepsie Krampfartige, synchrone elektrische Entladungen von Cortexneuronen, die zu massiven Anfällen und Bewußtlosigkeit führen können. Die psychomotorische Epilepsie ist durch krampfartige Verhaltensstörungen charakterisiert, die üblicherweise auf Anfällen im Temporallappen beruhen.

Exon Proteincodierender Abschnitt eines (durch nichtcodierende *Introns*) unterbrochenen *Gens*.

Expression Die Herstellung von Genprodukten, das heißt von RNA und Proteinen. Unter phänotypischer Expression versteht man die Umsetzung genetischer Informationen in Merkmale des Erscheinungsbildes von Lebewesen.

Frontallappen (Stirnlappen) Vorderster Teil des *cerebralen Cortex*; er vermittelt motorische Funktionen und höhere Denkvorgänge und hat entscheidende Bedeutung für das affektive Verhalten.

Funktionalismus Denkrichtung, derzufolge Kognition und Geist durch eine Vielzahl möglicher Strukturen „ausgeführt" werden können; das Gehirn ist danach nur eine solche Struktur (gewissermaßen die biologische Form der Realisierung).

Gen Funktionelle Einheit des Erbmoleküls DNA, die normalerweise ein biologisch aktives Proteinprodukt codiert.

Genfamilie Gruppe engverwandter *Gene*, die Proteine mit ähnlichen Aminosäuresequenzen codieren. Genfamilien entstehen in der Evolution häufig durch Duplikation eines Urgens.

Genom Gesamtheit des genetischen Materials einer Zelle oder eines Organismus.

Genprodukt Das von einem *Gen* verschlüsselte Proteinmolekül beziehungsweise das ihm entsprechende RNA-Molekül.

Gliazellen Nichtneuronale Zellen des Nervensystems, die Stütz- und Versorgungsfunktionen erfüllen, Axone elektrisch isolieren, wandernden Zellen oder wachsenden Zellfortsätzen Orientierung bieten, die Wirkung mancher Transmitter beenden und weitere, wenig erforschte Aufgaben haben. Zu den Gliazellen gehören Astrocyten, Oligodendrocyten und Mikrogliazellen.

Glucocorticoide Steroidhormone aus der Rinde der *Nebennieren*; sie regulieren den normalen Stoffwechsel und die *Streßreaktion*. Die Hormone scheinen zudem direkt auf (unter anderem corticale) Neuronenpopulationen einzuwirken.

G-Proteine Beinahe in allen Zellen gegenwärtige Guanosintriphophat-(GTP-)bindende Proteine, welche die Aktivierung verschiedener Rezeptortypen in zelluläre Information „übersetzen" (*Transduktion*).

Großhirnrinde Siehe *cerebraler Cortex*.

gustatorisch Den Geschmackssinn betreffend.

Habituation Abnahme der Effizienz der synaptischen Übertragung als Folge einer wiederholten Reizexposition.

Hardware Analog zur Computerhardware bezeichnet man in den Neurowissenschaften alle Strukturelemente des Nervensystems als Hardware.

Hippocampusformation Corticaler Teil des *olfaktorischen Systems*; die Hippocampusformation befindet sich unter der medialen Oberfläche des Temporallappens und besteht hauptsächlich aus der Fimbria, dem eigentlichen Hippocampus oder Ammonshorn, dem Gyrus dentatus, dem Subiculum und dem Gyrus hippocampi. Man vermutet, daß die Formation für das Gedächtnis wichtig ist. Außerdem hat man an ihr das Phänomen der *Langzeitpotenzierung* intensiv erforscht.

Hirnstamm Stammesgeschichtlich alte Hirnanteile, darunter die Medulla oblongata (verlängertes Mark), die Pons (Brücke) und das Mesencephalon (Mittelhirn), die verschiedene lebenswichtige vegetative Funktionen steuern und von sensorischen wie motorischen Faserverbindungen durchzogen werden.

Hypophysektomie (Chirurgische) Entfernung der Hypophyse oder Hirnanhangdrüse, der ranghöchsten endokrinen Drüse.

Hypothalamus Dichte Zusammenballung von Neuronenpopulationen an der Hirnbasis und der Wand des dritten Ventrikels, die sich von der Sehbahnkreuzung (dem Chiasma opticum) bis zu den Mamillarkörpern erstreckt. Der Hypothalamus steuert autonome und viszerale Funktionen, darunter die endokrine Sekretion, den Wasserhaushalt, den Intermediärstoffwechsel, die Körpertemperatur, die Sexualität, das Hungergefühl und emotionale Verhaltensaspekte.

Ich/Selbst Gesamtheit neurokognitiver Fähigkeiten und *mentaler Module*, die das Ichbewußtsein vermitteln.

Instantiierung Im Bereich der Neurowissenschaften und der Psychologie die Ausführung oder Bereitstellung mentaler Funktionen durch Hirnstrukturen.

Instruktion In extremer Ansicht der isomorphe Transfer von Informationen aus der Umwelt in den Organismus oder die Zelle. Gegensatz zu *Selektion*.

Interpretierer Kognitive Struktur in der *dominanten Hemisphäre*, die anscheinend Hypothesen liefert, um Ordnung in die innere und äußere Wirklichkeit zu bringen und Widersprüche zu erklären.

Intron Nichtcodierender Abschnitt eines unterbrochenen *Gens*, der nach dem Umschreiben in *mRNA* (*Transkription*) aus der Sequenz entfernt wird; diesen Vorgang bezeichnet man als Reifung oder Prozessierung (*processing*) der RNA. (Siehe auch *posttranslationales processing* und *Exon*.)

Ionenkanal Großes, die Zellmembran durchspannendes Protein, das eine für bestimmte Ionen selektiv durchgängige Pore bildet. Die Passage der Moleküle wird durch *Neurotransmitter* oder Spannungsänderungen reguliert.

Ischämie Blutmangel und damit einhergehender Sauerstoffmangel im Gewebe aufgrund einer gestörten arteriellen Blutzufuhr. Bei längerem Anhalten einer Ischämie wird das Gewebe schwer geschädigt und stirbt ab (Nekrose).

K$_d$ Kinetisch definiertes Maß der *Affinität* eines *Rezeptors* für seinen Liganden.

Katalyse   In biologischen Systemen die Beschleunigung der Umwandlung von Substraten in Produkte durch *Enzyme*.

Kinase   *Enzym*, das die Übertragung einer Phosphatgruppe auf bestimmte Proteine katalysiert und dadurch deren Struktur und Funktion verändert.

kombinatorische Strategie   Verwendung einer begrenzten Anzahl von Elementen zur Erzeugung einer großen Zahl unterschiedlicher Verknüpfungen oder Kombinationen.

Konditionierung, instrumentelle   Vorgang, bei dem ein Organismus eine Reaktion mit einem verstärkend wirkenden Reiz assoziiert.

Konditionierung, klassische   Vorgang der Assoziation zweier Stimuli – eines beliebigen („unbedingten") und eines „bedingten" Reizes –, der eine konditionierte (bedingte) Reaktion hervorruft.

Konformation   Raumstruktur eines Moleküls; bei Proteinen ist die Konformation (auch *Tertiärstruktur* genannt) durch die Primärstruktur, die Abfolge der Aminosäurebausteine, festgelegt.

Konnektionismus   An Informationsverarbeitungsmodellen orientierter Ansatz der Kognitionswissenschaften. Konnektionisten postulieren eine parallele, verteilte Verarbeitung von Informationen, die in Form des Musters und der Stärke der Verbindungen zwischen (neuronalen) Elementen gespeichert werden. Lernen etwa besteht danach in einer Veränderung solcher Verknüpfungen.

Langzeitpotenzierung   Anhaltende Steigerung der Effizienz der synaptischen Übertragung, die durch gleichzeitige elektrische Aktivierung unterschiedlicher Eingänge eines *Neurons* ausgelöst wird.

Lesch-Nyhan-Syndrom   Genetisch bedingte Erkrankung männlicher Kinder, die durch geistige Retardierung, Tendenz zur Selbstverstümmelung, *Chorea*, *Athetose* und spastische Störungen charakterisiert ist. Sie ist mit einem Defekt der Hypoxanthin-Guanin-Phosphoribosyltransferase assoziiert.

limbisches System   Klassisch-anatomisch der „limbische Lappen" (Lobus limbicus) von Broca, der aus dem Gyrus cinguli, dem Isthmus gyri cinguli, dem Gyrus hippocampi, dem Uncus sowie den darunterliegenden subcorticalen Nuclei besteht und autonome viszerale Funktionen sowie Verhaltensaspekte reguliert. Das limbische System wird häufig als ein primitives, instinktsteuerndes System aufgefaßt.

Lobulus paracentralis   Bereich des *Frontallappens* in der Mittelebene des Gehirns. Eine bilaterale Schädigung führt zum Frontallappen-Blasen-Syndrom: Patienten urinieren öffentlich und scheinbar ohne sich der Anstößigkeit ihres Handelns bewußt zu sein.

Lobulus parietalis inferior Corticales Assoziationsfeld an der Verbindung visueller, auditorischer und somatosensorischer Felder, dem Ort des als *Wernicke-Areal* bezeichneten sensorischen Sprachzentrums.

Locus coeruleus (LC) Bilateral existierende Ansammlung von etwa 1400 noradrenergen Neuronen im vorderen Bereich der Brücke, die den *cerebralen Cortex* und die Kleinhirnrinde sowie das Rückenmark innervieren. Vermutlich vermittelt der Locus Aufmerksamkeit, erhöhte Reaktionsbereitschaft und wohl auch Formen der Angst.

medialer Septumkern Teil des den *Hippocampus* innervierenden neuronalen Systems im basalen Vorderhirn, dem eine Rolle beim räumlichen Gedächtnis zugeschrieben wird.

mentales Modul Kognitive Funktionseinheit, die Bestandteil einer integrierten geistigen Fähigkeit ist. Beispielsweise ergibt sich die visuelle Wahrnehmung aus der zunächst getrennten Verarbeitung der Informationen über Kontur, Farbe, Bewegung und räumliche Tiefe.

Mesencephalon Das zwischen Pons (Brücke) und Diencephalon (Zwischenhirn) gelegene Mittelhirn. Es besteht unter anderem aus der *Substantia nigra* und bestimmten, den Kopfnerven zugeordneten Nuclei sowie hindurchziehenden sensomotorischen Fasern.

Modularität Im Bereich der Neurowissenschaften die Organisationsform des Gehirns, bei der mehrere unabhängige spezialisierte Hirnfunktionen (Module) zu einem einheitlichen Verhalten zusammenwirken.

Monera Einzeller ohne klar abgrenzbaren Zellkern.

Motoneuronerkrankungen Im mittleren bis späten Lebensalter beginnende, fortschreitende degenerative Krankheiten des Nervensystems, bei der primäre Motoneuronen im Rückenmark und ihre *Afferenzen* im *cerebralen Cortex* absterben. Die Folgen sind Lähmung, spastische Störungen und Tod. Manche Formen sind unter dem Namen Lou-Gehrig-Krankheit bekannt.

mRNA (messenger RNA oder Boten-RNA) Vom *Gen* abgeschriebene (transkribierte) Ribonucleinsäure, die im Cytoplasma als Matrize bei der ribosomalen Synthese (*Translation*) des Proteins dient.

Nebennieren Den Nieren kappenförmig aufsitzende neuroendokrine Organe, bestehend aus der steroidhormonsynthetisierenden äußeren Rinde (dem Cortex) und dem inneren Mark, das *Adrenalin* und *Noradrenalin* sezerniert. Zu den Steroiden der Nebenniere gehören die den Intermediärstoffwechsel regulierenden *Glucocorticoide* und die Mineralocorticoide, die den Salz- und Wasserhaushalt kontrollieren. Nebennierensteroide und *Catecholamine* sind an der *Streßreaktion* beteiligt.

Neglekt Bei Läsionen im nichtdominanten Parietallappen auftretendes Syndrom, bei dem die der dominanten Hemisphäre entsprechende (meist linke) Körperhälfte nicht als Teil des eigenen Körpers erkannt und auch die betreffende Raumhälfte nur unvollständig wahrgenommen wird.

Neocortex Nichtolfaktorischer Anteil des *cerebralen Cortex*, der von den Reptilien zu den Säugern und zum Menschen an Größe stark zunimmt und eine Vielzahl von höheren, integrativen Hirnfunktionen vermittelt.

Nervenwachstumsfaktor (NGF) Trophisches Protein, das vom Zielgewebe und möglicherweise auch von *Gliazellen* produziert wird und für das normale Überleben und Funktionieren peripherer sympathischer und sensorischer Neuronen sowie der *cholinergen Neuronen des basalen Vorderhirns* erforderlich ist. NGF-Wirkungen auf andere Hirnzellpopulationen werden derzeit intensiv erforscht.

Nervenwachstumsfaktorrezeptoren NGF-bindende Zelloberflächenmoleküle, die zahlreiche zelluläre Reaktionen vermitteln, darunter das Überleben der Zelle, Hypertrophie und eine verstärkte *Expression* verschiedenster *Genprodukte*. Der hochaffine ($K_d = 10^{-11}$ M) biologisch aktive *Rezeptor* und die niedrigaffinen ($K_d = 10^{-9}$ M) Formen werden offenbar von demselben *Gen* codiert.

neural/neuronal In diesem Buch werden Vorgänge, die sich auf ein Neuron oder eine begrenzte Zahl von Neuronen beziehen, als „neuronal", solche, die komplexere Systeme und Wechselwirkungen umfassen, als „neural" bezeichnet. Diese Trennung ist allerdings notgedrungen unscharf.

neurale Plastizität Eigenschaft des Nervensystems, seine Struktur und Funktion abzuwandeln. Auslöser für solche Veränderungen sind häufig Erfahrungen und Lernprozesse.

Neuroleptika Antipsychotische erregungsdämpfende Pharmaka.

Neuron (Nervenzelle) Wichtigster Zelltyp des Nervensystems. Nervenzellen leiten elektrische Impulse weiter, kommunizieren mit Hilfe von *Neurotransmittern* und speichern Informationen. Typische Neuronen bestehen aus signalempfangenden *Dendriten*, dem Zellkörper oder Perikaryon mit dem Zellkern (Nucleus) sowie einem in einzelnen Fällen bis über einen Meter langen, impulsleitenden *Axon*, das mit der Zielzelle über *Synapsen* in Kontakt tritt.

Neurotransmitter Chemische Signalmoleküle, die der Kommunikation zwischen *Neuronen* und eventuell auch zwischen Neuronen und *Gliazellen* dienen. Sie heften sich an spezifische *Rezeptoren* und rufen verschiedene Wirkungen hervor, darunter Spannungsänderungen und elektrische Impulse, eine veränderte Genexpression, Zellwachstum und die Sicherung des Überlebens von Zellen.

nichtdominanter Parietallappen Hinter dem *Frontallappen*, vor dem Okzipitallappen und oberhalb des (bei den meisten Menschen rechten) Temporal- oder Schläfenlappens gelegener Bereich der Großhirnrinde. Läsionen in diesem Gebiet führen zur *Anosagnosie* und zu einem *Neglekt* der gegenüberliegenden (also meist linken) Körperseite, zusätzlich zum cortical-sensorischen Syndrom, einer kontralateralen Beeinträchtigung der Sehwahrnehmung, die mit einer Funktionsstörung des rechten oder linken Parietallappens einhergeht.

Noradrenalin (NA) *Catecholamin* des peripheren sympathischen Nervensystems und *Transmitter* des *Locus coeruleus* im Gehirn.

Nucleus accumbens Subcorticaler Nucleus aus *Neuronen*, die bei Störungen möglicherweise für die Pathogenese der *Schizophrenie* von Bedeutung sind.

Nucleus basalis magnocellularis Gruppe großer *Neuronen* im basalen Vorderhirn, die den *cerebralen Cortex* innervieren und vermutlich für das Gedächtnis wichtig sind.

Nucleus des diagonalen Bandes von Broca Untergruppe der *cholinergen* Kerne im basalen Vorderhirn, die bestimmte Bereiche des *cerebralen Cortex* innervieren.

olfaktorisches System Strukturen an der Hirnbasis, die Riechinformationen verarbeiten, zugehörige motorische Reaktionen vermitteln und außerdem eine Rolle beim Gedächtnis spielen. Zum Riechsystem gehören die Riechkolben (Bulbi olfactorii), die Riechbahn (Tractus olfactorius), die Striae olfactoriae und die Strukturen der *Hippocampusformation*.

olivopontocerebelläre Atrophie Degenerative neurologische Erkrankung, bei der Neuronen des *Hirnstammes* und des *Cerebellum* absterben. Sie tritt in der mittleren Lebensphase oder im Alter auf und ist durch Muskelsteifheit sowie Anomalien der Hirnnerven gekennzeichnet.

Parallelverarbeitung Siehe *Konnektionismus*.

Parkinson-Krankheit Degenerative neurologische Erkrankung, bei welcher das Absterben dopaminerger Neuronen der *Substantia nigra* mit verlangsamten Bewegungen (Bradykinesie), Muskelstarre, einem maskenhaften Gesichtsausdruck und einem gebeugten (hastigen) Gang einhergeht. Die Parkinson-Krankheit oder Schüttellähmung tritt im mittleren Lebensalter oder später auf und zeigt einen fortschreitenden Verlauf.

Peptid Unverzweigtes Kettenmolekül, das aus kovalent (über sogenannte Peptidbindungen) verknüpften Aminosäuren besteht. Signalmoleküle, etwa Hormone oder *Neurotransmitter*, sind häufig Peptide.

Perikaryon Der Zellkörper eines *Neurons*, auch Soma genannt. Es enthält den Zellkern oder Nucleus.

Phosphorylierung Die enzymatische Übertragung einer Phosphatgruppe auf ein biologisch aktives Molekül mit einhergehender Änderung seiner Struktur und Funktion.

Polyprotein Ein polyfunktionelles Protein, das aus zahlreichen biologisch aktiven Peptidmolekülen besteht, die gewöhnlich durch proteolytische Spaltung freigesetzt werden.

Porifera Die Schwämme.

postcommotionelles Syndrom Symptomkomplex, der mit einer vorübergehenden retrograden *Amnesie* einhergeht. Ursache ist eine Gehirnerschütterung (Commotio) und die damit einhergehende Bewußtlosigkeit.

postsynaptische Verdichtung Aus Protein bestehende scheibenförmige Struktur, die der postsynaptischen Membran der meisten chemischen *Synapsen* anliegt. Aus der postsynaptischen Verdichtung heraus ragen Transmitterrezeptoren in den synaptischen Spalt hinein. Die Verdichtung enthält *Ionenkanäle* und steht mit Cytoplasmaproteinen in Verbindung; dadurch kann sie möglicherweise die Impulsaktivität in eine geänderte synaptische Struktur und Funktion umwandeln.

posttranslationales *processing* Sämtliche Reaktionen, welche die Struktur eines Proteins nach der *Translation* modifizieren. Zu diesen Veränderungen gehören unter anderem proteolytische Spaltung, *Phosphorylierung*, Amidierung und Glycosylierung.

Prokaryoten Organismen ohne echten Zellkern.

Proopiomelanocortin (POMC) *Polyprotein*, das sich aus adrenocorticotropem Hormon (ACTH), *Endorphin* und melanocytenstimulierenden Hormonen (MSHs) zusammensetzt. Diese Bestandteile werden als Reaktion auf Umweltstreß aus der Hirnanhangdrüse (Hypophyse) freigesetzt. Aber auch in anderen Hirngebieten findet man POMC. Neben POMC kennt man zwei weitere Opiatpolyproteine, das Pro-Enkephalin und das Pro-Dynorphin.

Protisten (Einzeller) Zu dieser Gruppe gehören die einfachsten Pflanzen- und Tierordnungen, darunter die Protophyten und die Protozoen.

prozedurales Gedächtnis Speicherung von Informationen über das „Wie“ eines Vorgangs, Ereignisses oder einer Handlung (zum Beispiel motorischer Fähigkeiten wie Fahrradfahren) im Gegensatz zum deklarativen Gedächtnis mit Informationen über das „Was“.

Raum-Positions-Gedächtnis Speicher für Informationen über die Lage und räumliche Orientierung, beispielsweise im Zusammenhang mit der Körperbewegung oder der Kopfhaltung (*contextual spatial memory*). Vermutlich ist der Hippocampus an dieser komplexen integrierten Funktion beteiligt.

Reduktionismus Im Bereich der Neurowissenschaften die Vorstellung, daß geistige Funktionen letztlich ganz anhand der Hirnstruktur und -funktion erklärbar sind.

Repräsentation Symbolisierung der äußeren Realität durch intrinsische Informationen.

Restriktionskartierung Lokalisierung von Stellen auf der DNA, die von sogenannten Restriktionsenzymen endonucleolytisch gespalten werden. Jedes Restriktionsenzym spaltet die DNA an einer spezifischen Basensequenz und erzeugt daher charakteristische Fragmente, anhand derer man das DNA-Molekül identifizieren kann.

Ribosom   Zellorganelle, welche die Proteinbiosynthese, das heißt die *Translation* der *mRNA* in das betreffende Protein (das *Genprodukt*), bewerkstelligt.

Rezeptor   Im molekularbiologischen Sinn ein Molekül, das mit einem (meist extrazellulären) Signalmolekül in Wechselwirkung tritt. Aus dieser resultiert eine Umwandlung des Signals in zelleigene Information (*Transduktion*) und nachfolgend eine Funktionsänderung der Zelle. Die meisten Rezeptoren befinden sich auf der Zelloberfläche, manche dagegen sind im Zellinneren lokalisiert.

S-Phase   Phase des Zellzyklus, in der die DNA synthetisiert wird.

Schizophrenie   Gruppe psychotischer Erkrankungen, die durch Denk- und *affektive Störungen*, Wahnvorstellungen und Halluzinationen gekennzeichnet ist.

Selbst   Siehe *Ich*.

Selektion   Vorgang, durch den die Umwelt unter bereits existierenden biologischen Mechanismen oder Strukturen auswählt. Gegensatz zu *Instruktion*.

Semantik   In der Biologie die Bedeutung eines *Symbols* oder einer Symbolgruppe im Hinblick auf die Repräsentation der Umwelt und auf die physiologischen Wirkungen.

Sensibilisierung   Verstärkte (synaptische) Beantwortung eines Reizes, die im allgemeinen auf einen noxischen Reiz zurückführbar ist.

septohippocampales System   Teil des Systems aus basalem Vorderhirn und Großhirnrinde, der für das *Raum-Positions-Gedächtnis* von entscheidender Bedeutung ist.

Serotonin   Indolamintransmitter, der sich von Tryptophan ableitet, das mit der Nahrung aufgenommen wird. Man findet Serotonin in den Raphe-Neuronen des *Hirnstammes*, die offenbar beim Schlaf eine Rolle spielen.

Software   In den Neurowissenschaften – in Analogie zu den Computerwissenschaften – das Funktionsprogramm, das bestimmte Operationen im Nervensystem vorgibt.

Somatosensorisches System   System, das die Zustände des Körpers sowie die Wahrnehmung von Berührung, Schmerz und der Gelenkstellung vermittelt.

Southern Blot   Die Übertragung denaturierter DNA von einem Elektrophoresegel auf ein Filter, auf dem es mit einer gelösten komplementären DNA oder RNA hybridisieren soll.

Split-Brain   Gehirn, bei dem die Hauptverbindungen zwischen den Hemisphären, das *Corpus callosum* (der Balken) und die vordere Kommissur, chirurgisch durchtrennt wurden. Mit dieser Operation unterbindet man bei schweren *Epilepsien* die Ausbreitung abnormer elektrischer Entladungen von einer Hemisphäre in die andere.

Streßreaktion Physiologische Antwort auf eine bedrohliche oder gefährliche Situation. Man vermutet, daß die Streßreaktion durch eine Vielzahl neurohumoraler Mechanismen vermittelt wird, an denen das *limbische System* ebenso beteiligt ist wie das Zentralnervensystem, das periphere Nervensystem und die *Nebennieren.*

Striatum (Streifenkörper) Basalganglion in der weißen Substanz des Großhirns, das für die Steuerung von Bewegungsprogrammen und für die Bewegungskoordination sorgt. Das Striatum (eigentlich: Corpus striatum) besteht aus dem Nucleus caudatus oder Schweifkern, dem Putamen und dem Globus pallidus und wird von der *Substantia nigra,* dem Thalamus und von Bereichen des motorischen Cortex innerviert. Der Streifenkörper sendet Fortsätze zum *Hypothalamus,* Subthalamus, Thalamus, Nucleus ruber und zu zahlreichen anderen motorischen Kernen.

Substantia nigra Große bilateral existierende Ansammlung von *Neuronen* an der Basis des Mittelhirns. Sie umfaßt auch die dopaminergen Zellen der Pars compacta, die das *Striatum* innervieren. Die dopaminergen Neuronen regulieren und koordinieren Bewegungsfunktionen; sie degenerieren bei der *Parkinson-Krankheit.*

Substanz P Exzitatorischer Peptidtransmitter, den man in vielen sensorischen und sympathischen Neuronenpopulationen findet. Das Peptidmolekül besteht aus elf Aminosäurebausteinen und wird als Bestandteil des Vorläufermoleküls Präprotachykinin gebildet, das daneben auch den Peptidtransmitter NKA (Substanz K) enthalten kann.

Substratadhäsionsmoleküle Moleküle des extrazellulären Raumes, die spezifische Wechselwirkungen mit bestimmten Zelltypen vermitteln, etwa eine selektive Adhäsion. Sie werden unter anderem von Fibroblasten und Astrocyten sezerniert. Beispiele sind Laminin, Kollagen und Fibronectin.

Symbole Physiologische Strukturelemente des Nervensystems, die von Umweltreizen reguliert werden und dadurch die (äußere und/oder innere) Realität repräsentieren. Sie konstituieren die „Sprache" des Nervensystems.

sympathisches Nervensystem Teil des sich über den ganzen Körper erstreckenden peripheren *autonomen Nervensystems.* Der Sympathicus besteht aus afferenten *cholinergen* Neuronen und efferenten noradrenergen Neuronen. Das sympathische Nervensystem reguliert zahlreiche vegetative Funktionen, etwa das cardiorespiratorische und das gastrointestinale System; überdies vermittelt es das auf Kampf oder Flucht vorbereitende verhaltensphysiologische Repertoire.

Synapse Spezialisierte, der Kommunikation dienende Verbindungsstruktur zwischen Nervenzellen.

Syntax Gesamtheit der Regeln, welche die Beziehungen zwischen den Elementen eines Systems festlegen.

Tertiärstruktur   Siehe *Konformation.*

Transkription   Komplexe Folge von Vorgängen, durch die an der DNA *mRNA* synthetisiert wird. Diese *mRNA* wird an den *Ribosomen* in Proteinprodukte übersetzt oder translatiert.

Transduktion   In biologischen Systemen die Umwandlung von Information von einer Form in eine andere.

Translation   Die Synthese von Proteinen an der ribosomengebundenen *mRNA-*Matrize.

Transmitter   Siehe Neurotransmitter.

trophischer Faktor   Molekül, das dem Wachstum bestimmter Nervenzellen dient.

Tyrosinhydroxylase   Geschwindigkeitsbestimmendes *Enzym* der Catecholaminbiosynthese. Es steuert die Produktion von *Dopamin, Noradrenalin* und *Adrenalin.*

ventrale Mittelhirnhaube (ventrales mesencephales Tegmentum, VMT)   Bereich des Mittelhirns mit dopaminergen *Neuronen*, die zum frontalen Cortex und zum *Nucleus accumbens* projizieren. Diese dopaminergen Systeme und ihre Projektionsfelder könnten bei der Pathogenese schizophreniformer Symptome eine Rolle spielen.

Vesikel   Membranumhüllte Bläschen in den Nervenendigungen, die *Neurotransmitter* speichern und, als Reaktion auf bestimmte Impulsaktivitäten, an der Zellmembran freisetzen.

Wachstumsfaktoren   Zellteilungsanregende (mitogene) Proteine, die von entfernten (endokrinen), benachbarten (parakrinen) oder den empfangenden Zellen selbst (autokrinen Zellen) produziert werden.

Wernicke-Areal   Das sensorische Sprachzentrum in jenem Cortexbereich, wo der Temporallappen, der Parietallappen und der Okzipitallappen der *dominanten Hemisphäre* aneinandergrenzen. Schädigungen führen zu sensorischen *Aphasien.*

zeitliche Verstärkung   Umformung eines kurzlebigen Umweltreizes in langlebige neurale Informationen.

Zelladhäsionsmoleküle   Spezielle Proteine auf der Zelloberfläche, die spezifische Wechselwirkungen zwischen Zellen vermitteln, etwa eine selektive Zusammenlagerung (Adhäsion) bestimmter Zelltypen. Beispiele sind N-CAM (neural cell adhesion molecule) und MAG (myelin associated glycoprotein).

Zelltod, entwicklungsbedingter   Normaler ontogenetischer Vorgang, bei dem in praktisch allen Organsystemen, einschließlich des Nervensystems, 50 bis 80 Prozent der Zellen absterben.

Zellzyklus Der Wachstums- und Teilungszyklus einer Zelle; man unterscheidet zwischen den Phasen G1, S, G2 und M.

Literatur

Abbott, D. H., Hearn, J. P. 1978. Physical, hormonal and behavioural aspects of sexual development in marmoset monkey, Callithrix jacchus. J. Reprod. Fertil. *53*:155–166.

Adams, R. D. 1962. Disorders of nervous function. In *Principles of Internal Medicine*, T. H. Harrison, R. D. Adams, I. L. Bennet, W. H. Resnik, G. W. Thorn, M. M. Wintrobe (eds.), pp. 235–415. Blakiston Division, McGraw-Hill, New York.

Adler, R., Landa, K. B., Manthorpe, M., Varon, S. 1979. Cholinergic neuronotrophic factors: Intraocular distribution of trophic activity for ciliary neurons. Science *204*:1434–1436.

Ahlquist, R. P. 1948. A study of the adrenotropic receptors. Amer. J. Physiol. *153*:586–600.

Akil, H., Watson, S. J., Young, E., Lewis, M. E., Khachaturian, H., Walker, J. M. 1984. Endogenous opioids: Biology and function. Ann. Rev. Neurosci. *7*:223–255.

Andersen, P., Sundberg, S. H., Swann, J. W., Wigstrom, H. 1980. Possible mechanisms for long-lasting potentiation of synaptic transmission in hippocampal slices from guinea pigs. J. Physiol. Lond. *302*:463–482.

Andreoli, T. E. 1982. Antidiuretic hormone. In *Textbook of Medicine*, Wyngaarden, J. B., Smith, L. H., Jr. (eds.), pp. 1192–1195. W. B. Saunders Co., Philadelphia.

Angeletti, R. H., Bradshaw, R. A. 1971. Nerve growth factor from mouse submaxillary gland: Amino acid sequence. Proc. Natl. Acad. Sci. USA *68*:2417–2420.

Angeletti, R. H., Bradshaw, R. A., Wade, R. D. 1971. Subunit structure and amino acid composition of mouse submaxillary gland nerve growth factor. Biochemistry *10*:463–469.

Angeletti, R. H., Mercanti, D., Bradshaw, R. A. 1973a. Amino acid sequences of mouse 2.5S nerve growth factor. I. Isolation and characterization of the soluble tryptic and chymotryptic peptides. Biochemistry *12*:90–99.

Angeletti, R. H., Hermodson, M. A., Bradshaw, R. A. 1973b. Amino acid sequences of mouse 2.5S nerve growth factor. II. Isolation and characterization of the thermolytic and peptic peptides and the complete covalent structure. Biochemistry *12*:90–99.

Aston-Jones, G., Bloom, F. E. 1981a. Activity of norepinephrine-containing locus coeruleus neurons in behaving rats anticipates fluctuations in the sleep-waking cycle. J. Neurosci. *1*:876–886.

Aston-Jones, G., Bloom, F. E. 1981b. Norepinephrine-containing locus coeruleus neurons in behaving rats exhibit pronounced responses to non-noxious environmental stimuli. J. Neurosci. *1*:887–900.

Ayer-LeLievre, C., Olson, L., Ebendal, T., Seiger, A., Persson, H. 1988. Expression of the β-nerve growth factor gene in hippocampal neurons. Science *240*:1339–1341.

Bailey, C. 1989. Time course of structural changes at identified sensory neuron synapses during long-term sensitization in *aplysia*. J. Neurobiol. *9*:1774–1780.

Bannon, M. J., Elliott, P. J., Alpart, J. E., Goedert, M., Iversen, S. D., Iversen, L. L. 1983. Role of endogenous substance P in stress-induced activation of mesocortical dopamine neurones. Nature (Lond.) *306*:791–792.

Barbin, G., Manthorpe, M., Varon, S. 1984. Purification of a new neurotrophic factor from mammalian brain. EMBO J. *1*:549–553.

Bartfai, T., Iverfeldt, K., Brodin, E., Ogren, S. O. 1986. Functional consequences of coexistence of classical and peptide neurotransmitters. In *Progress in Brain Research*. T. Hökfelt, K. Fuxe, B. Pernow (eds.), vol. 68, pp. 321–330. Elsevier Science Publishers B. V. (Biomedical Division), New York.

Bartus, R. T. 1978. Evidence for a direct cholinergic involvement in the scopolamine induced amnesia in monkeys: Effects of concurrent administration of physostigmine and methylphenidate with scopolamine. Pharmacol. Biochem. Behav. *9*:833.

Bartus, R. T., Johnson, H. R. 1976. Short-term memory in Rhesus monkey: Disruption from the anticholinergic scopolamine. Pharmacol. Biochem. Behav. *5*:39.

Bartus, R. T., Dean, R. L. III., Beer, B., Lippa, A. S. 1982. The cholinergic hypothesis of geriatric memory dysfunction. Sience *217*:408–417.

Bear, M. F., Cooper, L. N., Ebner, F. F. 1987. A physiological basis for a theory of synapse modification. Sience *237*:42–48.

Berger, T. W., Thompson, R. F. 1978. Neuronal plasticity in the limbic system during classical conditioning of the rabbit nictitating membrane response. I. The hippocampus. Brain Res. *145*:323–346.

Bernd, P., Martinez, H. J., Dreyfus, C. F., Black, I. B. 1988. Localization of high-affinity and low-affinity nerve growth factor receptors in cultured rat basal forebrain. Neurosci. *26*:121–129.

Biguet, N. F., Buda, M., Lamouroux, A., Samolyk, D., Mallet, J. 1986. Time course of the changes of TH mRNA in rat brain and adrenal medulla after a single injection of reserpine. EMBO J. *5*:287–291.

Birkmayer, W., Hornykiewicz, O. 1961. O: Der L–3,4-Dioxyphenylalanin (DOPA)-Effekt bei der Parkinson-Akinese. Wien Klin. Wschr. *73*:787–788.

Bjerre, B., Björklund, A., Mobley, W., Rosengren, E. 1975a. Short- and long-term effects of nerve growth factor of the sympathetic nervous system in the adult mouse. Brain Res. *94*:263–277.

Bjerre, B., Wiklund, L., Edwards, D. C. 1975b. A study of the de- and regenerative changes in the sympathetic nervous system of the adult mouse after treatment with the antiserum to nerve growth factor. Brain Res. *92*:257–278.

Black, I. B. 1975. Increased tyrosine hydroxylase activity in frontal cortex and cerebellum after reserpine. Brain Res. *95*:170–176.

Black, I. B. 1982. Stages of neurotransmitter development in autonomic neurons. Sience *215*:1198–1204.

Black, I. B., Adler, J. E., Dreyfus, C. F., Friedman, W. F., LaGamma, E. F., Roach, A. H. 1987. Biochemistry of information storage in the nervous system. Science *236*:1263–1268.

Black, I. B., Reis, D. J. 1975. Ontogeny of the induction of tyrosine hydroxylase by reserpine in the superior cervical ganglion, nucleus locus coeruleus and adrenal gland. Brain Res. *84*:269–278.

Black, I. B., Chikaraishi, D. M., Lewis, E. J. 1985. Trans-synaptic increase in RNA coding for tyrosine hydroxylase in a rat sympathetic ganglion. Brain Res. *339*:151–153.

Black, I. B., Hendry, I. A., Iversen, L. L. 1971. Differences in the regulation of tyrosine hydroxylase and DOPA decarboxylase in sympathetic ganglia and adrenals. Nature New Biol. *231*:27–29.

Bliss, T. V. P., Lomo, T. 1973. Long lasting potentiation of synaptic transmission in the dentate area of the anesthetized rabbit following stimulation of the perforant path. J. Physiol. Lond. *232*:331–356.

Blum, J. J. 1970. On the regulation of glycogen metabolism in tetrahymena. Arch. Biochem. Biophys. *137*:65.

Bohn, M. C., Kessler, J. A., Golightly, L., Black, I. B. 1983. Appearance of enkephalin-immunoreactivity in rat adrenal medulla following treatment with nicotinic antagonists or reserpine. Cell Tiss. Res. *231*:469–479.

Bowen, D. M., Sims, N. R., Benton, J. S., Curzon, G., Davidson, A. N., Neary, D., Thomas, D. J. 1981. Treatment of Alzheimer's disease, a cautionary note. N. Eng. J. Med. *305*:1016.

Bradshaw, R. A. 1978. Nerve growth factor. Ann. Rev. Biochem. *47*:191–216.

Branton, W. D., Phillips, H. S., Jan, Y. N. 1986. The LHRH family of peptide messengers in the frog nervous system. In *Progress in Brain Research*, T. Hökfelt, K. Fuxe, B. Pernow (eds.), vol. 68, pp. 205–215. Elsevier Science Publishers B.V. (Biomedical Division), New York.

Brodmann, K. 1908. Beiträge zur histologischen Lokalisation der Grosshirnrinde. Vl. Mitteilung. Die Cortexgliederung des Menschen. J. Psychol. Neurol. *10*:231–246.

Brownstein, M. J., Mezey, E. 1986. Multiple chemical messengers in hypothalamic magnocellular neurons. In *Progress in Brain Research*, T. Hökfelt, K. Fuxe, B. Pernow, (eds.), vol. 68, pp. 161–168. Elsevier Science Publishers B.V. (Biomedical Division), New York.

Brunso-Bechtold, J. K., Hamburger, V. 1979. Retrograde transport of nerve growth factor in chicken embryo. Proc. Natl. Acad. Sci. USA *76*:1494–1496.

Buck, C. R., Martinez, H. J., Black, I. B., Chao, M. V. 1987. Developmentally regulated expression of the nerve growth factor receptor gene in the periphery and brain. Proc. Natl Acad. Sci. USA *84*:3060–3063.

Buck, C. R., Martinez, H. J., Chao, M. V., Black, I. B. 1988. Differential expression of the nerve growth factor receptor gene in multiple brain areas. Devel. Br. Res. *44*:259–268.

Bullock, T. H. 1977. *Introduction to Nervous Systems*. W. H. Freeman, San Francisco.

Burnstork, G. 1986. Purines as cotransmitters in adrenergic and cholinergic neurones. In *Progress in Brain Research*. T. Hökfelt, K. Fuxe, B. Pernow (eds.), vol. 68, pp. 193–203. Elsevier Science Publishers B.V. (Biomedical Division), New York.

Carlsson, A., Lindquist, M., Magnusson, T., Waldeck, B. 1958. On the presence of 3-hydroxytyramine in brain. Science *127*:471.

Caskey, C. T. 1987. Disease diagnosis by recombinant DNA methods. Science *236*:1223–1229.

Cedarbaum, J., Aghajanian, G. 1976. Noradrenergic neurons of the locus coeruleus: Inhibition by epinephrine and activation by the α-antagonist piperoxane. Brain Res. *112*:413–419.

Changeux, J. P. 1985. *Neuronal Man*. Pantheon Books, New York.

Chao, M. V., Bothwell, M. A., Ross, A. H., Koprowski, H., Lanahan, A. A., Buck, C. R., Sehgal, A. 1986. Gene transfer and molecular cloning of the human NGF receptor. Science *232*:518–521.

Chlatkowski, F. J., Butcher, R. W. 1973. Subcellular distribution of adenyl cyclase and phosphodiesterase in *Acanthomoeba palestinensis*. Biochem. Biophys. Acta. *309*:138.

Churchland, P. S. 1986. *Neurophilosophy*. MIT Press. Cambridge, MA.

Cohen, R. J., Ness, J. L. Whiddon S. M. 1980. Adenylate cyclase from phycomyces sporangiophore. Phytochem. *19*:1913.

Collingridge, G. L., Kehl, S. L., McLennan, H. 1983. Excitatory amino acids in synaptic transmission in the Schaffer collateral-commissural pathway of the rat hippocampus. J. Physiol. Lond. *334*:33.

Comb, M., Herbert, E., Crea, R. 1982. Partial characterization of the mRNA that codes for enkephalins in bovine adrenal medulla and human pheochromocytoma. Proc. Natl. Acad. Sci. USA *79*:360–364.

Comb, M., Rosen, H., Herbert E. 1983. Structure of the human pro-enkephalin gene: Clustering of C_pG sequences and relationship to methylation. J. DNA *2*(3):278–290.

Cooper, J. R., Bloom, F. E., Roth, R. H. 1982. *The Biochemical Basis of Neuropharmacology*. Oxford University Press, New York.

Cotzias, G. C., Papavasiliou, P. S., Gelene, R. 1969. Modification of Parkinsonism-chronic treatment with L-Dopa. N. Eng. J. Med. *280*:337–345.

Cotzias G. C., Van Woert, M. H., Schiffer, L. M. 1967. Aromatic amino acids and modification of parkinsonism. New Eng. J. Med. *276*:374–379.

Cowan, W. M., Fawcett, J. W., O'Leary, D. D. M., Stanfield, B. B. 1984. Regressive events in neurogenesis. Science *225*:1258–1265.

Coyle, J. T., Price, D. L., DeLong, M. R. 1983. Alzheimer's disease: A disorder of cortical cholinergic innervation. Science *219*:1184–1190.

Crawley, J. N. 1985. Cholecystokinin potentiation of dopamine mediated behaviors in the nucleus accumbens. In *Neuronal Cholecystokinin*, J. J. Vanderhaeghen, J. N. Crawley (eds.), vol. 448, pp. 283–292. New York Academy of Sciences, New York.

Crawley, J. N., Stivers, J. A., Blumstein L. K., Paul, S. M. 1985. Cholecystokinin potentiates dopamine-mediated behaviors: evidence for modulation specific to a site of co-existence. J. Neurosci. 5(8):1972–1983.

Darwin, C. 1859. The *Origin of Species*. Reprint. 1968, Penguin Books, New York.

De Ceccatty, M. P. 1974. The origin of the integrative systems: A change in view derived from research on Coelenterates and sponges. Persp. Biol. Med. *17*:379.

Denis-Donini, S. 1989. Expression of dopaminergic phenotypes in the mouse olfactory bulb induced by the calcitonin gene-related peptide. Nature *339*:701–703.

Devreotes, P. 1989. *Dictyostelium discoideum*: a model system for cell-cell interactions in development. Science *245*:1054–1058.

DiCicco-Bloom E., Black, I. B. 1988. Insulin growth factors regulate the mitotic cycle in cultured rat sympathetic neuroblasts. Proc. Natl. Acad. Sci. USA *85*:4066–4070.

Douglas, R. J., Truncer, P. C. 1976. Parallel but independent effects of pentobarbital and scopolamine on hippocampus-related behavior. Behav. Biol. *18*:359–367.

Drachman D., Leavitt, J. 1974. Human memory and the cholinergic system. Arch. Neurol. (Chicago) *30*:113.

Dreyfus, C. F., Bernd, P., Martinez, H. J., Rubin, S. J., Black, I. B. 1989. GABA-ergic and cholinergic neurons exhibit high-affinity nerve growth factor binding in rat basal forebrain. Exper. Neurol. *104*:181–185.

Dreyfus, C. F., Friedman, W. J. Markey, K. A., Black, I. B. 1986. Depolarizing stimuli increase tyrosine hydroxylase in the mouse locus coeruleus in culture. Brain Res. *379*:216–222.

Dreyfus, C. F., Markey, K. A., Goldstein, M., Black, I. B. 1983. Development of catecholaminergic phenotypic characters in the mouse locus coeruleus *in vivo* and in culture. Devel. Biol. *97*:48–58.

Dun, N. I., Karczmar, A. G. 1979. Actions of substance P on sympathetic neurons. Neuropharmacologia *18*:215–218.

Ebendal, T., Larkfors, L., Lievre, C. A., Seiger, A., Olson, L. 1983. New approaches to detect NGF-like activity in tissues. Horm. Cell Regul. *9*:361–376.

Ebendal, T. L., Olson, A., Seiger, A., Hedlund, K. O. 1980. Nerve growth factors in the iris. Nature *288*:25–28.

Eckerman, D. A., Gordon, W. A., Edwards, J. D., McPhail, R. C., Gage, M. I. 1980. Effects of scopolamine, phenobarbital and amphetamine on radial arm maze performance in the rat. Physiol. Behav. *12*:595–602.

Edelman, G. M. 1988. *Topobiology: An Introduction to Molecular Embryology*. Basic Books, New York.

Ehringer, H., Hornykiewicz, O. 1960. Verteilung von Noradrenalin und Dopamin (3-hydroxytyramin) im Gehirn des Menschen und ihr Verhalten bei Erkrankungen des extrapyramidalen systems. Wien Klin. Wschr. *38*:1236–1239.

Eichenbaum, H., Cohen, N. J. 1988. Representation in the hippocampus: What do the neurons code? TINS *11*:244–248.

Eichenbaum, H., Weiner, S. I., Shapiro, M., Cohen, N. J. 1989. The organization of spatial coding in the hippocampus: A study of neural ensemble activity. J. of Neurosci. *9*:2764–2775.

Elliot, R. R. 1905. The action of adrenaline. J. Physiol. (Lond.) *32*:401–467.

Ernsberger, U., Sendtner, M., Rohrer, H. 1989. Proliferation and differentiation of embryonic chick sympathetic neurons: Effects of ciliary neurotrophic factor. Neuron. *2*:1275–1284.

Euler, U. S. von. 1959. Autonomic neuroeffector transmission. In *Handbook of Physiology*, p. 215, American Physiological Society, Washington, D.C.

Evarts, E. V., Kimura, M., Wurtz, R. H., Hikosaka, O. 1984. Behavioral correlates of activity in basal ganglia neurons. TINS *7*:447–453.

Fahn, S. 1982. The choreas. In *Textbook of Medicine*, J. B. Wyngaarden and L. H. Smith, Jr., (eds.), pp. 2029–2034. Saunders Co., Philadelphia.

Falck, B., Hillarp, N.A., Thieme, G., and Thorpe, A. 1962. Fluorescence of catecholamines and related compounds condensed with formaldehyde. J. Histochem. Cytochem. *10*:348–354.

Felsenfeld, G., McGhee, J. 1982. Methylation and gene control. Nature (Lond.) *296*:602–605.

Fischli, W., Goldstein, A., Hunkapiller, M., Hood, L. E. 1982. Two „big" dynorphins from porcine pituitary. Life Sci. *31*:1769–1772.

Fisher, C. M., Adams, R. D. 1964. The transient global amnesic syndrome. Acta. Neurol. Scand. Suppl. 9, *40*:7–82.

Flanagan, O. P., Jr. 1984. *The Science of the Mind*. MIT Press, Bradford Books, Cambridge, MA.

Flawia, M. M., Torres, H. N. 1972. Activation of membrane-bound adenylate cyclase by glucagon in *Neurospora crassa*. Proc. Acad. Sci. USA *69*:2870.

Fodor, J. 1979. *The Language of Thought*. Harvard University Press, Cambridge, MA.

Fodor, J. 1983. *The Modularity of Mind*. MIT Press, Bradford Books, Cambridge, MA.

Fodor, J. A., Pylyshyn, Z. W. 1988. Connectionism and cognitive achitecture: a critical analysis. Cognition *28*:3–71.

Franquinet, R., Martelly, I. 1981. Effects of serotonin and catecholamines on RNA synthesis in planarians; *in vitro* and *in vivo* studies. Cell Diff. *10*:201.

Fukuchi, I., Kato, S., Nakahiro, M., Uchida, S., Ishida, R., Yoshida, H. 1987. Blockade of cholinergic receptors by an irreversible antagonist, propylbenzilylcholine mustard (PrBCM), in the rat cerebral cortex causes deficits in passive avoidance learning. Brain Res. *400*:53–61.

Fuxe, K., Agnati, L., Benefenati, F., Cimmino, M., Algeri, S., Hökfelt, T., Mutt, V. 1981. Modulation by cholecystokinin of ^{3}H-spiropendol binding in rat striatum: evidence for increased affinity and reduction in number of binding sites. Acta Physiol. Scand. *113*:567–569.

Gage, F. H., Wictorin, K., Fisher, W., Willams, L. R., Varon, S., Björklund, A. 1986. Chronic intraventricular infusion of nerve growth factor (NGF) improves memory performance in cognitively impaired aged rats. Soc. Neurosci. Abstr. *12*:1580.

Galaburda, A. M., LeMay, M., Kemper, T. L., Geschwind, N. 1978. Right-left asymmetries in the brain. Science *199*:852–856.

Gazzaniga, M. S. 1970. *The Bisected Brain*. Appleton-Century, Croft, New York.

Gazzaniga, M. S. 1985. *The Social Brain*. Basic Books, New York.

Gazzaniga, M. S. 1989. Organization of the human brain. Science *245*:947–952.

Gazzaniga M. S., LeDoux, J. E. 1978. *The Integrated Mind*. Plenum, New York.

Geschwind, N. 1965. Disconnexion syndromes in animals and man. Brain *88*:237–585.

Geschwind, N., Levitsky, W. 1968. Human brain: Left-right asymmetries in temporal speech region. Science *161*:186.

Geula, C., Mesulam, M. M. 1989. Cortical cholinergic fibers in aging and Alzheimer's disease: A morphometric study. Neurosci. *33*:469–481.

Giorguieff, M. F., LeFloch, M. L., Westfall, T. C., Glowinski, J. 1976. Nicotinic effect of acetylcholine on the release of newly synthesized [³H] dopamine in rat striatal slices and cat caudate nucleus. Brain Res. *106*:117–131.

Glowinski, J., Tassin, J. P., Thierry, A. M. 1984. The mesocortico-prefrontal dopaminergic neurons. TINS *7*:415–418.

Glucksman, A. 1951. Cell death in normal vertebrate ontogeny. Biol. Rev. *26*:59–86.

Gnahn, H., Hefti, F., Heumann, R., Schwab, M. E., Thoenen, H. 1983. NGF-mediated increase of choline acetyltransferase (ChAT) in the neonatal rat forebrain: Evidence for a physiological role of NGF in the brain. Dev. Brain Res. *9*:45–52.

Goldman-Rakic, P. S. 1984a. Modular organization of prefrontal cortex. TINS *7*:419–424.

Goldman-Rakic, P. S. 1984b. The frontal lobes: Uncharted provinces of the brain. TINS *7*:425–429.

Goldstein, A., Fischli, W., Lowney, L. I., Hunkapiller, M., Hood, L. 1981. Porcine pituitary dynorphin: Complete amino acid sequence of the biologically active heptadecapeptide. Proc. Natl. Acad. Sci. USA *78*:7219–7223.

Goldstein, A., Tachibana, S., Lowney, L. I., Hunkapiller, M., Hood, L. 1979. Dynorphin-(1–13), an extraordinarily potent opioid peptide. Proc. Natl. Acad. Sci. USA *76*:6666–6667.

Goldstein, M., Bronaugh, R. L., Ebstein, B., Roberge, C. 1976. Stimulation of tyrosine hydroxylase activity by cyclic AMP in synaptosomes and in soluble striatal enzyme preparations. Brain Res. *109*:563–574.

Goodman, C. S., Pearson, K. G., Heitler, W. J. 1979. Variability of identified neurons in grasshoppers. Comp. Biochem. Physiol. *64A*:455–462.

Govoni, S., Hanbauer, I., Hexum, T. D., Yang, H. Y. T., Kelley, G. D., Costa, E. 1981. *In vivo* characterization of the mechanisms that secrete enkephalin-like peptides stored in dog adrenal medulla. Neuropharmacology *20*:639–645.

Gray, T. S., Morley, J. E. 1986. Neuropeptide Y: anatomical distribution and possible function in mammalian nervous system. Life Sciences *38*:389–401.

Greene, L. A., Shooter, E. M. 1980. The nerve growth factor: Biochemistry, synthesis, and mechanism of action. Ann. Rev. Neurosci. *3*:353–402.

Greengard, P. 1976. Possible role for cyclic nucleotides and phosphorylated membrane proteins in postsynaptic actions of neurotransmitters. Nature *260*:101–108.

Greenough, W. T. 1984. Structural correlates of information storage in the mammalian brain: A review and hypothesis. TINS *7*:229–233.

Grene, M. 1987. Hierarchies in biology. American Scientist *75*:504–510.

Grossman, S. P. 1979. The biology of motivation. Ann. Rev. Psychol. *30*:209–242.

Gubler, H., Kilpatrick, D. L., Seeburg, P. H., Gage, L. P., Udenfriend, S. 1981. Detection and partial characterization of proenkephalin mRNA. Proc. Natl. Acad. Sci. USA *78*:5484–5487.

Hamburger, V., Brunso-Bechtold, J. K., Yip, J. W. 1981. Neuronal death in the spinal ganglia of the chick embryo and its reduction by nerve growth factor. J. Neurosci. *1*:60–71.

Hamburger, V., Levi-Montalcini, R. 1949. Proliferation, differentiation and degeneration in the spinal ganglia of the chick embryo under normal and experimental conditions. J. Exp. Zool. *111*:457–502.

Hanley, M. R. 1989a. Mitogenic neurotransmitters. Nature *340*:97.

Hanley, M. R. 1989b. Peptide regulatory factors in the nervous system. Lancet *1*:1373–1376.

Harrison, T. H., Adams, R. D., Bennett, I. L., Resnik, W. H., Thorn, G. W., Wintrobe, M. M. 1962. *Principle's of Internal Medicine* , 4th ed. Blakiston Division, McGraw-Hill, New York.

Haymaker, W. 1969. *Bing's Local Diagnosis in Neurological Diseases*. C. V. Mosby Company, St. Louis.

Hearst, E. D., Munoz, R. A., Fuason, V. B. 1971. Catatonia: Its diagnostic validity. Dis. Nerv. Syst. *32*:453–456.

Hebb, D. O. 1949. The *Organization of Behavior*. Wiley, New York.

Hefti, F. 1986. Nerve growth factor promotes survival of septal cholinergic neurons after fimbrial transection. J. Neurosci. *6*:2155–2162.

Hefti, F., Hartikka, J., Bolger, M. B. 1986. Effect of thyroid hormone analogs on the activity of choline acetyltransferase in cultures of dissociated septal cell. Brain Res. *375*:413–416.

Hefti, F., Hartikka, J., Eckenstein, F., Gnahn, H., Heumann, R., Schwab, M. 1985. Nerve growth factor increases choline acetyltransferase but not survival or fiber outgrowth of cultured fetal septal cholinergic neurons. Neurosci. *14*:55–68.

Hendry, I. A. 1977. The effect of the retrograde axonal transport of nerve growth factor on the morphology of adrenergic neurons. Brain Res. *134*:213–223.

Hendry, I. A., Stach, R., Herrup, K. 1974a. Characteristics of the retrograde axonal transport system for nerve growth factor in sympathetic nervous system. Brain Res. *82*:117–128.

Hendry, I. A., Stöckel, K., Thoenen, H., Iversen, L. L. 1974b. The retrograde axonal transport of nerve growth factor. Brain Res. *68*:103–121.

Herbert, E., Comb, M., Rosen, H., Martens, G. 1984. Expression of opioid peptide genes in different species. In *Cellular and Molecular Biology, of Neuronal Development*. I. B. Black (ed.), pp. 279–292. Plenum Press, New York.

Hirata, M., Hayaishi, O. 1967. Adenyl cyclase in *Brevibacterium liquefaciens*. Biochem. Biophys. Acts. *149*:1.

Hisada, M. 1957. Membrane resting and action potentials from a protozoan *Noctituca scintillas*. J. Cell comp. Physiol. *50*:57.

Hofstadter, D. R. 1979. *Gödel, Escher, Bach: An Eternal Golden Braid*. Basic Books, New York.

Hökfelt, T., Rehfeld, J. F., Skirboll, L., Ivemark, B., Goldstein, M., Markey, K. 1980a. Evidence for coexistence of dopamine and CCK in mesolimbic neurones. Nature (Lond.), *285*:476–478.

Hökfelt, T. Skirboll, L., Rehfeld, J. F., Goldstein, M., Markey, K., Dann, O. 1980b. A subpopulation of mesencephalic dopamine neurons projecting to limbic areas contain a cholecystokinin-like peptide: evidence from immunohistochemistry combined with retrograde tracing. Neurosci. *5*:2093–2124.

Hökfelt, T., Fuxe, K., Pernow, V. (eds.). 1986. *Coexistence of Neuronal Messengers: A New Principle in Chemical Transmission*. Elsevier, New York.

Hökfelt, T., Holets, V. R., Staines, W., Meister, B., Melander, T., Schalling, M., Schultzberg, M., Freedman, J., Björklund, H., Lars, O., Lindh, B., Elfin, L. G., Lundberg, J. M., Lindgren, J. A., Samuelsson, B., Pernow, B., Terenius, L., Post, C., Everitt, B., Goldstein, M. 1986. Coexistence of neuronal messengers – an overview. In *Progress in Brain Research*, T. Hökfelt, K. Fuxe, B. Pernow (eds.), vol. 68, pp. 33–70. Elsevier Science Publishers B.V. (Biomedical Division), New York.

Huff, R. M., Molinoff, P. B. 1982. Quantitative determination of dopamine receptor subtypes not linked to activation of adenylate cyclase in rat striatum. Proc. Natl. Acad. Sci. USA *79*:7561–7565.

Hughes, J., Smith, T. W., Kosterlitz, H. W., Fothergill, L. A., Morgan, B. A., Morris, H. R. 1975. Identification of two related pentapeptides from the brain with potent opiate agonist activity. Nature *258*:577–579.

Iversen, L. L. 1967, *The Uptake and Storage of Noradrenaline in Sympathetic Nerves*. Cambridge University Press, London.

Janakidevi, L., Dewey, V. C., Kidder, 1966. The biosynthesis of catecholamines and the biosynthesis of catecholamines in two genera of protozoa. J. Biol. Chem. *241*:2576.

Johnson, E. M., Jr., Andres, R. Y., Bradshaw, R. A. 1978. Characterization of the retrograde transport of nerve growth factor (NGF) using high specific activity (^{125}I)NGF. Brain Res. *150*:319–331.

Kaas, J. H., Merzenich, M. M., Killackey, H. P. 1983. The reorganization of somato-sensory cortex following peripheral nerve damage in adult and developing mammals. Ann. Review Neurosci. *6*:325–356.

Kakidani, H., Furutani, Y., Takahashi, H., Noda, M., Morimoto, Y., Hirose, T., Asai, M., Inayama, S., Nakanishi, S., Numa, S. 1982. Cloning and sequence analysis of cDNA for porcine beta-neoendorphin/dynorphin precursor. Nature *298*:245–249.

Kandel, E. R. 1976. *Cellular Basis of Behavior*. W. H. Freeman and Company, San Francisco.

Kandel, E. R., Schwartz, J. H. 1982. Molecular biology of learning: Modulation of transmitter release. Science *218*:433–443.

Kangawa, K., Minamino, N., Chino, N., Sakakibara, S., Matsuo, H. 1981. The complete amino acid sequence of alpha-neo-endorphin. Biochem. Biophys. Res. Commun. *99*:871–878.

Katz, D. 1969. *The Release of Neural Transmitter Substances*. Schillington Lectures 10. Liverpool University Press, Liverpool.

Kawamura, K., Chiba, M. 1979. Cortical neurons projecting to the pontine nuclei in the cat. An experimental study with the horseradish peroxidase technique. Exp. Br. Res. *35*:269–285.

Keirns, J. J., Carritt, B., Freeman, J., Eisenstadt, J. M., Bitensky, M. W. 1973. Adenosine 3', 5' cyclic monophosphate in Euglena Gracilis. Life Sci. *13*:287.

Kessler, J. A., Black, I. B. 1979. The role of axonal transport in the regulation of enzyme activity in sympathetic ganglia of adult rats. Brain Res. *171*:415–424.

Kessler, J. A., Black, I. B. 1980. Nerve growth factor stimulates the development of substance P in sensory ganglia. Proc. Natl. Acad. Sci. USA *77*:649–652.

Kessler, J. A., Black, I. B. 1982. Regulation of substance P in adult rat sympathetic ganglia. Brain Res. *234*:182–187.

Kessler, J. A., Adler, J. E., Black, I. B. 1983a. Substance P and somatostatin regulate sympathetic noradrenergic function. Science *221*:1059–1061.

Kessler, J. A., Adler, J. E., Bohn, M. C., Black, I. B. 1981. Substance P in principal sympathetic neurons: Regulation by impulse activity. Science *214*:335–336.

Kessler, J. A., Bell, W. O., Black, I. B. 1983b. Interactions between the sympathetic and sensory innervation of the iris. J. Neurosci. *3*:1301–1307.

Kimura, S., Lewis, R. V., Stern, A. S., Rosier, J., Stein, S., Udenfriend, S. 1980. Probable precursors of [Leu] and [Met]enkephalin in adrenal medulla: Peptides of 3–5 kilodaltons. Proc. Natl. Acad. Sci. USA *77*:1681–1685.

Korsching, S., Thoenen, H. 1983. Nerve growth factor in sympathetic ganglia and corresponding target organs of the rat: Correlation with density of sympathetic innervation. Proc. Natl. Acad. Sci. USA *80*:3513–3516.

Kosslyn, S. M. 1988. Aspects of a cognitive neuroscience of mental imagery. Science *240*:1621–1626.

Korsching, S., Auburger, G., Heumann, R., Scott, J., Thoenen, H. 1985. Levels of nerve growth factor and its mRNA in the central nervous system of the rat correlate with cholinergic innervation. EMBO J. *4*:1389–1393.

Kromer, L. F. 1987. Nerve growth factor treatment after brain injury prevents neuronal death. Science *235*:214–216.

Ksir, C. J. 1974. Scopolamine effects on two-trail, delayed-response performance in the rat. Psychopharmacologia *34*:127–134.

Kuffler, S. W., Nicholls, J. G., Martin, R. A. 1984. *From Neuron to Brain.* 2d ed. Sinauer Associates, Sunderland, MA. (3rd ed.: Nicholls, J. G., Martin, A. R., Wallace, B. G. 1992).

Kuhar, J. J. 1976. The anatomy of cholinergic neurons. In *Biology of Cholinergic Function*, A. M. Goldberg, I. Hanin (eds.), p. 3. Raven, New York.

LaGamma, E. F., Black, I. B. 1989. Transcriptional control of adrenal catecholamine and opiate peptide transmitter genes. Molec. Br. Res. *5*:17–22.

LaGamma, E. F., Adler, J. E., Black, I. B. 1984. Impulse activity differentially regulates leu-enkephalin and catecholamine characters in the adrenal medulla. Science *224*:1102–1104.

LaGamma, E. F., White, J. D., Adler, J. E., Krause, J. E., McKelvy, J. F., Black, I. B. 1985. Depolarization regulates adrenal preproenkephalin mRNA. Proc. Natl. Acad. Sci. USA *82*:8252–8255.

Langer, S. Z. 1974. Presynaptic regulation of catecholamine release. Biochem. Pharmacol. *23*:1793–1800.

Large, T. H., Bodary, S. C., Clegg, D. O., Weskamp, G., Otten, U., Reichardt, L. F. 1986. Nerve growth factor gene expression in the developing rat brain. Science *234*:352–355.

Leibrock, J., Lottspeich, F., Hohn, A., Hofer, M., Hengerer, B., Masiakowski, P., Thoenen, H., and Barde, Y. A. 1989. Molecular cloning and expression of brain-derived neurotrophic factor. Nature *341*:149–152.

Lentz, T. L. 1965a. Fine structural changes in the nervous system of the regenerating hydra. J. Exp. Zool. *159*:181.

Lentz, T. L. 1965b. Hydra: Induction of supernumerary heads by isolated neurosecretory granules. Science *150*:633.

Lentz, T. L. 1966. Histochemical localization of neurohumors in a sponge. J. Exp. Zool. *162*:171.

Lentz, T. L. 1968. *Primitive Nervous Systems*. Yale Univ. Press, New Haven.

Lentz, T. L., Barnett, R. J. 1963. The role of the nervous system in regenerating hydras: The effect of neuropharmacological agents. J. Exp. Zool. *154*:305.

Lerner, P., Nose, P., Gordon, E. K., Lovenberg, W. 1977. Haloperidol: Effect of long-term treatment on rat striatal dopamine synthesis and turnover. Science *197*:181–182.

Lesh, G. E., Burnett, A. L. 1966. An analysis of the chemical control of paralized form in hydra. J. Exp. Zool. *163*:55.

Levi-Montalcini, R., Angeletti, P.U. 1968. Nerve growth factor. Physiol. Rev. *48*:534–569.

Levitt, M., Spector, S., Sjoerdsma, A., Udenfriend, S. 1965. Elucidation of the rate-limiting step in norepinephrine biosynthesis in the perfused guinea pig heart. J. Pharmacol. Exp. Ther. *148*:1–8.

Lewin, B. 1983. *Genes*. John Wiley & Sons, New York.

Livett, B. G., Dean, D. M., Whelan, L.G., Udenfriend, S., Rossier, J. 1981. Corelease of enkephalin and catecholamines from cultured adrenal chromaffin cells. Nature (Lond.) *289*:317–319.

Livingstone, M., Hubel, D. 1988. Segregation of form, color, movement, and depth: Anatomy, physiology, and perception. Science *240*:740–749.

Lu, B., Buck, C. R., Dreyfus, C. F., Black, I. B. 1989. Expression of NGF in the developing brain: Evidence for local delivery and action of NGF. Exper. Neurol. *104*:191–199.

Lu, B., Yokoyama, M., Dreyfus, C. F., Black, I. B. 1989. Expression of the NGF gene in dissociated, cultured rat hippocampal cells. Soc. Neurosci. Abstr. *15*:953.

Lundberg, J. M., Hökfelt, T. 1986. Multiple co-existence of peptides and classical transmitters in peripheral autonomic and sensory neurons – Functional and pharmacological implications. In *Progress in Brain Research*, T. Hökfelt, K. Fuxe, B. Pernow (eds.), vol. 68, pp. 241–262. Elsevier Science Publishers B.V. (Biomedical Division), New York.

Lynch, G. 1986. *Synapses, Circuits, and the Beginnings of Memory*. MIT Press, Cambridge, MA.

Lynch, G., Baudry, M. 1984. The biochemistry of memory: A new and specific hypothesis. Science *224*:1057–1063.

Macagno, E. R., Lopresti, R. V., Levinthal, C. 1973. Structure and development of neuronal connections in isogenic organisms: Variations and similarities in the optic system of *Daphnia magna*. Proc. Natl. Acad. Sci. USA *70*:57–61.

McClintock, M. K. 1971. Menstrual synchrony and suppression. Nature (Lond.) *229*:244–245.

McClintock, M. K. 1978. Estrous synchrony and its mediation by airborne chemical communication (*Rattus norvegicus*). Horm. Behav. *10*:264–276.

McClintock, M. K. 1981. Social control of the ovarian cycle and the function of estrus synchrony. Am. Zool. *21*:243–256.

McGaugh, J. L. 1985. *Memory Systems in the Brain: Animal and Human Cognitive Processes*. Edited by M. Weinberger, James L. McGaugh, Gary Lynch. Guilford Press, New York.

McGeer, E. G., Fibiger, H. C., McGeer, P. L., Brooke, S. 1973. Temporal changes in amine synthesizing enzymes of rat extrapyramidal structures after hemitransections or 6-hydroxydopamine administration. Brain Res. *52*:289–300.

McHugh, P. 1982. The Concept of Disease in Psychiatry. In *Cecil Textbook of Medicine*, J. B. Wyngaarden, L. H. Smith, Jr. (eds.), 7th ed., pp. 1983–1984. W. B. Saunders Company, Philadelphia.

Mahon, A. C., Nambu, J. R., Taussig, R., Shyamala, M., Roach, A., Scheller, R. H. 1985. Structure and expression of the egg-laying hormone gene family in *aplysia*. J. Neurosci. *5*:1872–1880.

Mallet, J., Faucon Biguet, N., Buda, M., Lamouroux, A., Samolyk, D. 1983. Detection and regulation of the tyrosine hydroxylase mRNA levels in rat adrenal medulla and brain tissues. Cold Spring Harbor Symp. Quant. Biol. *48*:305–308.

Manthorpe, M., Varon, S. 1985. Regulation of neuronal survival and neuritic growth in the avian ciliary ganglion by trophic factors. In *Growth and Maturation Factors*, G. Guroff (ed.), vol. 3, pp. 77–117. John Wiley & Sons, New York.

Manthorpe, M., Skaper, S., Williams, L. R., Varon, S. 1986. Purification of adult rat sciatic nerve ciliary neuronotrophic factor. Brain Res. *367*:282–286.

Martinez, H. J., Dreyfus, C. F., Jonakait, G. M., Black, I. B. 1985. Nerve growth factor promotes cholinergic development in brain striatal cultures. Proc. Natl. Acad. Sci. USA *82*:7777–7781.

Martinez, H. J., Dreyfus, C. F., Jonakait, G. M., Black, I. B. 1987. Nerve growth factor selectively increases cholinergic markers but not neuropeptides in rat basal forebrain in culture. Brain Res. *412*:295–301.

Mason, S. T., Fibiger, H. C. 1979. I. Anxiety: The locus coeruleus disconnection. Current Concepts in Life Sciences *25*:2141–2147.

Mayr, E. 1981. Biological classification: toward a synthesis of opposing methodologies. Science *214*:510.

Melander, T., Hökfelt, T., Rokaeus, A., Cuello, A. C., Oertel, W. H., Verhofstad, A., Goldstein M. 1986. Coexistence of galanin-like immunoreactivity with catecholamines 5-hydroxytryptamine, GABA and neuropeptides in the rat CNS. J. Neurosci. *6*:3640–3654.

Mellander, S. 1960. Comparative studies on the adrenergic neurohormonal control of resistance and capacitance blood vessels in the cat. Acta Physiol. Scand. *50*:suppl. 176.

Mesulam, M. M. 1989. Behavioral neuroanatomy of cholinergic innervation in the primate cerebral cortex. Experientia-Suppl. *57*:1–11.

Mesulam, M. M., Geula, C. 1988. Nucleus basalis (Ch4) and cortical cholinergic innervation in the human brain: observations based on the distribution of acetylcholinesterase and choline acetyltransferase. J. Comp. Neurol. *275*:216–240.

Mesulam, M. M., Mufson, E. J., Levey, A. I., Wainer, B. H. 1984. Atlas of cholinergic neurons in the forebrain and upper brainstem of the macaque based on monoclonal choline acetyltransferase immunohistochemistry and acetylcholinesterase histochemistry. Neurosc. *12*:669–686.

Mesulam, M. M., Mufson, E. J., Wainer, B. H. 1986. Three dimensional representation and cortical projection topography of the nucleus basalis (Ch4) in the macaque: concurrent demonstration of choline acetyltransferase and retrograde transport with a stabilized tetramethylbenzidine method for horseradish peroxidase. Brain Res. *367*:301–308.

Meyer, D. K., Krause, J. 1983. Dopamine modulates cholecystokinin release in neo-striatum. Nature (Lond.) *301*:338–340.

Meyers, B., Domino, E. F. 1964. The effect of cholinergic blocking drugs on sponta-neous alternation in rats. Arch. Int. Pharmacodyn. *150*:3–4.

Milner, B. 1959. The memory defect in bilateral hippocampal lesions. Psych. Res. Reports *11*:43–58.

Milner, B. 1962. Les troubles de la mémoire accompagnant des lesions hippocampiques bilaterales. Physiologie de l'Hippocampe. *107*:257–272.

Milner, B. 1970. Memory and the medial temporal regions of the brain. In *Biology of Memory*. K. H. Pribram, D. E. Broadbent (eds.), pp. 29–50. Academic Press, New York.

Milner, B., Petrides, M. 1984. Behavioural effects of frontal-lobe lesions in man. TINS *7*:403–407.

Minneman, K. P., Pittman, R. B., Molinoff, P. B. 1981. α-adrenergic receptor sub-types: properties, distribution and regulation. Ann. Rev. Neurosci. *4*:419–461.

Mishkin, M. 1982. A memory system in the monkey. Phil. Trans. R. Soc. Lond. B *298*:85–95.

Mishkin, M., Malamut, B., Bachevalier, J. 1984. Memories and habits: Two neural systems. In *The Neurobiology of Learning and Memory*, J. L. McGaugh, G. Lynch, N. M. Weinberger (eds.), pp. 65–77. Guilford Press, New York.

Mitchell, R., Fleetwood-Walker, S. 1981. Substance P, but not TRH, modulates the 5-HT autoreceptor in ventral lumbar spinal cord. Europ. J. Pharmacol. *76*:119–120.

Mizuno, K., Minamino, N., Kangawa, K., Matsuo, H. 1980. A new family of endoge-nous „big" [Met]enkephalins from bovine adrenal medulla: Purification and structu-re of docosa-(BAM22P) and eicosapeptide (BAM) with very potent opiate activity. Biochem. Biophys. Res. Commun. 97:1283–1290.

Mobley, W. C., Rutkowski, J. L., Tennekoon, G. I., Buchanan, K., Johnston, M. V. 1985. Choline acetyltransferase activity in striatum of neonatal rats increased by nerve growth factor. Science 229:284–287.

Mobley, W. C., Rutkowski, J. L., Tennekoon, G. I., Gemski, J., Buchanan, K., John-ston, M. V. 1986. Nerve growth factor increases choline acetyltransferase activity in developing basal forebrain neurons. Mol. Brain Res. *1*:53–62.

Molinoff, P. B., Axelrod, J. 1971. Biochemistry of catecholamines. Ann. Rev. Bio-chem. *49*:465–500.

Moore, R. Y., Bloom, F. E. 1978. Central catecholamine neuron systems: Anatomy and physiology of the dopamine systems. Ann. Rev. Neurosci. 2:129–169.

Moore, R. Y., Bloom, F. E. 1979. Central catecholamine neuron systems: Anatomy and physiology of the norepinephrine and epinephrine systems. Ann. Rev. Neurosci. 2:113–168.

Morrison, J. R. 1973. Catatonia, retarded and excited types. Arch. Gen. Psych. *28*:39.

Morrison, R. S., Kornblum, H. I., Leslie, F. M., Bradshaw, R. A. 1987. Trophic stimulation of cultured neurons from neonatal fat brain by epidermal growth factor. Science 238:72–75.

Morrison, R. S., Sharma, A., DeVellis, J., Bradshaw, R. A. 1986. Basic fibroblast growth factor supports the survival of cerebral cortical neurons in primary cultures. Proc. Natl. Acad. Sci. USA *83*:7537–7541.

Mudge, A. W. 1989. Neuropeptides find a role? Nature *339*:663.

Mueller, R. A., Thoenen, H., Axelrod, J. 1969. Increase in tyrosine hydroxylase activity after reserpine administration. J. Pharmac. Exp. Ther. *169*:74–79.

Murrin, L. C., Morgenroth, V. H. III, Roth, R. H. 1976. Dopaminergic neurons: Effects of electrical stimulation on tyrosine hydroxylase. Molec. Pharmcol. 2:1070–1081.

Nestler, E. J., Greengard, P. 1984. *Protein Phosphorylation in the Nervous System.* Wiley, New York.

Newell, A. 1980. Physical symbol systems. Cognitive Science *4*:135–183.

Nicoll, R. A. 1988. The coupling of neurotransmitter receptors to ion channels in the brain. Science *241*:545–52.

Nicoll, R. A., Kauer, J. A., Malenka, R. C. 1988. The current excitement in long-term potentiation. Neuron. *1*(2):97–103.

Noda, M., Furutani, Y., Takahashi, H., Toyosato, M., Hirose, T., Inayama, S., Nakanishi, S., Numa, S. 1982a. Cloning and sequence analysis of cDNA for bovine adrenal preproenkephalin. Nature *295*:202–206.

Noda, M., Teranishi, Y., Takahashi, H., Toyosato, M., Notake, M., Nakanishi, S., Numa, S. 1982b. Isolation and structural organization of the human preproenkephalin gene. Nature *297*:431.

Nygren, L. G., Olson, L. 1977. A new major projection from locus coeruleus: The main source of noradrenergic nerve terminals in the ventral and dorsal columns of the cord. Brain Res. *132*:85–94.

Okaichi, H., Jarrard, L. E. 1982. Scopolamine impairs performance of a place and cue task in rats. Behav. and Neural Biol. *35*:319–325.

O'Keefe, J., Nadel, L. 1978. *The Hippocampus as a Cognitive Map.* Oxford University Press, London.

Olton, D. S. 1989. Mnemonic functions of the hippocampus: Single unit analyses in rats. In *The Hippocampus – New Vistas*, pp. 411–424. Alan R. Liss, New York.

Olton, D. S., Becker, J. T., Handelmann, G. E. 1979. Hippocampus, space and memory. In *The Behavioral and Brain Sciences*, vol. 2, pp. 313–365. Cambridge University Press, Cambridge.

Orgel, L. E. 1973. *The Origins of Life: Molecules and Natural Selection.* John Wiley & Sons, New York.

Parker, G. H. 1919. *The Elementary Nervous System.* Lippincott, Philadelphia.

Patterson, P. H. 1978. Environmental determination of autonomic neurotransmitter functions. Ann. Rev. Neurosci. *1*:1–17.

Piattelli-Palmarini, M., ed. 1979. *Language and Learning.* Harvard University Press, Cambridge, MA.

Pincus, D. W., DiCicco-Bloom, E., Black, I. B. 1990. Vasoactive intestinal peptide regulates mitosis, differentiation and survival of cultured sympathetic neuroblasts. Nature *343*:564–567.

Purves, D. 1988. *Body and Brain: A Trophic Theory of Neural Connections.* Harvard University Press, Cambridge, MA.

Pylyshyn, Z. 1980. Computation and cognition: Issues in the foundations of cognitive science. Behav. Brain Sci. *3*:111–132.

Redmond, D. E., Jr., Huang, Y. H. 1979. II. New evidence for a locus coeruleus-norepinephrine connection with anxiety. Current Concepts in Life Sciences *25*:2149–2162.

216

Redmond, D. E., Huang, Y. H., Snyder, D. R., Maas, J. W. 1976. Behavioral effects of stimulation of the nucleus locus coeruleus in the stump-tailed monkey *Macaca arctoides*. Brain Res. *116*:502–510.

Roach, A., Adler, J. E., Black, I. B. 1987. Depolarizing influences regulate preprotachy-kinin mRNA in sympathetic neurons. Proc. Natl. Acad. Sci. USA *84*:5078–5081.

Rosensweig, Z., Kindler, S. H. 1972. Epinephrine and serotonin activation of adenyl cyclase from tetrahymena pyriformis. FEBS Lett. *25*:221.

Rumelhart, D. E., McClelland, J. L. 1986. *Parallel Distributed Processing*. MIT Press, Cambridge, MA.

Rutishauser, U., Jessell, T. 1988. Cell adhesion molecules in vertebrate neural development. Physiol. Rev. *68*:819–857.

Rye, D. B., Wainer, B. H., Mesulam, M. M., Mufson, B. J., Saper, C. B. 1984. Cortical projections arising from the basal forebrain: A study of cholinergic and noncholinergic components employing combined retrograde tracing and immunohistochemical localization of choline acetyltransferase. Neurosci. *13*:627–643.

Sabban, E., Goldstein, M., Bohn, M. C., Black, I. B. 1982. Development of the adrenergic phenotype: Increase in adrenal messenger RNA coding for phenylethanolamine-N-methyltransferase. Proc. Nad. Acad. Sci. USA *79*:4823–4827.

Schaller, H. C. 1983. Hormonal regulation of regeneration in hydra. In *Current Methods in Cellular Neurobiology*, J. L. Barker, J. F. McKelvy (eds.), vol. 4, pp. 1–14. John Wiley & Sons, New York.

Scheller, R. H., Jackson, J. F., McAllister, L. B., Rothman, B. S., Mayer, E., Axel, R. 1983a. A single gene encodes multiple neuropeptides mediating a stereotyped behavior. Cell *32*:7–22.

Scheller, R. H., Jackson, J. F., McAllister, L. B., Schwartz, J. H., KandeI, E. R., Axel, R. 1982. A family of genes that codes for ELH, a neuropeptide eliciting a stereotyped pattern of behavior in aplysia. Cell *28*:707–719.

Scheller, R. H., Rothman, B. S., Mayeri, E. 1983b. A single gene encodes multiple peptide-transmitter candidates involved in a stereotyped behavior. TINS. *6*:340–345.

Schildkraut, J. J., Kety, S. S. 1967. Biogenic amines and emotion. Science *156*:21–30.

Schultzberg, M., Foster, G. A., Gage, F. H., Björklund, A., Hökfelt, T. 1986. Coexistence during ontogeny and transplantation. In *Progress in Brain Research*, T. Hokfelt, K. Fuxe, B. Pernow (eds.), vol. 68, pp. 129–145. Elsevier Science Publishers B.V. (Biomedical Division), New York.

Schwab, M. E., Otten, U., Agid, Y., Thoenen, H. 1979. Nerve growth factor (NGF) in the rat CNS: Absence of specific retrograde axonal transport and tyrosine hydroxylase induction in locus coeruleus and substantia nigra. Brain Res. *168*:473–483.

Shelton, D. L., Reichardt, L. F. 1984. Expression of the β-nerve growth factor gene correlates with the density of sympathetic innervation in effector organs. Proc. Natl. Acad. Sci. USA *81*:7951–7955.

Shelton, D. L., Reichardt, L. F. 1986. Studies on the expression of the β-nerve growth factor (NGF) gene in the central nervous system: Level and regional distribution of NGF mRNA suggest that NGF functions as a trophic factor for several distinct populations of neurons. Proc. Natl. Acad. Sci. USA *83*:2714–2718.

Shepherd, G. M. 1986. Apical dentritic binds of cortical pyramidal cells: Remarks on their possible roles in higher brain functions, including memory. In *Synapses, Circuits, and the Beginnings of Memory*, G. Lynch, pp. 85–98. MIT Press, Cambridge, MA.

Shuttleworth, E. C., Wise, G. R. 1973. Transient global amnesia due to arterial embolism. Arch. Neurol. *29*:340–342.

Siekevitz, P. 1985. The postsynaptic density: A possible role in long-lasting effects in the central nervous system. Proc. Natl. Acad. Sci. USA. *82*:3494–3498.

Skirboll, L. R., Crawley, J. N., Hommer, D. W. 1986. Functional studies of cholecystokinin-dopamine coexistence: electrophysiology and behavior. In *Progress in Brain Research*. T. Hökfelt, K. Fuxe, and B. Pernow, (eds.), vol. 68, pp. 357–367. Elsevier Science Publishers B.V. (Biomedical Division), New York.

Smith, A. B. III., Belcher, A. M., Epple, G., Jurs, P. C., Lavine, B. 1985. Computerized pattern recognition: A new technique for the analysis of chemical communication. Science *228*:175–177.

Smylie, C. S., Baynes, K. M., Hirst, W., McCleary, C. 1984. Profiles of right hemisphere language and speech following brain bisection. Brain Lang. *22*:206

Snowdon, C. T. 1983. Ethology, comparative psychology, and animal behavior. Ann. Rev. Psychol. *34*:63–94.

Squire, L. R. 1986. Mechanisms of memory. Science *232*:1612–1619.

Stachowiak, M., Sebbane, R., Stricker, E. M., Zigmond, M. J., Kaplan, B. B, 1985. Effect of chronic cold exposure on tyrosine hydroxylase mRNA in rat adrenal gland. Brain Res. *359*:356–359.

Stjarne, L., Lundberg, J. M. 1986. On the possible roles of noradrenaline, adenosine 5'-triphosphate and neuropeptide Y as sympathetic cotransmitters in the mouse vas deferens. In *Progress in Brain Research*. T. Hökfelt, K. Fuxe, B. Pernow (eds.), vol. 68, pp. 263–278. Elsevier Science Publishers B.V. (Biomedical Division), New York.

Stockel, K., Schwab, M., Thoenen, H. 1975a. Comparison between the retrograde axonal transport of nerve growth factor and tetanus toxin in motor, sensory and adrenergic neurons. Brain Res. *99*:1–16.

Stockel, K., Schwab. M., Thoenen, H. 1975b. Specificity of retrograde transport of nerve growth factor (NGF) in sensory neurons: A biochemical and morphological study. Brain Res. *89*:1–14.

Sutter, A., Hosang, M., Vale R. D., Shooter, E. M. 1984. The interaction of nerve growth factor with it specific receptors. In *Cellular and Molecular Biology of Neuronal Development*, I. B. Black (ed.). Plenum Press, New York.

Swanson, L., Cowan, W. M., Jones, T. 1974. An autoradiographic study of the afferent connections of the ventral lateral geniculate nucleus in the albino rat and the cat. J. Comp. Neurol. *156*:143–164.

Swanson, L. W., Hartman, B. K. 1975. The central adrenergic system. An immunofluorescence study of the location of cell bodies and their efferent connections in the rat utilizing dopamine-beta-hydroxylase as a marker. J. Comp. Neurol. *163*:467–506.

Swanson, L.W., Sawchenko, P. E., Lind, R. W. 1986. Regulation of multiple peptides in CRF parvocellular neurosecretory neurons: Implications for the stress response. In *Progress in Brain Research*, T. Hökfelt, K. Fuxe, B. Pernow (eds.), vol. 68, pp. 169–190. Elsevier Science Publishers B.V. (Biomedical Division), New York.

218

Sy, J., Richter, D. 1972. Content of cyclic 3', 5'-adenosine. Biochem. *11*:2788.

Thierry, A. M., Tassin, J. P., Glowinski, J. 1984. Functional properties: Introductory remarks. In *Monoamine Innervation of Cerebral Cortex*, L. Descarries, H. H. Jasper (eds.), pp. 229–232. Alan R. Liss, New York.

Thoenen, H., Angeletti, P. U., Levi-Montalcini, R., Kettler, R. 1971. Selective induction by nerve growth factor of tyrosine hydroxylase and dopamine-β-hydroxylase in rat superior cervical ganglia. Proc. Natl. Acad. Sci. USA *68*:1598–1602.

Thoenen, H., Mueller, R. A., Axelrod, J. 1969. Transsynaptic induction of adrenal tyrosine hydroxylase. J. Pharmac. Exp. Ther. *169*:249–254.

Thoenen, H., Mueller, R. A. Axelrod, J. 1970. Phase difference in the induction of tyrosine hydroxylase in cell body and nerve terminals of sympathetic neurons. Proc Natl. Acad. Sci. USA *65*:58–62.

Thompson, R. F. 1986. The neurobiology of learning and memory. Science *233*:941–947.

Tomkins, G. M. 1975. Metabolic Code-Biological symbolism and the origin of intercellular communications is discussed. Science *189*:760.

Truex, R. C. 1959. *Strong and Elwyn's Human Neuroanatomy*, 4th ed. Williams & Wilkins, Baltimore, MD.

Varon, S., Manthorpe, M., Adler, R. 1979. Cholinergic neuronotrophic factors. I. Survival neurite outgrowth and choline acetyltransferase activity in monolayer cultures from chick embryo ciliar ganglia. Brain Res. *173*:29–45.

Viveros, O. H., Diliberto, E. J., Hazum, E., Chang, K. J. 1979. Opiate-like materials in the adrenal medulla: evidence for storage and secretion with catecholamines. Molec. Pharmacol. *16*:1101–1108.

Walicke, P. 1988. Basic and acidic fibroblast growth factors have trophic effects on neurons from multiple CNS regions. J. Neurosci. *8*:2618–2627.

Walicke, P., Baird, A. 1988. Neurotrophic effects of basic acidic fibroblast growth factors are not mediated through glial cells. Dev. Brain Res. *40*:71–79.

Walicke, P., Cowan, W. M., Ueno, N., Baird, A., Guillemin, R. 1986. Fibroblast growth factor promotes survival of dissociated hippocampal neurons and enhances neurite extension. Proc. Natl. Acad. Sci. USA *73*:4210–4114.

Walker, J. M., Akil, H., Watson, S. J. 1980a. Evidence for homologous actions of proopiocortin products. Science *210*:1247–1249.

Walker, J. M., Katz, R. J., Akıl, H. 1980b. Behavioral effects of dynorphin-(1–13) in the mouse and rat: Initial observations. Peptides *1*:341–345.

Waymire, J. C., Johnston, J. P., Hummer-Lickteig, K., Lloyd, A., Vigny, A., Craviso, G. L. 1988. Phosphorylation of bovine adrenal chromaffin cell tyrosine hydroxylase: Temporal correlation of acetylcholines effect on sight phosphorylation, enzyme activation and catecholamine synthesis. J. Biol. Chem. *263*:12439–47.

Welch, G. R. 1987. The living cell as an ecosystem: Hierarchical analogy and symmetry. TREE *2*:305–309.

Westlind, A., Grynfarb, M., Hedlund, B., Bartfai, T., Fuxe, K. 1981. Muscarinic supersensitivity induced by septal lesion or chronic atropine treatment. Brain Res. *225*:131–141.

Whitehouse, P. J., Price, D. L., Clark, A. W., Coyle, J. T., DeLong, M. R. 1981. Alzheimer's disease: Evidence for selective loss of cholinergic neurons in the nucleus basalis. Ann. Neurol. *10*:122.

Whitehouse, P. J., Price, D. L., Struble, R. G., Clark, A. W., Coyle, J. T., DeLong, M. R. 1982. Alzheimer's disease and senile dementia: Loss of neurons in the basal forebrain. Science *215*:1237.

Whittaker, R. W. 1969. New concepts of kingdoms of organisms. Evolutionary relations are better represented by new classifications than by the traditional two kingdoms. Science *163*:150.

Whittemore, S. R., Seiger, A. 1987. The expression, localization and functional significance of β-nerve growth factor in the central nervous system. Brain Res. Rev. *12*:439–464.

Weiner, S. I., Paul, C. A., Eichenbaum, H. 1989. Spatial and behavioral correlates of hippocampal neuronal activity. J. Neurosci. *9*:2737–2763.

Williams, L. R., Varon, S., Peterson, G. M., Wictorin, K., Fischer, W., Björklund, A., Gage, F. H. 1986. Continuous infusion of nerve growth factor prevents basal forebrain neuronal death after fimbria fornix transection. Proc. Natl. Acad. Sci. USA *83*:9231–9235.

Wilson, S. P., Chang, K. J., Viveros, O. H. 1982. Proportional secretion of opioid peptides and catecholamines from adrenal chromaffin cells in culture. J. Neurosci. *2*:1150–1156.

Wirsching, B. A., Beninger, R. J., Jhamandas, K., Boegman, R. J., El-Defrawy, S. R. 1984. Differential effects of scopolamine on working and reference memory of rats in the radial maze. Pharmacol. Biochem. Behav. *20*:659–662.

Wu, K., Black, I. B. 1989. Regulation of synaptic molecular architecture in a rat sympathetic ganglion and hippocampus. J. Cognitive Neurosci. *1*:194–200.

Yokota, T., Gots, J. S. 1970. Requirement of adenosine 3', 5'-cyclic phosphate for flagella formation in *Escherichia coli* and *Salmonella typhimurium*. J. Bacteriol. *103*:513.

Zaidel, E. 1983. Disconnection syndrome as a model for laterality effects in the normal brain. In *Cerebral Hemisphere Asymmetry: Method, Theory and Application*. J. B. Helige (ed.), pp. 95–151. Praeger, New York.

Zigmond, R. E. 1979. Tyrosine hydroxylase activity in noradrenergic neurons of the locus coeruleus after reserpine administration: sequential increase in cell bodies and nerve terminals. J. Neurochem. *32*:23–29.

Zigmond, R. E. 1980a. Preganglionic nerve stimulation increases the amount of tyrosine hydroxylase in the rat superior cervical ganglion. Neurosci. Lett. *20*:61–65.

Zigmond, R. E. 1980b. The long-term regulation of ganglionic tyrosine hydroxylase by preganglionic nerve activity. Fed. Proc. *39*:3003–3008.

Zigmond, R. E., Chalazonitis, A. 1979. Long-term effects of preganglionic nerve stimulation on tyrosine hydroxylase activity in the rat superior cervical ganglion. Brain Res. *164*:137–152.

Zigmond, R. E., Mackay, A. V. P. 1974. Dissociation of stimulatory and synthetic phases in the induction of tyrosine hydroxylase. Nature *247*:112–113.

Zigmond, R. E., Schon, F., Iversen. L. L. 1974. Increased tyrosine hydroxylase activity in the locus coeruleus of rat brain stem after reserpine treatment and cold stress. Brain Res. *70*:547–552.

Zigmond, R. E., Schwarzschild, M. A., Rittenhouse, A. R. 1989. Acute regulation of tyrosine hydroxylase by nerve activity and by neurotransmitters via phosphorylation. Ann. Rev. Neurosci. *12*:415–461.

Ergänzende Literatur

Anderson, J. R. *Kognitive Psychologie.* Heidelberg (Spektrum der Wissenschaft) 1988.

Baddeley, A. *So denkt der Mensch.* München (Droemer) 1986.

Beaumont, J. G. *Einführung in die Neuropsychologie.* Weinheim (Psychologie Verlags Union) 1987.

Birbaumer, N.; Schmidt, R. F. *Biologische Psychologie.* Berlin, Heidelberg, New York (Springer) 1990.

Changeux, J.-P. *Der neuronale Mensch. Wie die Seele funktioniert – die Entdeckungen der neuronalen Hirnforschung.* Reinbek (Rowohlt) 1984.

Ellis. A. W.; Young, A. W. *Einführung in die Kognitive Neuropsychologie.* Bern (Huber) 1991.

Friederici, A. *Neuropsychologie der Sprache.* Stuttgart (Kohlhammer) 1984.

Gazzaniga, M. *Die Geheimnisse des lernenden Gehirns. Neurowissenschaftliche Forschungen.* Junfermann 1988

Gazzaniga, M. *Das erkennende Gehirn.* Paderborn (Junfermann) 1989.

Gazzaniga, M.; LeDoux, J. E. *Neuropsychologie Integration kognitiver Prozesse.* Stuttgart (Enke) 1983.

Gehirn und Geist. Sonderheft *Spektrum der Wissenschaft* (Spezial 1). Heidelberg 1993.

Gehirn und Nervensystem. Heidelberg (Spektrum der Wissenschaft) 1980.

Gerke, P. *Wie denkt der Mensch? Informationstechnik und Gehirn.* München (Bergmann) 1987.

Griffin, D. R. *Wie Tiere denken. Ein Vorstoß ins Bewußtsein der Tiere.* München (dtv) 1990.

Guttmann, G. *Lehrbuch der Neuropsychologie.* Bern (Huber) 1982.

Hofstadter, D. R. *Gödel, Escher, Bach, Ein endloses geflochtenes Band.* München (dtv) 1992.

Kail, R. *Gedächtnisentwicklung bei Kindern.* Heidelberg (Spektrum Akademischer Verlag) 1992.

Kail, R.; Pellegrino, J. W. *Menschliche Intelligenz.* Heidelberg (Spektrum der Wissenschaft) 1988.

Kintsch, W. *Gedächtnis und Kognition.* Berlin, Heidelberg, New York (Springer) 1982.

Lachnit, H. *Assoziatives Lernen und Kognition.* Heidelberg (Spektrum Akademischer Verlag) 1993.

Klivington, K. A. *Gehirn und Geist.* Heidelberg (Spektrum Akademischer Verlag) 1992.

Kolb, B.; Whishaw, I. Q. *Neuropsychologie.* Heidelberg (Spektrum Akademischer Verlag) Erscheint voraussichtlich Sept. 1993.

Lurija, A. R. *Das Gehirn in Aktion. Einführung in die Neuropsychologie.* Reinbek (Rowohlt) 1992.

Markowitsch, H. *Neuropsychologie des Gedächtnisses.* Göttingen (Hogrefe) 1992.

Ornstein, R.; Thompson, R. F. *Unser Gehirn: das lebendige Labyrinth.* Reinbek (Rowohlt) 1986.

Penrose, R. *Computerdenken.* Heidelberg (Spektrum der Wissenschaft) 1991.

Pöppel, E. (Hrsg.) *Gehirn und Bewußtsein.* Weinheim (VCH) 1989.

Popper, K. R.; Eccles, J. C. *Das Ich und sein Gehirn.* München (Piper) 1982.

Rahmann, H.; Rahmann, M. *Das Gedächtnis.* München (Bergmann) 1988.

Reichert, H. *Neurobiologie.* Stuttgart/New York (Thieme) 1990.

Reisberg, R. *Hirnleistungsstörungen: Alzheimersche Krankheit und Demenz.* Weinheim (Psychologie Verlags Union) 1986.

Restak, R. M. *Geheimnisse des menschlichen Gehirns. Ursprung von Denken, Fühlen und Handeln.* München (mgv) 1989.

Ritter, M. *Wahrnehmung und visuelles System.* Heidelberg (Spektrum der Wissenschaft) 1986.

Rock, I. *Wahrnehmung. Vom visuellen Reiz zum Sehen und Erkennen.* Heidelberg (Spektrum der Wissenschaft) 1985.

Sagan, C. *Die Drachen von Eden. Das Wunder der menschlichen Intelligenz.* München (Droemer Knaur) 1978.

Shepherd, G. M. *Neurobiologie.* Berlin, Heidelberg, New York (Springer) 1993.

Singer, W. *Gehirn und Kognition.* Heidelberg (Spektrum der Wissenschaft) 1990.

Snyder, S. H. *Chemie der Psyche.* Heidelberg (Spektrum der Wissenschaft) 1988.

Springer, S. P.; Deutsch, G. *Linkes/Rechtes Gehirn. Funktionelle Asymmetrien.* 2. Aufl. Heidelberg (Spektrum Akademischer Verlag) 1993.

Zänker, K. S. (Hrsg.) *Kommunikationsnetzwerke im Körper. Psychoneuroimmunologie – Aspekte einer neuen Wissenschaftsdisziplin.* Heidelberg (Spektrum der Wissenschaft) 1991.

Zeitschrift für Neuropsychologie. Bern (Huber).

Zeitschrift für Medizinische Psychologie. Heidelberg (Spektrum Akademischer Verlag).

Sachregister

A

AB-Phase-IV-Objektpermanenz-Test   179
Abstraktionsvermögen   178
Acetylcholin, siehe ACh
ACh (Acetylcholin)   71, 84, 91–94, 96, 108,
  152 f
  Hydra   162
  Parkinson-Krankheit   149
  räumliches Gedächtnis   135–138
  Wachstumsfaktor   139
Acetylcholinesterase   136 f
  Schwämme   160 f
ACTH (adrenocorticotropes Hormon)   45,
  113 f, 116 f, 120
Actinomycin D   103
Adenosin   101
Adenosintriphosphat (ATP) als Transmitter
  96
Adenylatcyclase   42, 68
  primitive Organismen   156–158
Adiuretin   112
Adrenalin   42, 44, 70 f, 91, 103, 116
  Einzeller   156
  Hydra   162
  Schwämme   160 f
adrenerge Rezeptoren   999
  α-Rezeptoren   49
  α₂-Rezeptoren   51
adrenocorticotropes Hormon, siehe ACTH
Agnosie   147

Aggression   147
Aktionspotential   68
Alexie ohne Agraphie   145 f
α-Amanitin   103
α-Methylnoradrenalin   47
α-Methyl-*p*-Tyrosin   45, 84
Alzheimer-Krankheit   134, 137, 152 f
Amidierung   64
Aminosäuren   91
Amnesie   152
  orthograde   176
  retrograde   176
Amphetamine   46, 183
Amplifikation, zeitliche   50, 73, 78
Amygdala   95, 150 f
Amygdalektomie   150
Angiotensin   51, 97
Angst   75, 80 f, 147, 169, 172, 178
Anosagnosie   174
antidiuretisches Hormon (ADH)   112
Aphasie
  sensorische   146
  taktile   146
Aplysia   29, 122–124
  siehe auch Meeresschnecke
Apomorphin   95
Apraxie   147
Arginin-Vasopressin (AVP),   siehe
  AVP
Assoziation
  limbisch-limbische   146 f

M

MAO (Monoaminoxidase) 52
  Schwämme 160 f
medialer Septumkern 134
Medulla oblongata 44 f, 91
Meeresschnecke 122–124
  Eiablage 123
  Rückziehreflex 47
Melanocyten-stimulierendes Hormon, siehe
  MSH
Membrankanäle 25, 67 f
Membranpotential 68
Menstruationszyklus 184 f
Mesencephalon 181
mesolimbisches System 95
Metanephrin 52
Metazoen, Klassifizierung 158
Met-Enkephalin 101, 103, 118, 120
Methylierung
  Polyproteingene 122
  Proteine 64
Modelle 23 f
Modularität 111, 121, 125, 127, 167
  Diskonnektion 145, 148
  genomische 141
  Ich 175–177
  körperlich-strukturelle 38
  Kognition 149–153
  molekulare 141
  psychische 38
  psychologisches Konzept 167 f
  Verhalten 141–153
Module 38, 111
Modulfunktion 111, 114
molekulare Domäne 59, 74, 78, 83
molekulare Regulation 63
molekulare Symbole 62–74, 170
Monera 157
Monoaminoxidase, siehe MAO
Morphogenese bei Dictyostelium 158
Motilin 91
motorisches Sprachzentrum, siehe Broca-Areal
MSH (Melanocyten-stimulierendes
  Hormon) 116 f, 120
Multifunktionalität 102
Multifunktionalitätsprinzip 13, 35
Mustererkennung 108, 150

N

Nebennieren 97, 116
Nebennierenmark 42, 45 f, 71, 99, 102–104
Neglekt 174
Neocortex 76, 79
Neodynorphin 120
Nervennetz 162
Nervensystem
  Ebenen 14
  Struktur und Funktion 164 f

Nervenwachstumsfaktor (nerve growth factor),
  siehe NGF
Netzwerke, chemische 90
neurale Dynamik 26
neurale Funktion
  biologische Regulation 135–165
  Verhalten 161
neurale Systeme
  Evolution 135–165
  Organisation 38
neurale Subsysteme 24
Neurohormone 112
Neuroleptika 181
Neuronen
  Struktur 23
  Verknüpfung 23, 30
  Wachstum 67
Neuropeptid Y, siehe NPY
Neurospora crassa 156
Neurotensin 91, 97
Neurotransmitter, siehe Transmitter
neurotrophe Moleküle 35
neurotrophischer Ciliarfaktor (ciliary neurotro-
  phic factor), siehe CNTF
neurotrophischer Hirnfaktor (brain-derived
  neurotrophic factor), siehe BDNF
NGF (Nervenwachstumsfaktor) 42, 53, 129,
  152 f
  dynamische Regulation der Systemfunktion
  130
  Konkurrenz um 131 f
  PNS 129–131
  Rezeptoren 132 f
  Untereinheiten 132
  ZNS 133–138
nigrostriatales System 82–84
NMDA-Rezeptoren 57 f
Noradrenalin 42, 44, 46, 63, 70 f, 77, 91, 99,
  103, 105, 116, 169, 183
  Hydra 162
  Schwämme 160 f
Normetanephrin 52
NPY (Neuropeptid Y) 91, 101, 105
Nucleus accumbens 95, 180
Nucleus arcuatus 91, 116
Nucleus basalis Meynert 134
Nucleus caudatus 83 f
Nucleus dorsalis medialis 151, 180
Nucleus interpeduncularis 82
Nucleus medialis thalami 151
Nucleus paraventricularis 114
Nucleus supraopticus 114
Nucleus tractus solitarii 91, 116

O

Ochsenfrosch 108
Octapeptide 112
Okzipitallappen 39, 150
olivopontocerebelläre Atrophie 153

Namensregister

Keine graue Theorie...

Lehrbücher zur Hirnforschung

Struktur und Funktion des Gehirns sind untrennbar miteinander verbunden. Für ein tieferes Verständnis der Leistungen des Gehirns ist daher die Kenntnis seiner Anatomie unerläßlich. Dieses anschaulich illustrierte Buch, das auf verständliche Weise in ein komplexes Thema einführt, beschreibt die Strukturen und Systeme des Zentralnervensystems (von Säugetieren, speziell des Menschen) unter starker Betonung funktioneller Aspekte. Es ist damit eine Einführung in die Neurowissenschaften und ein neuroanatomischer Atlas zugleich.

John R. Anderson berichtet in diesem Lehrbuch der kognitiven Psychologie von den wichtigsten experimentellen und theoretischen Forschungsergebnissen zur Analyse geistiger Prozesse und kognitiver Handlungen wie etwa Lesen, Schreiben und Problemlösen allgemein. Auch einfache Fertigkeiten beruhen auf einem komplexen Zusammenwirken von Wahrnehmungsprozessen, dem Abruf und Abspeichern von Gedächtnisinhalten und dem Erwerb von Fakten- und Verfahrenswissen.

Walle J. Nauta/ Michael Feirtag Neuroanatomie 344 Seiten, gebunden DM 62,- / sfr 63,70 / öS 484,- ISBN 3-89330-707-9

John R. Anderson Kognitive Psychologie 432 Seiten, Broschur, DM 66,- / sfr 67,70 / öS 515,- ISBN 3-89330-703-6

Sally P. Springer/ Georg Deutsch Linkes/Rechtes Gehirn 288 Seiten, Broschur, DM 49,80,- / sfr 51,20 / öS 389,- ISBN 3-86025-007-8

Richard F. Thompson Das Gehirn 360 Seiten, Broschur, DM 46,- / sfr 47,40 / öS 359,- ISBN 3-86025-063-9

Das Gehirn ist eine komplexe Struktur, die unser gesamtes Verhalten einschließlich Lernen und Gedächtnis steuert. Dem renommierten Psychobiologen R. F. Thompson gelingt es in diesem Buch, nicht nur die Prinzipien der neuronalen Kommunikation und die Grundorganisation des Gehirns – das beim Menschen aus etwa 100 Milliarden Nervenzellen aufgebaut ist – klar und leicht verständlich darzustellen; er erläutert darüber hinaus die Mechanismen der Wahrnehmung und Bewegungskontrolle sowie Veränderungen, die sich im Laufe von Entwicklungs-, Krankheits- und Alterungsprozessen abspielen.

Diese aktualisierte und erweiterte Ausgabe der erfolgreichen Einführung in die Hemisphärenforschung berücksichtigt neue Befunde und Entwicklungen und vermittelt dem Leser somit einen Überblick über den heutigen Stand des Wissens und der theoretischen Diskussion zu den verschiedensten Aspekten der Aufgabenteilung zwischen den Gehirnhälften.

Spektrum
AKADEMISCHER VERLAG

Vangerowstraße 20 · 69115 Heidelberg